立足中国 走向世界

对地观测与全球变化文集

徐冠华 著

BASED IN CHINA
TO THE WORLD

EARTH OBSERVATIONS AND GLOBAL CHANGE

北 京

图书在版编目（CIP）数据

立足中国　走向世界：对地观测与全球变化文集 /徐冠华著.
—北京：科学出版社，2019.9
ISBN 978-7-03-060943-4

I.①立… II.①徐… III.①遥感地面调查–应用–全球环境监测–
文集 IV.①X83-53

中国版本图书馆CIP数据核字（2019）第056712号

责任编辑：侯俊琳　牛　玲 / 责任校对：何艳萍
责任印制：徐晓晨 / 封面设计：有道文化
编辑部电话：010-64035853
E-mail：houjunlin@mail.sciencep.com

科 学 出 版 社 出版
北京东黄城根北街16号
邮政编码：100717
http://www.sciencep.com
北京厚诚则铭印刷科技有限公司印刷
科学出版社发行　各地新华书店经销

*

2019年9月第 一 版　开本：720×1000　B5
2019年9月第一次印刷　印张：24
字数：300 000
定价：158.00 元
（如有印装质量问题，我社负责调换）

序　言

摆在面前的这本书，记录了从 20 世纪 90 年代以来，我撰写或合作撰写的有关对地观测和全球变化领域的主要文章，有综述，有论文，也有讲演；谈了观点，谈了措施，也谈了希望；书中提到多数的事做成了，也有的事做了但没有成功，夭折了。总之，这本书记录了我从一名科学研究工作者到一名科学技术管理者工作、思想和观念的转变。

回想 1991 年 11 月，我当选中国科学院学部委员，曾经的兴奋、激动，为遥感科技事业大干一场的决心和跃跃欲试的急切心情仍旧历历在目，至今不能忘怀。1993 年 2 月，我迎来了人生重要的转折，在当选学部委员 15 个月以后，接受了中国科学院遥感应用研究所（简称中科院遥感所）所长的职务，从此人生发生巨变，我走向科技管理之路，再也没有回头。

我是怎样走上这条路的？说起来话长。1976 年 10 月，"四人帮"垮台，改革开放大潮汹涌，国家充满希望，我也感受到长期未体验到的快乐和舒畅。1978 年 5 月我参加"文化大革命"后教育部第一批公费出国考试后出国学习，看到万花筒一样的外部世界，充满了好奇和学习的渴望。我很努力，也小有成绩。回国后，立志献身科研事业。

我感谢中国科学院的领导给了我展示才华的机会，特别是中国科学院、院资源环境科学与技术局（简称中科院资环局）和局遥感处的领导，让我一个外部门的人担任中科院资环局仅有的两个国家重点项目的一个负责人，这样的事现在很少能见到了，我钦佩中国科学院的开放、包容和自信。这以后，又推荐我担任中科院遥感所所长。当时，我一心想从事科研，中科院遥感所又是新所，关系复杂、矛盾较多，我担心自己力不从心耽误大事。正在这时，孙鸿烈副院长派院人事局局长接我去院部谈话，我此生从未受过这样的待遇，先是感到受宠若惊，之后感激之心油然而生，我的心动了，但也反复考量自己，我在担负所长重担的同时有无可能继续自己的科研之路。最后断定鱼和熊掌不可兼得，我没有能力同时做好两件事，最终决定肩负管理任务，放弃具体的科研课题，把个人主要精力用于遥感所的改革和发展。

自那时起，我再没有申请科研项目，时光不留人，至今 26 年流逝了。我曾是当时最年轻的学部委员之一，可谓雄姿英发；现在则年近"资深"，已是老态龙钟。这 26 年，尝尽了科技管理的酸甜苦辣，最深切的体会是"管理难，难于上青天""没有对科学的深刻理解就没有科学的管理""科研要创新，管理更要创新"。26 年来我体会颇多，特别是离开科技部长职务以后，和地学接触较多，突出的体会有两方面。

一是中国地学要发展，一定要强调"立足中国，走向世界"。一方面要看到改革开放以来，中国地学一路前行，迈出了重要步伐；另一方面也要看到，地学研究环境正在发生重大变化：全球化进程加速、全球性的资源和环境问题日益突出、全球变化和可持续发展问题已经成为当务之急。所以，我们在关注国内地学问题的同时，应当把目光更快地、更多地转向世界。我坚信，中国的未来发展特别是可持续发展，必须而且只有在全球视野内才能解决。这也是我把这本文集定名为"立足中国，走向世界"的原因。

二是科学研究重要，科技改革和管理更为重要。过去的年代，中国地学在迅速发展的同时，也面临一些问题。比如：基础和前沿科学研究相对薄弱；基础设施建设和国外仍有差距；地球科学各个学科、地球科学和自然、社会科学之间的交叉、渗透不足；地球系统科学亟待加快发展等等。这些问题不仅仅涉及地学的研究方向，而且和管理体制、评价和激励机制密切相关。中国地学要发展，必须以人为本，大力推动改革，加大科技投入，把管理工作的重点放在为科研人员创造良好的创新环境中来。

本书选编了一批对地观测和全球变化的文章，目的是希望读者能从多方位、多角度了解一些重大科学项目立项的背景、科学思想的凝聚、组织课题的思路和研究重点的确定，其中既有成功的经验也有失败的教训，可以为地学工作者和管理者提供参考。

这本文集不仅是个人的成果，更是众多科技管理人员、科研人员共同辛勤劳动的结晶，有些文章是经过多次研讨后形成的共识。在此向所有参与有关工作的人们表示感谢。参加本书编辑工作的有：刘燕庐、黄季夏，也一并致谢。

徐冠华

2019 年 6 月

目 录

下篇　全球变化

永远的怀念

上篇　对地观测

在国际华人地理信息协会（CPGIS）会议上的讲话

（1992 年 8 月—2012 年 4 月 6 日）

写在前面：

国际华人地理信息科学协会（CPGIS）成立至今（2018 年），已历经 26 年。时至今日，协会坚持着每年举行一次年会的传统，在国内进行着越来越多的学术活动和咨询工作，并积极承担中国地理信息系统领域的测评活动，为发展中国的地理信息系统事业做出了重要贡献。每当我想起这些朋友和同事们 26 年如一日，始终不渝献身 GIS 研究和促进中国 GIS 事业，总是非常感动。我希望借这个机会，向 CPGIS 的发起者、领导者和支持者表示衷心的感谢。

在此将我关于 CPGIS 的三次讲话列入文集。一方面是鞭策自己向 CPGIS 的朋友和同事们学习，向他们致力于发展祖国地理信息系统事业、在科学研究中孜孜不倦探索的精神致敬；另一方面，也为自己能够亲身经历 CPGIS 这个组织从诞生到繁荣的过程感到欣慰和自豪。"爱国、奉献、团结、实干"是这 26 年来凝结而成的 CPGIS 精神，我坚信这个组织还将日益壮大，也期盼她能够为中国的地理信息系统事业做出更大的贡献。

一、在国际华人地理信息科学协会成立大会上的讲话[①]

非常高兴能有机会，在远离祖国的美国与一百多位从事遥感和地理信息系统研究的专家们一起交流经验。这一天多的会议给我留下了非常深刻的印象。首先要感谢会议的主持者邀请我参加会议，并且给我机会在会上发言。

在座的从事地理信息系统研究的学者来自于不同国家和地区，大家的思想非常活跃，给了我很大启发。会议谈到了很多方面，与国内发展地理信息系统亟待解决的不少问题密切相关。例如，信息系统的数据结构问题、智能化问题，应用中的具体模式问题，包括火灾、水灾等。大家在交流中，提出了很多新的想法，收获颇丰，这对今后国内遥感和地理信息系统技术的发展十分有利。

在会议过程中，我切实感受到诸位对祖国建设的热情，令人感动。很多人找到我介绍研究情况，表示很愿意把研究成果提供给大家，让这些成果能在国内的研究中运用起来。虽然相隔万里，但是我们的心是紧紧连在一起的，为了祖国的现代化，为了中华民族的繁荣，大家都在共同努力。

近20年来，我国遥感和地理信息系统技术的发展迅速。这首先归功于老一辈先行者们的大量工作。特别是陈述彭先生等前辈，为我国地理信息系统的发展做出了巨大贡献。当前，我国地理信息系统的

---

① 1992年8月在国际华人地理信息科学协会成立大会上的讲话。

发展势头很足，成绩也很显著。在不久前召开的国际摄影测量与遥感学会（ISPRS）会议上，中国代表的名额仅次于美国，说明我国在这个领域的发展势头很好，在新技术方面的进展也很突出。但是，在发展中也存在一些问题，这为以后如何发挥海外同行们的作用指出了方向。现在，我们对"七五"计划已经进行了总结，并针对"八五"国家项目，进行了探讨。我仅就讨论中集中谈到的几个问题与大家交流。

第一个问题，是研究力量比较分散，没有形成合力，促进技术上的重大突破。例如，"七五"期间，在发展地理信息系统技术方面，开发了二十余套地理信息系统。每套系统都有各自的特点，但因为投入的总人力不足，所以很难达到商业化的程度，也很难从现有的比较高的起点开始，将地理信息系统研究继续开展下去。总之，力量分散，没有形成气候，非常可惜。

第二个问题，在地理信息系统发展过程中，缺乏商业化、工程化的指导思想，研究工作往往停留在开展一个小区域、小窗口的应用试验，即便成果水平较高，也不能真正投入使用，不能真正在市场上和用户见面，不能真正解决实际问题。大家都了解，从试验到工程化的过程中有大量中间技术问题需要认真解决，但是目前还没有做好。

第三个问题，地理信息技术在规范化和标准化方面做得远远不够。地理信息软件系统、数据产品等，很多研究成果之间不能相通，标准化还有相当一段距离要走。规范化和标准化的工作不做好，可能会对相关技术的集成、对将来进一步工作的开展造成很大的障碍。

第四个问题，在关键技术上还存在缺失，特别是"八五"计划项目中迫切需要解决的技术问题。刚才何建邦[①]先生已经介绍了"八五"计划的主要内容，其中包括两个关键的工程技术问题：一是建设国家自然灾害监测系统，二是要建设国家农作物估产系统。其中，有几个技术问题亟待解决。

一是数据更新的问题。灾害监测和农作物估产，有两条要求。首先是快，估产要很快拿出数据，否则实际产量统计出来后估产工作就会失效，灾害也是如此；其次，不仅要快，更要准确。但是现在离这两个目标还有相当一段距离。如何用遥感数据更新地理信息系统，在地理信息数据的实时获取方面，都需要继续探索。

二是数据的输入问题，目前我国还没有建成完整的灾害数据库，不具备在短时间内将全国范围中的灾害情况数字化的能力。例如，在发生水灾时，快速建立的数字化模型有助于分析灾害原因和加速推进抗灾工作。今天我参观了休斯公司[②]的扫描数据化研究，他们的工作很出色。现在国内也有这方面的研究，但是从工程化角度上来讲，还不够完善。

三是遥感和地理信息系统接口问题，从栅格到矢量的转化，国内很多单位已经做了大量工作，也有成功的。但是在运行系统层面，现在还没有实现在大面积范围内快速地解决这个问题。

四是模型的实用化问题。目前国内已经建立了不少模型，但是这

---

① 何建邦，地理信息系统（GIS）、计算机自动制图（CAC）专家。曾任中国科学院地理科学与资源研究所研究员，中国科学院遥感联合中心总工程师，地理信息系统部主任。
② 指美国休斯飞机公司（Hughes Aircraft）。

些模型有哪些可以真正在区域系统中运行起来，并且为区域参数提供科学可靠的依据，还没有很好地解决。国外的学者专家，在这些方面也可以做出贡献。

遥感和地理信息领域的"八五"攻关目标是什么？总体目标就是要建立一个工程化的技术系统，包括国家自然灾害监测和农作物估产系统。和"七五"计划相比，从技术目标角度要有所突破，上一个台阶。从"六五"攻关的光学合成、目视解译，到"七五"攻关中对图像进行计算机处理、信息提取、目视解译，相关的数据库已经建立，但是还没有完全应用。"八五"攻关，遥感数据图像的处理要逐步建立在计算机识别的基础之上，在快速、准确的前提下，与地理信息系统完整结合。这个目标实现起来非常困难，需要海外学者们的支持。大家做的很多工作是和"八五"国家攻关项目密切相关的，是能够为国家做出贡献的。

作为"八五"项目的国家具体负责人，我非常希望海外学者能够参与到"八五"项目中，为"八五"项目攻关做出贡献，可以采取多种方式。例如技术交流，一些论文可以在国内发表，学者们可以短期回国一到两个月，参加到"八五"项目特别是关键项目的研究中。这样就能够为国家攻关项目直接做出贡献。

二、在"纪念国际华人地理信息科学协会创会五周年学术研讨会"上的讲话[①]

首先，我代表国家科委对中国海外地理信息系统协会（CPGIS）

---

① 1997 年 6 月在纪念国际华人地理信息科学协会创会五周年学术研讨会上的讲话。

成立五周年表示热烈的祝贺，为海外学子与国内地理信息系统工作者密切合作、发展中国地理信息系统事业所做出的努力表示衷心的感谢。

回忆 1992 年在布法罗，我参加了 CPGIS 成立大会，有 100 多位代表和来宾参加，场面很热烈，但当时我并没想到 CPGIS 能够长期存在，而且一直发挥着连接中外的纽带作用。通过五年多的接触，我对海外学人有几点感受很深。

一是爱国主义精神。这种精神是中华民族延续几千年不衰的力量所在。CPGIS 所做的工作，都是围绕如何报效祖国，提高国家地理信息系统（GIS）的科学技术和产业化水平展开的。CPGIS 的几任会长林珲、宫鹏、李斌，以及其他学人写出多个报告，就中国 GIS 的发展、GIS 产业的前景提出了很多重要意见；CPGIS 科技报告编辑和出版，基本上没有经费来源，都是协会自己筹集经费做的，没有精神力量不可能完成。

二是开拓创新精神。协会在远离祖国、人员高度分散、工作时间表极不统一的条件下，创造性地提出了一系列开展国内外学术交流与培训的方法，包括组织学术讨论会、学术培训班、参加国内 GIS 软件测评、探索组织合作研究机构等。这些经验对于如何发挥海外学人在国家的科技、经济建设中的作用有重要的参考价值。

三是求实精神。CPGIS 所做的都是实事，切实地促进了 GIS 科学技术和产业化发展，不是做表面文章、喊口号，这和有些海外协会选个会长、发个公告，然后名存实亡，大不一样，这也非常可贵，应该大力弘扬这种精神。

今后，我们要继续关心和支持 CPGIS 的工作，包括组建联合研究中心，开展合作研究项目，争取海外学人每年能有时间回国工作，或以其他形式参与国内科研。当前有很多国家急需的人才流失到国外，我深感痛心。我不是说要采用行政手段把关卡死，不让出国，这是愚蠢的做法，和我国的开放政策不相适应，到头来也不利于科技发展，更不会为大家所接受。关键在于我们要制定政策，一方面千方百计地留住人才；另一方面要把海外学人作为我国人才队伍一个重要的组成部分，充分发挥海外人才的作用。因为这些同志秉承着爱国主义的传统，在国家的科技发展中，特别是在传播发达国家的科学技术知识、经验方面发挥着不可替代的作用。我相信，在进入 21 世纪的时候，CPGIS 会为加深国内外 GIS 科学家的相互了解，加强中国 GIS 研究和产业的发展做出更大的贡献。

三、CPGIS精神①

1992 年夏天，我与陈述彭先生及何建邦教授一起，参加了在美国首都华盛顿举行的国际地理联合会的大会，之后前往纽约州的布法罗市参加 CPGIS 的成立大会。在纽约大学布法罗分校，林珲与他的伙伴们安排我们访问了美国国家地理信息与分析中心（NCGIS），并参加了 CPGIS 的成立大会暨第一届年会。当时我为这些年轻人的热情所感染，在成立大会上热情地呼吁他们回国参加科技攻关。但是说心里话，我当时并不清楚这批年轻人的热情能够持续多久，因为我也曾经作为公派留学生去过欧洲留学，知道在国外学习的同时要兼

---

① 本文是作者为国际华人地理信息科学协会（CPGIS）二十周年时集成的《CPGIS 二十周年随想录同心集》一书所作的序言。

顾学术组织工作的艰难。在 CPGIS 成立大会上，面对这些没有政府经费作后援，完全是自发自愿组织学术团体的热血青年，我惟有良好的祝愿。

如今，有目共睹，CPGIS 已经成为一个在国际地理信息科学领域里颇有影响的学术团体。当年的这些青年学子或者成为了世界各国大学里的教授、院长，甚至校长，或者担当了工业界的核心技术骨干和高级管理人员，有的还成为政府官员。令我感慨的是，这个团体至今仍然如当年一样活跃着，连我自己也成为了这个团体的荣誉会员。在过去的 20 年里，作为全球华人在 GIS 领域的第一个学术团体，CPGIS 对于我国的地理信息科技发展的贡献是不可能被忘记的。由于自己的专业背景，我即便是在担任科技部部长期间，也一直关注着CPGIS 在国内外的活动。关于 CPGIS 对于我国地理信息科技发展的贡献，我们至少可以从以下几个方面去总结。

（1）引进国际先进的学术思想与技术。从其成立开始，CPGIS 20年来不间断地组织会员回国讲学，及时引进了国际先进的学术思想与技术。至今，CPGIS 会员回国讲学的足迹已经遍布全国的各个省市和自治区。他们的学术报告对我国的科研工作与人才培养有着深远的影响。

（2）增进国际合作。CPGIS 秉承当年的理念，将自己的年会系列轮流在国内外举办，为中国学者参与国际学术交流、吸引一流国际学者到中国作学术演讲"搭桥铺路"。同时，将 CPGIS 的协会期刊国际化，让更多外国学者了解中国的发展和华裔学者的贡献。CPGIS 的年会和期刊已经促进了许多国际交流与合作计划的形成。

（3）参与国产技术开发。CPGIS 以其特殊的学术优势与中立的身份推动和参与了国产地理信息系统软件的测评工作，对我国地理信息软件的发展起到了重要的推动作用。

（4）担负重要科研领军角色。CPGIS 会员曾经担任过我国地理信息领域的所有国家重点实验室和一些教育部重点实验室的主任，更担任过长江学者、"百人计划"学者、"千人计划"学者和许多国家与省部级科研计划的首席科学家，包括组建"鄱阳湖研究基地"。可以说，CPGIS 是留学人员学术团体以"集团"方式参与国家科研的典范。

（5）为我国学术团体的组织工作提供了可以借鉴的经验。CPGIS 从 20 年前就采用先进的信息网络组织协会活动和发布相关信息，发扬学术民主，注重"网络虚拟学院式"的制度建设和文化建设，从而提高了学术团体的管理效率与透明度。

有人可能会问，是什么精神让这样一个没有国家或者私人基金会固定经费支持，而且每年都要更换主要领导人员的团体凝聚在一起？是什么力量令 CPGIS 的旗帜 20 年不倒，让这个当年由留学生组成的团体成为国际地理信息界的奇葩呢？据我所知，担任这个团体的领导没有任何工资或者补贴，有的只是自发自愿的奉献。他们争取成为协会的领导，利用一年的任期集中力量为协会办成一两件事，包括组织好学术年会。每当换届时，他们没有什么"离岗"的失落，反而增加了对协会的关爱。其实，CPGIS 组织的自愿自发性本来就是一个学术团体应有的本色，而这种"自愿自发"的心灵深处应当是赤诚的"中国心"和"中国梦"。我想，可能正是 CPGIS 核心成员们所追求的这些梦想维系了这个团体 20 年。

　　只要有理想，就会有传承。但凡热情不减，总是会感染他人。CPGIS 20 年的历程是实现理想的 20 年，是我们共同的美好记忆。而这 20 年的热情投入已经积累了可贵的经验，形成了特色的文化，"爱国、奉献、团结、实干"，这些将是支撑 CPGIS 跃向新高度的动力——这就是 CPGIS 精神。

遥感与地理信息系统中的数学模型及其应用[①]

（1993 年 5 月）

　　空间技术和计算机技术的发展，推动了遥感与地理信息系统技术的进步。遥感影像的空间分辨率和光谱分辨率明显提高，不断地扩展它的应用领域；计算机运算速度和容量成数量级地增加，数据库技术、网络技术的发展和人工智能的应用为分析处理大数据量的遥感和地理数据创造了条件。所有这些都为遥感与地理信息系统的实用化奠定了技术基础。数学模型作为联系遥感、地理信息系统与它们的实际应用之间的纽带，处于十分重要的位置，发挥着极为重要的作用。可以认为，数学模型应用的进展是遥感与地理信息系统技术从定性到定量、从静态到动态、从单一因素到多因素分析发展的技术关键，以及实现遥感与地理信息系统一体化的重要标志，也是这些新技术在地学中应用的必要前提。本文将探讨遥感与地理信息系统中应用的数学模型的特点，介绍它在地理学中的一些应用，并展望其

---

① 本文刊载于《第四纪研究》1993 年第 2 期。

发展前景。

一、遥感与地理信息系统中数学模型的特点

应用于地理学的数学模型是某一地理过程或状态的某一方面属性的数学描述。它可以建立在这个过程或状态的物理模型的基础上，也可以建立在这个过程或状态的统计分析基础上。鉴于地理过程和状态的复杂性和多样性，不仅研究模型的建立本身，而且研究它的区域参数的确定同样具有重要意义。

遥感与地理信息系统中，从信息的识别、提取到信息的综合分析，都需要数学模型的支持，这些数学模型全部或部分应用遥感与地理信息系统提供的数据作为参数。因而，与应用传统数据的数学模型相比较，其具有自身的优势和特点。

（一）空间数据结构

遥感与地理信息系统数据是一组空间数据，它全面地描述了各种地理现象的空间几何特征和属性。例如，经过计算机识别后的遥感数字影像表现了土地现状和土地资源分布的空间特征；地理信息系统中数据库的数据涉及地形（坡度、坡向、高度）的空间分布、原有土地利用状况的空间分布，以及地质、土壤、水系、行政区域、道路、城镇、人口等空间分布状况。这些数据的空间位置一般用连续的二维平面中的 X、Y 坐标表示；在数字化地形模型或遥感立体影像下，还可以用连续的三维空间的 X、Y、Z 坐标表示。因而，基于遥感与地理信息系统数据的数学模型，可以应用某个特征在连续空间的数值作为参

数。这就改变了传统的数学模型中，只能应用空间某个点或局部点的平均值表达某个特征、精度受观测点密度限制的缺陷，提高了数学模型的模拟精度。

（二）实时、动态数据

遥感影像具有现势性特点。美国航空航天局（NASA）的陆地卫星（Landsat）TM 遥感影像每隔 16 天重复覆盖同一地区；美国国家海洋大气局的气象卫星 NOAA 系列影像每天重复覆盖同一地区 1～2次。经过计算机处理，这些数据可以作为各种数学模型的输入或初始边界条件。地理信息系统可以把空间特征的时间变化，通过不同时间的记录反映出来，这是动态模拟的基础。举两个实例：通过应用空间遥感技术及时获取雪盖数据从而预报融雪径流；应用地理信息系统的空间数据，建立区域经济、社会和生态环境协调发展的动态规划模型。传统的数学模型，要经过长期地面调查才能获取的参数，在遥感与地理信息系统的支持下，可以实时或准实时获取，从而使传统方法无法及时做出的分析预测与动态模拟成为可能。同时，由于遥感技术可以实现数据的快速更新，因而也为数学模型参数的更新奠定了基础。

（三）数字数据形式

遥感与地理信息系统的所有图面和数字资料均以数字数据形式存储于数据库中，这十分有利于计算机处理和分析。对于遥感数据的分析，可以根据不同的专业需要建立不同的数学模型，应用计算机识别、提取专业相关信息；地理信息系统可以根据数学模型的要求，查询、检索需要的空间数据，包括进行多边形叠合、拼接、剪辑等操作，算术运算、关系运算、逻辑运算、函数运算等数据运算，以及多种数据的复合分析，如影像数据、地形数据、专题图数据的复合分析等。这是在遥感与地理信息系统支持下的数学模型的特点，是传统数学模型很难实现的。

（四）分析模拟过程的空间表达

传统的数学模型运算结果通常用一组数据表示，不仅缺乏直观性，更重要的是这些数据不能或者很难落实到空间。

遥感与地理信息系统的应用为数学模型的空间表达提供了全新的手段。在它支持下的数学模型的运算结果可以在二维和三维空间得以充分表达。例如，作为数学模型运算结果的农作物长势分布、草地产草量和森林蓄积量分布、土地等级和造林适宜性分布等都可以通过地图的形式表达，如果将这些平面图覆盖在通过数字化地形模型建立的立体模型上则可以获得这些地图在三维空间的表达。

动态模拟是数学模型的重要内容之一。在地理信息系统支持下，动态模拟的结果同样可以在二维或三维空间得以表达，让人们能够直观地观察未来的情景。例如，通过多目标规划、转移矩阵或系统动力学模型建立的预测模型将输出今后 10 年、20 年甚至更长时期的土地利用、森林、沙漠化和水土流失等状况的各种专题地图及其在三维空间的分布。

二、遥感与地理信息系统中应用的数学模型

（一）遥感图像计算机识别数学模型

鉴于常规的目视判读技术难以发挥卫星影像多波段和多时相的优势，以及克服其较低的空间分辨率的缺点，也不能满足实时处理大量信息的要求，使得应用数学模型进行数字遥感图像的计算机分类识别具有越来越重要的意义，成为遥感图像处理和分析领域中最活跃的分支。

20 世纪 70 年代的有关计算机分类识别的数学模型，根据不同的地物类别具有不同的光谱反射特征和遥感数据固有的随机性特点，选择不同的时相和波段组合，应用统计模式识别方法，对图像像元进行逐点分类。这些数学模型中常用的有最大似然分类模型、最小距离分类模型、平行六面体模型等。这类数学模型简单易行，但是识别精度不稳定，这就要求有进一步的改善。

计算机分类识别的本质，就是利用各种数学模型，通过计算机模拟判读员的脑力劳动。例如，各个像元的光谱值，在图像上可以反映为色调。前述按像元光谱特征进行逐点分类，从这个意义上可以看作是对判读员按地物色调判读的模拟。但是，目视判读的经验表明，人们在判读时，不仅考虑地物的色调，还十分注意纹理特征及图像各部分关系特征的分析；同时，人们在判读中除了利用图像固有的信息外，还应用其他多种辅助信息，如对地形图和原有的各种专题图等进行综合分析，以提高判读的精度。

20 世纪 80 年代的计算机分类识别模型，就是在更全面、准确地模拟判读员这些经验的基础上诞生的。这些数学模型大致分为以下两类。

1. 第一类数学模型

第一类数学模型在图像识别中除了考虑各地类像元光谱特征外，也着重于像元空间特征的描述。空间特征可以分为两种类型：纹理（texture）特征和上下文（context）特征。纹理特征指的是图像色调的变化，它反映了相邻像元之间光谱值变化的统计关系；上下文特征指的是一个（或一组）像元与图像内其他像元的空间关系，这种空间关系通过像元之间的距离、方向、连通性和内含性得到反映。随着遥感卫星空间分辨率的大幅度提高，像元的空间信息越来越丰富，建立纹理和上下文信息提取及分析的数学模型对于改善分类精度具有越来越重要的意义。

2. 第二类数学模型

第二类数学模型在统计识别模型的基础上，引入辅助数据参与分类识别。辅助数据，主要指的是地形数据及原有的土壤、植被、森林等专题图数据。世界各国遥感工作者发展了多种应用辅助数据进行遥感图像计算机分类识别的数学模型，主要包括：应用数字化地形模型（DTM）消除地形对像元辐射亮度值的影响（如阴影）；应用 DTM 数据作为逻辑通道和各波段光谱数据一起参与分类识别；应用 DTM 数据分层估计各地类出现的先验概率或利用 DTM 数据对分类结果做后处理。这些数学模型的应用，在多数情况下对于改进识别精度有肯定的效果，但并没有充分发挥各种辅助数据的信息潜力，其识别精度通常仍低于目视解译精度。这促使我们需要再次求助于判读员目视判读的经验。我们希望，从这些经验中不仅能像前面所述扩展计算机分类识别所应用信息的种类，而且能够提供全新的计算机识别方法。分析表明，判读员的判读方法具有下述特征：①在目视判读中，判读员要使用地物的色调、纹理、地形、土壤、植被等多种性质截然不同的资料。此时，判读员必须根据不同对象选择不同的知识，这些知识既包含了理论知识，也包含了经验知识，以此做出分析判断。②在目视判读中，判读员必须有运用不确定知识的能力，如"这里是阴坡，生长松林的可能性大""这里地势平坦，可能是农田"等。判读员要根据环境选择不同的知识综合，并权衡知识的可靠性。

上述判读员的判读方法，反映了计算机专家系统的特征。近年来，在这种想法的启发下，先后发展了一些在计算机专家系统支持下用于遥感图像识别的数学模型。这些模型采用了规则、框架等知识表达方式；不确定性推理、神经元网络等形式的推理机制，在提高识别遥感图像分类精度方面取得了明显的效果。中国林业科学研究院在河北省平泉县，应用专家系统支持下的数学模型进行遥感图像计算机识别，精度由84.9%提高到89.7%。其他试验的结果与上述结果基本一致。二十多年遥感图像计算机识别的实践表明，遥感图像的计算机识别将最终实现从以光谱数据为基础的逐个像元识别的统计模型到使用光谱数据、像元的空间关系数据及多种辅助数据的综合模型的过渡；分析方法也将从精确的数学模型计算发展到专家系统支持下应用判断性知识的数学模型。这代表了遥感图像计算机识别的发展方向。

（二）农、林、牧遥感估产数学模型

1. 植被指数

遥感图像的植被信息，主要通过绿色植物叶子光谱特征的差异及动态变化获得直接反映。不同种类和相同种类不同生长阶段及不同生长状况的植被差异，通过植物叶片的叶绿素含量、水分含量、组织结构、叶层结构表现出来，直接影响植物反射光谱特征和植物干物质的积累。因此，遥感图像不同光谱段的信息与植物的生物量有明显的相关性。

植被指数就是基于上述相关性，对卫星多光谱数据进行数学运算构成对植被特征有一定指示意义的数值。主要有以下几种：①标准化植被指数（normalized vegetation index，NVI），它定义为近红外波段与可见光红波段反射率之差与这两个波段反射率之和的比值；②环境植被指数（environmental vegetation index，EVI），其定义为近红外波段与可见光红波段反射率的差值；③比值植被指数（ratio vegetation index，RVI），其定义为近红外波段与可见光红波段反射率的比值；④绿度植被指数（green vegetation index，GVI），其定义为穗帽变换（tasseled cap transformation）中的一个分量，即绿度分量。

理论和实践已经证明，应用卫星近红外波段和可见光红波段的上述几种组合定量表示植被及其生长状况，可以获得比单一波段或其他波段组合好得多的效果，植被指数已成为生物量遥感估测中最重要的指标。

2. 农作物遥感估产

大面积农作物遥感估产主要涉及作物面积确定和作物长势分析。应用遥感数据确定作物面积，应以前述的遥感图像识别数学模型为基础，在地理信息系统支持下，综合使用不同分辨率的卫星数据，进行作物识别和作物面积数据的更新。长势分析则以遥感影像中作物分布区的植被指数为基础，建立不同生长期长势、最终产量与植被指数之间的相关。

20世纪70年代中期以来，美国先后开展了"大面积作物调查试验"（Large Area Crop Inventory Experiment，LACIE）和"空间遥感监测农业资源"（Agriculture and Resources Inventory Surveys Through Aerospace Remote Sensing，AGRISTARS）计划。当前，美国的全球农作物估产系统已投入运行，发挥了巨大的效益。

我国自1984年底开展了全国冬小麦遥感综合测产研究项目，其范围覆盖我国2000多万公顷冬小麦产区（占全国冬小麦面积90%）。主要应用气象卫星NOAA-AVHRR数据和产区400多个监测点的地面实测数据，建立植被指数与冬小麦产量之间的相关，最终获得产量预估数据。李郁竹等论述了这项研究中探索并解决的关键技术：

> 通过冬小麦关键发育期（返青、拔节、抽穗期）年际间遥感图像中植被指数差值的地理分布状况与地面同步监测资料的复合分析，对冬小麦各关键期的长势及其空间分布做出评价；通过受灾前后两个时期遥感图像植被指数增量分析，结合地面资料，分析受害程度，计算受害面积；通过冬小麦产区植被指数（主要为

RVI）与小麦产量或植被指数、主要气象因子和小麦产量的关系
建立多元回归估产单产模型；通过建立冬小麦拔节期前后小麦产
区植被指数（主要为 NVI）与相应样区麦田面积与土地面积比值
的回归模式完成冬小麦面积测算。

在上述试验的基础上，建立了我国冬小麦产区以气象卫星为主的
冬小麦遥感综合测产技术系统和业务服务系统，每年 4 月 20 日发布
全国冬小麦产量趋势预测，每年 5 月 20 日发布全国冬小麦产量预报。

近年来，应用气象卫星数据进行农作物估产的研究正在深化。徐
希孺等研究了冬小麦产量三要素（穗数、粒数、千粒重）与小麦光谱
参数之间的关系，建立了垂直植被指数（PVI）与上述三要素关系的
数学模型：

$$S = A\mathrm{e}^{b\int_1 \mathrm{PVI} \times \mathrm{d}t}$$

式中，S 代表穗数；$\int_1 \mathrm{PVI} \times \mathrm{d}t$ 代表返青至抽穗期冬小麦 PVI 的积分值；
A, b 代表实验常数。

$$L = a_1 \left(\frac{\int_2 \mathrm{PVI} \times \mathrm{d}t}{S} \right) + a_2 V\omega + a_3 T$$

式中，L 代表粒数；$\int_2 \mathrm{PVI} \times \mathrm{d}t$ 代表拔节至开花期冬小麦 PVI 的积分值；
$V\omega$ 代表土壤水分含量；T 代表有效分蘖数；a_1、a_2、a_3 代表矩阵运算
确定的权重系数。

$$Z = b_1 \left(\frac{\int_3 \mathrm{PVI} \times \mathrm{d}t}{S} \right) + b_2 V_\omega$$

式中，Z 代表千粒重；$\int_3 \mathrm{PVI} \times \mathrm{d}t$ 代表开花至蜡熟期 PVI 的积分值；

b_1、b_2 代表矩阵运算确定的权重系数。

李付琴、田国良的研究表明，在一定条件下，高植被指数、高叶面积指数并不一定代表高产，因而他们在建立模型时，将 PVI 与气象因子一并考虑，用逐段订正的阶乘模型建立 PVI 与气象因子综合模型，表达式为

$$Y_i = Y_{i-1} \Pi X_i$$

式中，Y_i 代表作物 i 发育阶段的产量；Y_{i-1} 代表 i-1 发育阶段的预测产量；X_i 代表 i 发育阶段的预测因子。

"八五"期间，建立我国主要粮食作物（包括冬小麦、水稻、玉米）估产系统的遥感技术攻关正在进行。

3. 草地产草量遥感估计

草地生物量估测的遥感模型的原理基本上是利用可见光红波段和近红外波段在草地的光谱反射特征，但也有通过其他波段建立数学模型的实例。

中国科学院和国家气象局在新疆塔里木河中下游区草场应用气象卫星 NOAA-AVHRR 资料，建立标准化植被指数与鲜草重量的相关关系。其相关方程为

$$Y = 0.000\ 128X + 0.000\ 433$$

相关系数 r=0.953。以此为基础，编制了塔里木河中下游地区草场鲜生物量分级图。

在内蒙古草场产草量估算中，应用了陆地卫星 TM 图像的比值植

被指数。建模中，首先对 TM3 和 TM4 波段进行大气辐射校正，做出 TM4 与 TM3 的比值图像后经线性变换按 8 级进行密度分割，得出草场产量分级图。同时，选择几十个草场样地，测其光谱；每块样地中又选 2～3 个样方，测草的鲜重量、干重量、覆盖度等，建立牧草产量的模式：

$$W = -86.9 + 162.65G_{TM}$$

式中，W 代表鲜草重；G_{TM} 相当于 TM4/TM3。

W 与 G 的相关系数 $r = 0.917$。据此编制的产草量分级图还反映了草场类型分布和退化、沙化现状，逐年比较可以监测草场动态变化。

4. 森林蓄积量遥感估计

森林蓄积量与农作物、草地产量不同之处在于它是多年生物量的积累，因此单纯通过反映当年生物量的指标——植被指数来估测蓄积量，不可能获得满意的结果。

中国林业科学研究院设计了一种以应用遥感数据对林分特征进行识别为基础的非线性数学模型。它首先根据监督样本按林分类型、年龄组和疏密度特征对遥感数据进行分类；同时测定监督样本相应地面样地的森林蓄积量数值，建立卫星图像每个像元的上述特征值与森林蓄积量之间的相关。这个相关的特点是它考虑各特征值变量之间的交互作用。据此每个像元的蓄积量估计值为

$$Y = \sum_{j=1}^{N} b_j \delta(j\bullet) + \sum_{j<h} b_{jh} \left[\delta(j\bullet) \otimes \delta(h\bullet) \right]$$

式中，$\delta(j\bullet)$ 代表第 j 个变量；$\delta(j\bullet) \otimes \delta(h\bullet)$ 代表第 j 个变量与第 h 个

变量的交互作用,是 $rj \times rh$ 维向量,其中 $\otimes$ 表示向量的 Kronecker 乘积;b_j、b_{jh} 代表系数。

这个数学模型在吉林临江林业局和陕西乔山林业局共 37.5 万公顷森林调查中进行了试验,森林分类识别的精度达 88.6%,森林蓄积量估测精度达 91.9%,森林蓄积量与相应变量之间的相关系数 $r = 0.94$。在这个模型的支持下,通过计算机系统绘制了新的林业专题图件——森林蓄积量分布图。

(三)遥感水文数学模型

流域水文动态过程是降雨、蒸发等气象因素与下垫面环境背景要素(包括地貌、土壤、植被)共同作用的结果。遥感技术可以提供流域土地利用状况、植被覆盖、土壤水分和水体特征二维空间分布的现状资料;地理信息系统则可以提供数字地形模型和上述土地利用状况等的历史背景资料和它们的二维、三维空间分布。这些资料不仅可以用于确定水文模型中入渗、蒸发和径流系数等水文变量,而且由于遥感与地理信息系统可以提供流域全面的空间分布数据,改变了传统的参数模型中参数由点观测平均值确定、精度受观测点密度限制的缺陷,有助于提高水文模型的模拟精度。同时,遥感和地理信息系统的引进扩展了水文数学模型的研究范围,使多维的水文数学模型研究得以实现,如基于二维分析的滞洪区洪水演进过程模型的建立。

1. 基于遥感信息的水文模型参变量估算

遥感水文模型始于对传统水文模型的改造,着重于遥感产流模型的研究，利用遥感数据结合常规数据确定模型中有关变量和参数。Sacramento 模型是集中参数的概念性模型，它模拟流域连续水文过程，在国内外水文研究中有广泛的应用。由于下垫面地表特征如植被、土壤等影响了入渗、蒸散发等水文过程，因而地表覆盖信息也间接反映了水文过程状态。为了应用这些遥感可以获取的信息，我国的研究人员对这个模型的结构和参数做了调整，并将研究区域划分为子区，以解决集中参数模型结构与全覆盖的遥感数据间的矛盾。试验中每个子区应用遥感数据将下垫面覆盖分类，并结合常规资料进行土壤分类，经转换函数求出流域的参数。转换函数为

$$\text{MPW}_i = \sum_{n=1}^{5} \beta_n \sum_{j=1}^{4} \delta_j \sum_{k=1}^{3} f_{nk}^{j} \text{PW}_{ik} \quad (i=1, 2, \cdots, 7)$$

式中，MPW_i 代表流域中第 i 个水文参数值；β_n 代表各子区权重系数；δ_j 代表各覆盖类型的权重系数；f_{nk}^{j} 代表 n 个子区 j 类覆盖 k 类水文土壤类型中面积权重；PW_{ik} 代表第 i 个参数在第 k 类水文土壤中的数值。

模型的检验在曹娥江小流域进行。选用了 7 年时间序列，前 4 年供分析和检验，后 3 年供监测预报。误差计算表明、7 年年径流误差小于 10%，最大月误差小于 16%，年内分配误差小于 26%，达到常规计算要求。

I. Rodriquez-Itrube 和 J. B. Valdes 提出的地貌气候瞬时单位线理论以地貌特征反映流域对单位线的作用，以气候特征反映单位线的非线性时变特征，由此建立的模型比原有的成因单位线模型更接近实际情况。魏文秋等以上述模型为基础，结合遥感技术特点，推导出应用遥

感资料信息确定地貌气候单位线的模型。它应用经过计算机处理的卫星影像对流域的水系和分水岭进行解译，勾绘出 Strahler 河流分级图和各级河流分水岭，在计算机上进行参数自动统计计算，获取地貌有关参数，应用产流模型算得的净雨量输入本模型进行洪水径流计算。模型在安徽省滁州市径流实验流域进行了验证，与实际洪水过程比较，精度满足要求且效果良好。

2. 基于遥感信息机理的遥感分析模型

这类模型中，有的是完全依赖于遥感信息、具有明确物理意义的遥感水文模型。其初始形式是遥感多光谱数据与水文变量的相关模型。它的一个实例是应用长达 15 年的气象卫星 NOAA-AVHRR 红外波段记录的流域云层的温度和厚度信息推求月、年径流量的数学模型。它的离散表达式为

$$Q_m = \sum_{i=0}^{m} h_i B_{m-i+1}$$

式中，Q_m 代表 m 日径流量；h_i 代表转化函数；B_{m-i+1} 代表流域内逐日以温度权重平均的云覆盖指数，由下式计算：

$$B_j = \frac{1}{2} \sum_{k=1}^{2} \sum_{j=1}^{r} a_{sj} C_{jki}$$

式中，C_{jki} 代表第 i 天 k 影像在温度 j 范围内云覆盖指数的百分数；a_{sj} 代表 s 季节在温度范围 j 的权重系数。

有的则是对传统水文模型有关变量、水文特征的规律和遥感及地理信息系统可提供的有水文意义的参数进行统计分析的基础上建立的基于统计规律和成因机理的定量化遥感水文模型。蓝永超、曾群柱

提出利用卫星雪覆盖数据预报融雪径流的双重筛选逐步回归模式是一个实例。在设计模型时，作者利用方差分析确定水文要素序列隐含的周期及振幅，取其显著者作为预报因子；同时利用灰色系统关联度分析，对前期水文气象因子进行筛选后也作为预报因子；其中气象卫星NOAA-AVHRR 数据所提供的预报时段内各月、旬平均积雪覆盖率经过筛选后作为一个重要的水文气象因子参与统计分析。在此基础上，应用逐步回归法对周期因子和前期水文气象因子进行变量的逐个引入和删除，最后得到预报方程。

3. 地理信息系统支持下的水文模型

地理信息系统可以全面反映流域的地形、地貌、土壤、植被特征，在此基础上建立水文模型，在定量化和空间表达方面都具有很大优势。例如，周成虎等提出的由地理信息系统的空间查询、检索、拓扑叠加等基础模块支持的洪灾损失评估模型，一改以前统计平均模型的面貌，实现宏观、实时、空间定值损失评估；又如，周成虎等以地理信息系统网络分析模型为出发点，进一步改进、引入适合描述水文过程的节点方程，实现了大型河网系统的模拟分析。

（四）沙漠化和水土流失遥感数学模型

土地沙漠化过程的研究对土地沙漠化的预测、控制和逆转都具有重要意义。遥感技术为土地沙漠化过程的定量分析提供了强有力的手段。查勇、王长跃应用遥感数据确定流沙以及耕地、林地和牧地面积变化，以流沙的变化表示土地沙漠化的强度，建立流沙的变化量与耕地、林地和牧地变化量之间的相关。这种相关是依据区域序列回归分析，把研究区域划分为子区域，以各个变量的子区域序列数据建立区域回归模型获得。应用这个模型对榆林芹河的沙漠化过程进行了分析，表明该地区耕地、林地、牧地面积的增加与土地沙漠化过程之间存在着负相关，其中牧地变化对沙漠化影响最大。杨平应用植被覆盖度或流沙占该地区百分比表示土地沙漠化强度，通过趋势面分析，确定沙漠化程度在空间上的总体分布规律，预测出沙漠化地区在空间分布上的进退范围、面积大小，指出沙漠化过程在现在和将来发展得最强烈的地区，以便为治理提供可靠的依据。崔望诚、刘培君应用马尔科夫模型研究了和田沙漠化过程。近 30 年来，和田人工绿洲在扩大，自然植被面积在缩小；沙漠面积在扩大，过渡带面积在缩小。绿洲内部零星沙丘逐渐被改造利用，绿洲外围在防护林作用下，形成与沙漠鲜明的对峙状态。总的来讲，和田沙漠化过程是朝向良性循环的逆转过程。根据遥感资料，获取了 1950 年、1974 年和 1983 年的四种土地类型，包括强度沙漠化土地、中度沙漠化土地、轻度沙漠化土地和非沙漠化土地的数据。分析表明，沙漠化土地类型具有四个状态，每个状态共有四个转移，这种转移具有马尔科夫链性质。而且沙漠化土地类型的逆转或加强，都是在气候和人为因素的干预下进行的，与以往的状态无关。因此可以认为，和田沙漠化过程是一个马尔科夫过程。据此计算出土地利用类型转移的马尔科夫转移矩阵和一阶、二阶转移率。

　　土壤侵蚀遥感调查及模型的研究已经取得进展。我国科技人员在地貌支离破碎的黄土丘陵区，应用 1∶100 000 地形图控制，对 1∶100 000

陆地卫星 TM 影像进行解译，编制土地资源系列图已获得成功。但是，由于这一地区沟谷切割密度过大，例如，切沟一级沟谷密度达到每平方公里 30 公里。受目前卫星影像空间分辨率的限制，很难建立基于沟谷密度的侵蚀强度数学模型。因此，当前土壤侵蚀模型的建立，更多地依赖于航空遥感资料。

陈楚群以陕北绥德县和延安市六个典型小流域为研究区，进行了黄土丘陵沟壑区土壤侵蚀影响因素的遥感分析。研究中使用了 1∶10 000 比例尺航空影像解译制图求出沟道密度、陡壁密度，采用灰色系统理论的关联度分析方法，以流域土壤侵蚀模数为母因素，以沟蚀、重力侵蚀、面蚀、人为侵蚀、抗侵蚀因子等为子因素，进行关联度分析，得出面状侵蚀、沟状侵蚀、重力侵蚀是造成黄土丘陵沟壑区土壤侵蚀的主要因素的结论。林培、刘黎明根据 170 个淤地坝内淤积量的航片立体量测和 21 个小流域淤地坝的半定位观测资料，进行侵蚀因子分析和数学模型，推导出计算小流域侵蚀模数的数学表达式：

$$Y=R\left[0.306\,(P)^{-0.859}\,(0.062)^{D}(1.052)^{S}X^{-0.294}\,(0.985)^{L}\,(0.921)^{F}\right]$$

式中，R 代表年平均径流模数；P 代表植被覆盖度及治理程度；D 代表坡耕地的百分比；S 代表平均坡度；X 代表流域形状参数；L 代表平均坡长；F 代表 0.1～0.2 毫米细砂含量。

（五）土地资源分析评价的遥感数学模型

遥感影像有现势性特点，可以快速实现土地资源评价所需资源现状信息的获取；同时，在地理信息系统提供的地形数据（如坡度、坡向、高程）和各种专题图数据支持下，可以快速实现叠加、综合查询和综合分析。这样，就为数学模型在土地资源评价中的应用奠定了基础。

我国开展了土地资源评价遥感数学模型的研究，主要涉及土地资源评价、土地承载力、土地规划、造林适宜性，以及区域经济、社会和生态环境协调发展规划等内容；应用了多元回归分析、多目标规划、专家系统分析、转移矩阵及系统动力学等建立模型的方法。

边馥苓、向发灿等建立的土地资源分析评价模型，根据研究目的和区域特点，选择评价因素，构成因素集；通过多元线性回归分析建立土地质量判别函数或通过层次分析法确定"判断矩阵"等建立权重集；最后根据最大隶属度原则确定待评单元的土地等级。这个模型在湖北省武昌县和陕西省安塞县进行了应用试验。在武昌县，进行了土地适宜性和柑橘生长适宜性评价，将影响柑橘生长的主要因子温度、水文、光照、土壤、坡度、坡向等组成因素集，通过地理信息系统获取这些数据，划分为最适宜、次适宜等六等，并将评价因素与应用遥感数据获取的土地利用现状数据复合，综合考虑经济社会效益，获得武昌县今后发展柑橘的面积及其空间分布。

刘树人、李仁东等应用遥感数据统计各类土地利用面积，然后用多目标规划方法，拟出最优土地利用方案。基本思路是：在构造模型中引入全部决策目标，由于实际能完成的目标与规划的目标存在着一定程度的偏差（偏差变量），目标规划要在约定的约束集合内，求使偏差变量值达到最小的决策变量值。决策中的多目标往往互相冲突，在建模中必须对它们进行评价，只有在较高优先级的目标被满足或不能改进以后，才考虑较低级优先目标的满足。这个方法在山西省大宁县进行了试验，选取了 16 个决策变量，建立了共有 4 个优先级、24

个约束的目标规划模型。

李健为了评价黄土丘陵沟壑区造林适宜度，选择地形、土壤、植被、降水 4 个要素，其中植被取自陆地卫星 TM 数据，地形等取自地理信息系统数据库数据，建立了该地区造林适宜度因子分析模型。这个模型可对复杂的原始变量进行简化，突出多变量中主导因素影响，以此进行不同单元造林适宜度分类。

张志勇等把以系统动力学为主体的区域综合发展预测模型与地理信息系统的空间分析功能结合起来，提出了进行区域经济、社会和生态环境协调发展规划的新途径。作者以河北省平泉县为实验区，从森林覆被率与水土流失的关系入手，建立了以系统动力学为主体的区域生态环境与社会经济协调发展的动态仿真模型。系统仿真策略是保证粮食自给，适当提高农业投资，重点进行农田基本建设，退耕还林，荒地造林及草场建设，尤其是在发展一般防护林的同时，重点发展经济林、薪炭林。该模型以 1987 年为起点，仿真到 2000 年，获得了这一区间内有关土地利用及森林变化的全部数据。为了将上述决策数据规划到地理空间，建立了不同土地适宜性类型在自然地理环境方面的约束条件，以地理信息系统中数字化地形模型的格网为计算单元，计算每个约束条件在土地适宜性表中的适宜区间内隶属度，从而获得所有约束条件的加权平均值，作为规划时间顺序的依据；对于森林生长预测数据的规划，则首先要建立林分生长模型，从而将其生长量规划到对应空间位置。通过上述规划，得出不同时间（如 1987 年、1995 年和 2000 年）的土地利用图、森林分布图、植被覆盖分布图等。这些图件可由终端显示，也可通过绘图机绘图。

最后，根据未来各时期植被覆盖情况，应用水土流失模型预测土壤侵蚀状况。

三、遥感与地理信息系统中数学模型的发展展望

遥感、地理信息系统、数学模型是一个完整的资源与环境信息系统的必要组成部分。数学模型的进展和遥感与地理信息系统技术的进展密切相关。因此，本文除叙述数学模型本身的进展以外，还将对和数学模型有关的遥感与地理信息系统进展做扼要叙述。

（一）地理信息系统技术进展

地理信息系统将以更有效地支持数学模型为目标，在结构上进行调整。

1.面向目标的设计思想

现有信息系统具有令人满意的输入、编辑、查询和展示空间信息的功能，但在执行空间分析和模型化方面有局限性。主要原因是不同的应用模型使用不同于地理信息系统的数据结构，这使得地学应用人员不得不花费更多的时间去解决计算机问题，而不是解决地学问题。在过去 10 年中，面向目标的结构和语言在程序语言、系统分析和设计、计算机辅助工程、计算机辅助设计和管理、数据库管理系统中得到越来越多的应用，它允许将空间数据类型加到语言中，它所定义的新的一级目标作为以前定义目标的扩展，可以减少数据的冗余。因而，它在地理信息系统中有着广阔的应用前景。

2. 计算机并行处理技术

当前，地学分析对计算机运算量有了越来越大的要求。这主要是因为遥感与地理信息系统中应用的数学分析模型将面对日益膨胀的地理信息构成的大型空间数据库、对全球研究的日益浓厚的兴趣、决策系统对快速响应的迫切需要。因此，顺序处理已不能满足极大量的数据运算要求，取而代之的将是并行处理技术，以便大幅度提高运算速度。

3. 新型的地理信息系统数据结构

当前，人们普遍认为基于矢量与基于栅格的数据结构都有局限性，数据结构的改造势在必行，方向是把矢量与栅格数据结构的优点结合起来。现在提出的线性四叉树的一元化数据结构、R 树结构等，都有待进一步研究，并在实际中应用。

（二）遥感、地理信息系统与数学分析模型的一体化

地理信息系统需要应用遥感资料更新其数据库中的数据；而遥感影像的识别需要在地理信息系统支持下改善其精度并在数学模型中得到应用。两者之间存在着密切的相互依存关系。但在目前的技术水平下，这种关系受到制约，主要有两方面的原因：一是受卫星分辨率和识别技术所限，遥感图像计算机识别的精度还不能满足更新较大比例尺专题图的要求；二是遥感图像与常用的地理信息系统的不同的数据结构妨碍了数据间的传输。

展望今后 10 年，新一代卫星影像的分辨率将有大幅度提高；在专家系统支持下，计算机识别精度也将有明显的改善；同时，从遥感

图像具有的栅格数据结构向地理信息系统常用的矢量数据结构的转换已取得明显进展，有的达到实用化水平。因此，遥感与地理信息系统一体化已是可以看到的前景。那时，再也不需要重复遥感图像—目视解译—编图—数字化进入地理信息系统的模式，整个过程将为计算机处理所代替，应用完全实时的遥感数据的数学模型将得以运行。

（三）神经网络计算机和专家系统将对数学模型提供强有力的支持

神经网络计算机也被称为第六代计算机，与现代数字计算机比较，它的主要特点是：①大规模的并行分布处理；②高度的容错性，任何局部错误不会影响整体结果；③具有自适应、自学习功能，具有思维联想能力；④是一种连续时间呈集团性的非线性动力系统。识别和记忆体现为该系统的平衡及平衡状态。

神经网络计算机是尽可能模拟人脑——超级信息处理系统的产物。它试图解决现代计算机无法根本解决的一些技术问题，如对各种图像信息的快速准确的识别。造成这些问题的原因是现代计算机在冯·诺伊曼体系下，按符号/逻辑规则顺序串行运算，它不具备人脑的智慧性、时空整合、思维联想等功能。尽管在现代计算机中人工智能获得了应用，但仍无法准确模拟人脑的思维活动。若采用神经网络，利用其全并行处理、自适应学习、联想功能等特点，解决计算机视觉、模式识别等特大数据量、信息特别复杂的问题，表现出明显优于传统计算机处理方法的优势，从而解决遥感图像识别和遥感及地理信息系统数据的综合分析等问题。

专家系统已在遥感图像识别实验中得到应用，但远远没有达到实用阶段。当前一些遥感应用科学工作者开发了一批专家系统软件，但还很不成熟。应当指出，计算机研究人员已经开发了一批专家系统工具，并且从理论完整性和实用性及人力的投入上都远远超过了应用工作者开发的专家系统。因此，对于遥感和地理信息系统应用科学家来说，正确的途径不是自己独立开发专家系统，而是从众多的已开发的专家系统开发工具中选取适合于地学应用的模式，赋予地学内容，特别是在认真、科学地总结专家知识的基础上建立知识库应是地学工作者研究和应用专家系统的正确方向。

（四）数学地理模型的进展

1. 数学地理模型的专业化研究

随着遥感和地理信息系统应用的不断深入和普及，面向不同专业的数学模型将进一步分化，以物理模型为理论基础的专业化模型将是近期地理分析模型的主流。例如，遥感图像识别中有关纹理的数学模型正在混合像元分解的基础上展开；估产模型的建立，则已深入到光合作用的机理研究；各种遥感水文模型，也是建立在降水与下垫面交互作用机制研究的基础上。诚然，数学分析在建立模型和参数分析上仍然发挥着重大作用，但是单纯的数学分析模型的重要性正在相对减少。

2. 基于数据结构理论的模型开发

在过去乃至当前，数学地理模型研究更多偏向于模型的建立、数理方程的求解，面对模型的可移植性、有效性等不够重视，模型的数据与代码分开。新一代数学地理模型将把代码与数据结合考虑，使其共存于模型之中，让数据引导代码，代码处理数据。

3. 通用化数学分析模型的研制

随着数字分析技术的发展和计算机功能的提高，通过进一步的理论概括和概化，形成以处理数字数据为主体的通用化数学地理模型。例如，以研究时间进程为主要对象的时序分析模型系统的建立，以模拟地理现象二维或三维空间分布特征为对象的面模拟模型。这些通用化的分析模型将进一步改善现有地理信息系统软件的分析功能。

4. 数学地理模型工具的建立

为了便于数学地理模型的推广应用，提高模型的分析水平，数学地理模型工具的建立将是未来研究的一个方向，包括专业化的地理模型语言、具有智能化水平的模型管理系统。它们既可以作为独立体存在，也可与遥感和地理信息系统有机地结合在一起。

总的来讲，在今后 10 年内，在遥感与地理信息系统支持下的数学模型将发生重大变化，并将最终实现实用化。这是每一个遥感与地理信息系统工作者的奋斗目标，也是地学工作者的希望。

致谢

本文承蒙陈述彭先生审阅，周成虎博士（资源与环境信息系统重点实验室）对部分章节提出了宝贵的补充修改意见，特此致谢。

参考文献

[1]徐冠华,等.遥感图象判读的专家系统及其应用//徐冠华.再生资源遥感研究（公共实验区）.北京:科学出版社,1988:38.

[2]李郁竹,肖乾广,刘国祥.各小麦气象卫星遥感综合测产技术研究与试验//马俊如.中国遥感进展.北京:万国学术出版社,1992:130-136.

[3]徐希孺,朱晓红,张绪定.冬小麦宏观遥感监测方法与实践//马俊如.中国遥感进展.北京:万国学术出版社,1992:124-129.

[4]李付琴,田国良.1993.小麦单产的遥感-气象综合模式研究.遥感学报,1992,3:202-210.

[5]林培.农业遥感.北京:农业大学出版社,1990:192.

[6]陈述彭,赵英时.遥感地学分析.北京:测绘出版社,1990:221.

[7]徐冠华,唐守正.应用卫星数据进行临江林业局森林调查的试验研究//遥感在调查、管理、决策应用国际学术讨论会文集.北京:测绘出版社,1985:142-159.

[8]许有鹏.遥感信息在水文模型参数确定中的应用研究.遥感技术与应用研究,1992,4:16-22.

[9]魏文秋,黄晶,杨积成.应用卫星遥感技术的地貌气候单位线汇流模型//马俊如.中国遥感进展.北京:万国学术出版社,1992:268-276.

[10]蓝永超,曾群柱.利用卫星雪盖资料预报融雪径流的双重筛选逐步回归模式//中国科学院首届遥感与地理信息系统青年学术研讨会论文集·遥感技术与应用专辑.1991.

[11]周成虎.地理信息系统概要.北京:中国科学技术出版社,1993.

[12]查勇,王长跃.土地沙漠化过程的遥感定量实验研究//中国科学院遥感应用研究所,华东师范大学地理系.黄土高原水土保持林区遥感综合研究.北京:中国科学技术出版社,1990:195.

[13]杨平.沙漠化动态监测中的空间分布趋势分析//中国科学院遥感应用研究所,华东

师范大学地理系.黄土高原水土保持林区遥感综合研究文集.北京：中国科学技术
出版社.1990：110.

[14] 崔望诚，刘培君.用于遥感监测沙漠化过程的马尔科夫模型 // 孙司衡.再生资源遥
感研究（新疆）.北京：中国林业出版社，1991：110.

[15] 陈楚群.1991.黄土丘陵沟壑区土壤侵蚀影响因素遥感分析.

[16] 林培，刘黎明.遥感技术在黄土高原土壤侵蚀研究中的应用 // 马俊如.中国遥感进
展.北京：万国学术出版社，1992：101-105.

[17] 边馥苓，向发灿.遥感与地理信息系统技术在土地资源评价中的应用.中国土地科
学，1993，2：20-23.

[18] 刘树人，李仁东，等.黄土高原丘陵残垣沟壑区土地利用及目标规划研究 // 中国科
学院遥感应用研究所，华东师范大学地理系.黄土高原水土保持林区遥感综合研
究.北京：中国科学技术出版社，1990：334.

[19] 李健.黄土丘陵沟壑区造林条件适宜度分析模型的建立 // 中国科学院遥感应用研究
所，华东师范大学地理系.黄土高原水土保持林区遥感综合研究文集.北京：中国
科学技术出版社，1990：268.

[20] 张志勇，周心铁，许卓群，等.系统仿真与 GIS 结合在防护林生态效益评价与预测
中的应用 // 马俊如中国遥感进展.北京：万国学术出版社，1992：247-253.

遥感研究进展与使命

——庆祝中国科学院遥感应用研究所成立15周年[①]

（1995 年）

1995 年的春天来到了。在党中央、国务院准备召开全国科学技术大会的前夕，中国科学院遥感应用研究所（简称遥感所）迎来了 15 周岁生日。15 年来，遥感所沐浴着 1978 年全国科学技术大会的春风，伴随着祖国改革开放的步伐，得益于中国科学院及国家主管部门领导的关心与兄弟单位的支持、历届所领导励精图治、全所职工团结奋进，走过了一段光辉的道路。

1980 年，在遥感技术应用与制图自动化实验中心（中国科学院地理研究所二部）的基础上，遥感应用研究所经国务院批准正式成立。专业性遥感研究机构的建立，表明国家及中国科学院对这个新兴科学领域的重视与希望。建所之初，全所职工 80 余人，开展地物波谱与

---

① 本文选自中国科学院遥感应用研究所建所十五周年文集《遥感科学新进展》。作者徐冠华、郭华东。

航空遥感、计算机图像处理与制图及遥感应用三个方面的研究工作。条件简陋，并没有影响中国遥感创业者的激情；经验缺乏，却为一门边缘学科的兴起画出最新最美的图画。科研人员们没有辜负国家的期望，成功地建成了我国第一个专业性遥感所，为国家遥感科学事业的发展奠定了坚实的基础。

经过15年的发展，今天的遥感所已经成为我国从事遥感理论、技术和应用研究的综合性、开放性研究机构。全所拥有职工近300名，包括2名中国科学院院士、20余名研究员、60多名副高级和100余名中级科技人员。目前全所共设有10个研究室，包括遥感辐射特性、遥感空间特性、高光谱遥感科学、雷达遥感科学及全球变化遥感5个基础性研究室，遥感信息获取、遥感信息处理及地理信息系统3个技术研究室和再生资源与固体地球遥感2个应用实验室。同时设有航空遥感中心及计算机应用中心两个技术服务机构。遥感所又是国家遥感中心研究发展部，与国家遥感中心其他部一起共同为发展我国的遥感事业而携手并进。1994年，中国科学院批准在所内建立了遥感信息科学开放研究实验室，成为我国遥感基础研究的稳固基地之一。经国务院学位委员会批准，遥感所相继成为地图学与遥感专业的硕士学位授权单位和博士学位授权单位。1994年又设立了博士后科研流动站，具备了培养高水平遥感人才的条件。

建所以来，遥感所共获得重大科技成果70余项，其中获奖项目30余项，为我国国民经济建设与遥感学科的发展做出了重大的贡献；同时在国际遥感界也具备了较高的知名度。通过深化改革，扩大开放，全所研究技术实力不断增强，全体职工正在不懈努力，锐意进取，力争把遥感所办成一个更加充满活力和生机的现代化、国际化研究所。值此建所 15 周年之际，回顾过去，充满着无限光荣与自豪，展望未来，倍感责任与使命的重大。

一、20世纪80年代开拓与贡献

（一）遥感的开拓

20 世纪 80 年代最初的几年对遥感应用研究所是一个重要的时期。建所伊始，国际遥感的热流在不断向国内传播，国内许多部门与行业开始对遥感寄予殷切的期盼，遥感所的成立，责无旁贷地站在了发展遥感科学、培养遥感人才的历史位置上。可喜的是她没有辜负这种寄托与考验，为我国遥感事业的开创起到了重要的作用。

资源遥感（云南腾冲地区）、环境遥感（天津－渤海湾地区）、能源遥感（四川雅砻江二滩地区），是我国遥感事业起步的三大"战役"。在设备的研制与检验、应用技术与方法的实验与探索、人才的教育与培训方面，成为重要的奠基和示范工程。

1978 年，经中央批准，由中国科学院负责进行腾冲航空遥感试验，历时三年。这一次试验，检验了我国自行研制的航空遥感仪器，在勘察自然环境和自然资源，以及探索遥感技术在科学研究与生产中应用的可能性。受中国科学院的委托，处于组建之中的遥感应用研究所受命于形势的需要，承担了这一重任。这是我国独立进行的第一次大规模、多学科、综合性的遥感应用试验，也是一次重要的科技交流和技术培训活动。来自全国 16 个部委、局，68 个单位的 706 名科技人员参加了这次试验。充分利用了当时能获得的卫星像片，组织实施了包括光学摄影、红外和多光谱扫描、微波辐射等技术手段在内的航空遥感数据的收集、处理以及判读分析，在区域地质、构造分析、水文地质、火山、地热、矿产资源、森林植被、土地资源以及专题系列制图等诸方面进行了深入的研究，取得了丰硕的成果。达到了"一次试验，多方受益"的目的。腾冲遥感所处的时期，受基础、理论、技术水平和条件所限，试验中所用的遥感仪器多属于我国第一代产品，应用分析尚处于目视判读和手工作业阶段。但它代表了当时中国遥感的科学技术水平。这次研究成功的大型遥感应用项目，成为我国遥感的开拓项目，被誉为"中国遥感的摇篮"，参研人员被赞为遥感界的"黄埔一期"学员。

在此之后，1980年开始的津渤环境遥感试验是对遥感所的又一次考验。这次试验以多时相、多层次、多种遥感信息源为基础，将航天、航空遥感所获得的空间信息，与自然、社会和经济信息相结合，将遥感图像的目视判读与计算机分析处理相结合，将城市环境的专题要素分析与机助制图技术相结合，在应用研究工作的综合性、系统性以及深入程度方面均有较大进展，成为我国第一次综合性的遥感试验研究。这一大规模的试验，揭开了我国城市遥感的序幕，是遥感所对我国遥感发展的又一大贡献。

雅砻江二滩地区水能开发遥感试验，是采用卫星遥感与航空遥感相结合把遥感和地理信息系统技术应用于大型水电工程选址前期研究的一项重要实践，包括区域地质稳定性和河谷边坡稳定性，遥感评价区域资源环境及水库淹没损失遥感调查，数据库建立及计算机系列制图等项目，取得了具有国际先进水平的成果，引起了国家能源部的重视，并把这一技术推广到一系列水（火）电站工程前期评价，形成了一种独具特色的新技术"手段"。

成功组织并完成了我国大型自然资源遥感调查、城市环境遥感监测和能源开发遥感应用等一系列重大遥感技术应用项目的遥感应用研究所，经历了创业与开拓之后，逐步走上了稳定的持续发展的轨道，在以后的工作中，利用遥感技术为国家不断做出新的贡献。

1. 建立了高空机载遥感实用系统

高空机载遥感实用系统的目标，是根据我国社会主义建设的迫切需要，结合我国国情，重点为解决资源、环境及相应科学研究中的重大问题，为我国实现决策和微观调控提供先进的科学技术手段及依据，并跟踪当代遥感发展前沿，开展关键技术路线预研究，为跨世纪遥感建立理论及技术储备。它是一个包括从信息获取、信息采集记录、信息传输到信息处理和分析配套的先进遥感使用系统。该项目以遥感所两架高空飞机为平台，由三大技术部分组成，即航空遥感技术系统、地面配套与支持系统、遥感前沿技术跟踪及创新系统。其中航空遥感技术系统中又包括信息获取子系统、总体与配套子系统及信息处理子系统。本项目成果将我国航空遥感的水平向前推进了一大步，在系统化、集成化及总体水平方面已跻身于国际先进行列。与国际同类系统比较，具有小型、先进、实用、可靠、灵活及综合等几大特点。项目成果已广泛地应用于资源环境调查与监测中。

2. 矿产及油气资源的遥感探测

用遥感进行金属矿产资源探测一直是个难题。"七五"以来，遥感所承担国家攻关及中国科学院重大项目，利用多源遥感技术，研究发展了蚀变带信息提取技术、控矿构造空间信息识别技术、遥感生物地球化学方法、地质数据集分析技术，提出多平台多波段遥感信息提取与多数据复合三个技术核心，建立了"遥感空间定位，遥感化探定性，遥感工程定量"三部曲遥感找矿模式，提出"弧形影像控矿"理论模式，在新疆北部发现并确定了18个金、铜、锡矿靶区及远景区。其中经后续工作确定的一处金矿，经开采每年经济效益数千万元，提供了用遥感技术直接找到工业金矿床的先例，推动了我国地质找矿遥感进展。

在红外多光谱遥感技术金矿资源调查中，应用红外细分光谱技术所获取的数据进行蚀变岩的识别与图像处理技术取得成功，这项包括蚀变岩光谱数据库的建立、多通道红外光谱数据的预处理、蚀变岩特征信息提取等一系列配套技术与方法，有很强的应用潜力。同时也表明我国自行设计与研制的细分红外多光谱扫描仪是成功的，对红外波段的选择是合理有效的，把光谱遥感找矿技术提高到了新的水平。

"油气遥感直接勘探"是遥感所利用遥感进行资源调查的又一实例。以油气藏烃类微渗漏理论为基础，利用红外波段航空遥感探测技术，通过地表烃类微渗漏标志的遥感分析，建立一套经济、快速、有效的油气遥感勘探程序，经三次大面积试验，取得60%的符合率。此项成果已应用于塔里木盆地油气勘探生产实践，取得基本与钻探结果一致的好成果，被生产部门评为优秀。

3. 再生资源及环境遥感调查

　　针对西藏特有的高原地理环境和土地开发利用程度，采用航天和航空遥感技术相结合的方法，解决了遥感调查分区控制面积衔接和与不同遥感国际调查内容衔接，航天航空遥感图像综合分析非耕地系数测定及调查精度分析等一系列技术难题。主持完成县级调查、地市和自治区两级数据汇总、图件编制和报告编写，使西藏自治区土地利用现状调查任务在全国率先完成，提高了西藏土地资源研究的科学水平。这项任务起步晚、完成早、技术难度大、条件极为艰苦。采用遥感技术较常规调查效率成倍提高，经费大量节省，遥感技术在最急需的地区发挥了最大的作用，具有重要的学术价值，应用前景十分广阔。

　　龙滩水电站是我国的大型水电站。1985 年开始，遥感所采用遥感技术在该地区开展了综合性遥感调查与制图，对水库淹没损失指标、库区土地资源及开发利用现状、区域构造稳定性，库岸边坡稳定性进行了分析。该项研究工作系紧密结合国民经济建设的重大课题，在遥感应用技术方法上有所发展和创新，形成了一个比较完整的技术系列，提高了工作效率和经济效益，保证了高山地区的判读制图精度，解决了龙滩水电站建设的一些实际问题，仅库区淹没损失一项，就为国家节省了巨额经费。从而发挥了遥感应用技术的优势，取得了高质量的成果。

　　开展黄河流域典型地区遥感动态研究。在黄河上游冰雪覆盖监测与融雪径流预报模型方面，使遥感结合冰雪水资源开展融雪径流预报达到实用化，在下游开展遥感与气象数据相结合的大面积监测土壤水分动态变化研究，在黄河尾闾摆动及泥沙淤积方面，提出了河口流路规划及治理方案，分析了泥沙淤积动态演变及空间分布规律，三角洲的形成发展和河口海域的基本特征。

在"三北"防护林黄土高原区遥感调查中，利用遥感技术完成了该地区 1∶10 万和 1∶50 万比例尺森林、草地，土地利用、土地评价、立地条件等系列图件的编制，取得了研究区客观、准确的科学数据，利用多种数学模型进行了系统分析，建立了典型县资源环境信息系统，发展了一套适合于黄土高原调查的信息源评价、处理、分类和制图方法。

4. 遥感技术开发

遥感所科研人员自主开发了资源与环境信息系统中一些重要软件，包括空间信息数据管理系统、微机地学和遥感应用管理系统、区域资源与环境分析评价模型及手扶跟踪与扫描数字化等实用化软件，已成功地应用于城市环境评价等诸方面。

科研人员们逐步具备了技术实用化能力。在多年科学技术积累基础上研制出 IRSA-3 遥感图像处理分析系统。该系统图像处理及信息系统软件由科研人员独立自主设计研制，硬件系统价格低廉，软件功能齐全，易于操作，实用性强，在国内具有很强的市场竞争能力，并在国际招标中中标。

根据国际空间委员会关于编制全球卫星影像图计划，遥感所率先编制、印刷出版的中国卫星影像系列彩色图，在世界空间大会、国际科学技术专家组会议、亚太地区空间大会、国际地图大会、国际摄影测量与遥感会议及国际地理大会等 10 多个高层次国际学术会议上展出，均受到高度评价。一致认为，该图设计科学，时相选择适当，投影方法正确，光学处理先进，镶嵌制图精细，印刷成品精美，具有科学意义和实用价值。

5. 遥感基础研究

在地物结构特征与地物方向谱之间关系几何光学模型研究中，针对遥感像元尺度上影响植被二向性反射的主导因子，用几何光学的方法解释了遥感观测中的"热点"效应及植被反射的方向性变化，较严谨地解决了国际上流行的辐射传输模型在植被遥感中难以解决的问题，同时又进一步发展了间隙率模型，为在像元尺度上的几何光学模型与在叶片尺度上的辐射传输模型的研究奠定了基础，使遥感所科学家与国外同行合作创立的 L-S 几何光学模型逐渐成为国际遥感领域一个重要学派。

遥感基础研究是"七五"期间遥感所重点扶持的一个课题。进行了遥感数据定量化应用、微波遥感应用基础及星上数据辐射订正三个方面研究，建立了估算陆面温度的卫星遥感反演模型和大气辐射传输模型，提出了地形要素对遥感成像的影响和修正方法，研究了微波散射特性及云雨的微波衰减特性，论证了我国辐射校正场设想并研制出软件系统。这项成果对促进遥感应用起到了很好的作用。

遥感所在雷达遥感应用方面有较丰富的学科积累。先后主持我国最早的雷达对地观测项目，设计出我国雷达最佳俯角图，发现了 L 波段雷达对干沙的穿透性，对 SAR 成像机理进行系统研究，发展了雷达图像几何校正与辐射校正算法，开展多极化雷达图像分析，进行了雷达地质学研究，并在资源探测及环境、灾害监测中取得了丰硕的应用成果。

二、20世纪90年代成就与发展

随着 90 年代的到来，世界范围内科学技术的发展进入了一个新的时期，遥感科学的发展也步入一个新的阶段。尽管 10 年是一个很短的时间，但由于遥感学科的飞速进展，由于我国对遥感学科的高度重视，遥感所有机遇大踏步前进，迅速迈入了她的成熟阶段。为适应遥感学科的发展规律，为使遥感技术对国民经济发展做出更大的贡献，她合理地调整布局，动员精锐科技力量在基础研究、技术发展及应用研究方面开展有效的工作，取得迅速而稳定的发展。

（一）基础性研究

遥感所正在主持开展国家自然科学重大基金项目"地表遥感信息传输及其成像机理"研究，这是我国开展遥感研究以来最大的基础性研究项目，在我国的遥感发展史上将具有里程碑意义。该项目由四大研究部分组成，有些已取得重要阶段成果。

1.遥感信息地学特征理论研究

主要研究电磁散射系统的校准与定标；几何特征与电磁特征的分离与测定；带有植被的复杂地表的测量与分析；电磁参数测量与地物和图像双向反演模型的建立；遥感信息的地学模型与多维分析。

2. 高分辨率遥感信息处理及地物识别原理

　　主要研究高光谱分辨率遥感信息与地学特征之间的定量关系。通过对典型地物的遥感研究，从成像光谱两大信息循环，即光谱 - 图像和图像 - 光谱转换过程中研究地物的成像机理，建立其精细光谱及地学特征间的双向反演及地物识别模型。发展成像光谱高速、海量信息的处理、分析技术，包括信息的预处理、校正、定标、单一及复合光谱信息的特征提取、地物识别的智能匹配和光谱特征分析模型。同时在结合蚀变岩矿、植被以及海洋叶绿素的应用中，形成应用示范成果。

3. 地物微波遥感信息处理及成像机理

　　研究地物去极化机理，建立极化散射模型，提出识别地物的最优极化方式；研究雷达特别是长波段雷达对干沙及植被的穿透性，穿透深度及穿透条件分析结果；研究同一粗糙地表对 L、C、X 波段电磁波的响应特征，探讨同极化与交叉极化成像特征及不同视角、视像成像特点的差异；研究雷达图像中复杂信息的分离技术，侧重开展分析方法的研究，建立特征目标模式识别判决机，进行多波段、多极化、多视角、多视向及多分辨率雷达图像识别地物的对比分析，识别地质体、植被、海面目标，评价雷达遥感在地球科学研究中的作用及应用潜力。

4. 遥感信息在介质中传输规律

　　研究可见光至微波遥感信息在大气、水、土、岩石等介质中的传输规律，侧重研究遥感综合信息流模式及信息在介质中的演变规律，建立大气订正方法和遥感反演方法。研究我国气溶胶区域模式、遥感信息在大气传输中的气溶胶影响的订正，地表与大气界面遥感信息耦合机制、云雨微波衰减模型。在遥感信息在地表介质传输中，重点研究土壤岩石介质中的遥感信息传输、植被微波能量传输机理及地球表层遥感信息流的综合分析。

同时开展了国家重点基金地面目标二向性反射特性研究。在国家科学基金支持下，正在进行不连续植被的间隙率模型研究，明确区分树冠间的间隙率与树冠间隙率的概念，并通过对植被内光程的统计描述建立模型，比较严谨地描述了自然植被中树冠间相互荫蔽现象及其在入照和观测两个方向上的相关性。

利用辐射传输模型描述植被内光的散射，多次散射，最终被吸收或溢出的过程，这是为充分利用几何光学模型和辐射传输模型这两大流派在不同空间尺度上各自的优势建立混合模型做出的开拓。进行多角度图像的处理：包括在二向性反射条件下的大气辐射校正和多角几何配准，这是遥感应用必将面临的困难问题之一，配准的精度严重影响多角度图像的使用价值。大气辐射校正则在传统方法基础上引入复原和反演方法开拓新的研究领域。

（二）技术研究

"八五"期间，遥感所承担了国家遥感攻关项目、863计划项目等重大工程项目中多个课题研究，在技术与高技术发展中迈上了重要的台阶。

由中国科学院主持，由遥感所联合兄弟所共同作为技术总体负责组织的"八五"攻关"遥感技术应用研究"项目（724 项目），是我国在连续遥感攻关 10 年基础上进行的一个高难度、高水平研究项目。该项目以我国重大自然灾害遥感监测评价和主要农作物遥感估产的运行服务为目标，研究建立一个具有快速、准确、机动和集成特点的灾害和估产遥感实用系统，为国家宏观管理决策提供科学依据，为各部门遥感应用提供技术支持。同时，发展新型遥感器及配套技术，跟踪世界遥感技术前沿。

研究项目中，突出了灾害监测和作物估产技术要求的关键：快速、准确、机动。在灾害和估产遥感应用技术支持系统课题中，提出了陆地卫星 TM 图像快视实时输出；高分辨率机载 CCD 扫描图像获取、地面接收、实时显示；人机交互判读、快速分析；高速、大容量数据处理等多项技术。在灾害监测和作物估产两个课题中，提出了在灾害和估产遥感技术系统支持下多平台遥感数据获取技术；灾害和估产信息提取技术；建立灾害行为、减灾辅助决策模型、作物长势和单产模型的技术等。在遥感器研制方面，追踪国际前沿，集中发展第三代多波段扫描——成像光谱仪和新型微波遥感器——多极化合成孔径雷达，以及具有中/高精度、海陆兼容的微波高度计。

由遥感所科研人员承担的 724 项目关键技术课题均已取得重要进展。"多级平台遥感信息获取系统"任务，面向重大灾害监测和主要农作物估产，建立了气象卫星接收站，开展了重大灾害宏观监测方法研究；为发挥航空遥感机动、灵活、有效的特点开展了高分辨率 CCD 扫描相机、全球卫星定位系统数据采集、合成孔径雷达（SAR）图像数字化、机—地模数兼容数据传输、远程遥感图像传输、高速大容量数据存储、机助图像接收预处理系统研制等工作。该系统的建立将能在4～10小时内提供灾情实况图像供有关部门分析决策，从而使灾害遥感快速监测反应能力提高到一个新高度。

"多种遥感数据处理系统"是724项目的技术支持系统。该系统是以"大容量、高精度、快速分析处理"为特点，以系统硬件、软件和集成的应用为主导的图像处理系统。硬件部分有六台工作站，多种输入／输出设备，自行研制的图像并行处理系统和扫描分色数字化仪等通过分布式网络相连接；软件部分包括通用图像处理软件和系统应用集成软件，这些软件是在原IRSA-3图像处理系统的基础上进行新的方法扩充而成，在系统功能方面、在处理的精度和速度上优于目前从国外引进的同类系统。

"灾害与估产信息系统"是724项目又一课题。通过工作站地理信息系统软件工具、遥感图像人机交互快速分析判读制图技术系统以及灾害和估产信息系统集成技术的研制，为研究成果的集成和运行服务创造了环境和技术支持。现已完成了工作站GIS软件工具的技术设计及核心系统的研制及微机遥感图像判读制图系统的试验研究，并完成微机空间决策支持系统通用开发软件工具的原型系统研制。

遥感所积极参与了国家863计划的研究。"三维信息获取与实时（准实时）数据处理技术系统"的研制，是863计划新型对地观测技术的一个重要项目。该系统由信息获取、信息处理及信息应用三大子系统组成，而信息获取子系统中又包括光机扫描、GPS定位、激光测距和姿态测量四个分系统。它不同于一般的遥感信息获取方法，其创新之处及关键技术在于一次性获取地表三维信息并可进行实时或准实时数据处理。该系统的成功研制，将在国民经济建设诸多领域发挥重要作用。

星载雷达对地观测技术是 863 计划中信息领域的重要组成部分。在国家遥感中心的领导下，遥感所科研人员与林业、农业、地矿、海洋、水利及测绘部门的专家们一起，开展了星载 SAR 应用研究。通过为期四年的工作，不仅用星载 SAR 在各个专业领域的应用中取得一系列成效，而且研究发展了 SAR 信息处理及分析技术。同时经过科学实验，根据不同用户的需求论证提出了我国第一颗雷达卫星 SAR 的最佳参数选择方案。

在我国空间对地观测计划中，遥感所科研人员积极参与了民用遥感研究，侧重于先进航天传感器在生态、水文及固体地球科学领域中的应用研究。利用中分辨率成像光谱仪及多模态微波传感器数据，在生态环境变化快速调查与监测方面，开展主要农作物识别方法及产量估算、土地沙漠化动态监测及城市热岛研究，开展土壤水分和融雪径流监测，开展大尺度地质环境研究，重点是大型地质体散射及空向间特性及区域大地构造和海陆交互带地质环境研究，岩石地层识别及岩性填图及区域性成矿地质背景预测。同时，针对这两类传感器，开展了地物波谱及仿真研究。

（三）应用研究

发展遥感技术的重要目的之一是在应用上取得成效，动员主要科研人员走向国民经济主战场，开展遥感应用研究，是遥感应用所的战略方向之一。近年来，利用遥感地理信息系统及有关辅助技术，在资源环境遥感领域取得了包括下列成果在内的一系列成绩。

例如，鉴于发展农业是促进我国经济技术持续增长的基本国策，遥感所积极开展了"黄淮海地区县级农业可持续发展决策支持"的研究。

根据不同的区域特征、发展方向、设计目标，建立了农业可持续发展综合决策支持系统、农业可持续发展工程决策支持系统、农业后备资源开发和可持续发展支持系统，具有一定的代表性。建立了以乡镇为空间基础，以年度为时间段的农业可持续发展评价体系及水资源决策、土地评价、海水侵染分析、土地承载力，人口预测和土地利用动态监测模型。应用人工智能技术建立了土壤施肥专家系统和水资源管理决策系统。在多目标线性规划的基础上，发展了滚动的可持续发展动态规划，从而提高了区域可持续发展研究的空间性、动态性、综合性和可操作性。系统在试运行中已得到全面应用，并取得了明显的效果，为可持续发展研究走向实用化开辟了一条新途径。

黄淮海地区县级农业可持续发展决策支持系统研究，是我国第一个在遥感、地理信息系统和多媒体技术共同支持下具有多目标、一体化集成的农业可持续发展决策支持系统。该系统将新的数据结构理论研究和应用研究紧密结合，以超图数据结构模型为基础，建立了遥感和地理信息系统一体化数据模型。以农业可持续发展为中心建立了遥感动态监测、分析评价、预测预警、管理规划与决策支持的完整体系。该系统软件结构完整、设计先进合理，并在 WINDOWS 软件环境下，采用模块化和 Borland C++ 面向对象的程序设计方法，进行独立开发。采用了多媒体技术，为用户提供了视觉化、形象化、音响化的新手段。系统用户界面友好，易于掌握。该系统在微机上实现，符合县级农业可持续发展决策的需求，具有很强的实用价值和广阔的应用前景。

我国自然资源与生态环境状况不清，特别是土地资源家底与动态变化情况难于掌握，为了给这些问题的解决提供科学数据，中国科学院设立了"国家资源环境遥感宏观调查与动态研究"院重大项目，由遥感所主持，院属21个研究所共同开展了该项研究工作。该项目力图以"快速、高技术、新信息源、动态分析"为主要特色，以遥感和地理信息系统为主要技术支撑，以20世纪90年代获取的陆地卫星TM数据为主要遥感信息源，计划在2～3年的时间内完成我国东部1：25万，西部1：50万的土地资源及其环境背景调查，完成县、省、国家三级数据汇总，建成相应比例尺的土地资源、基本环境单元、地理底图、行政界线多层面组合的图形数据库系统，为国家资源环境宏观决策及资源环境状况的动态监测和数据定期更新奠定坚实的基础。在取得上述成果的同时，充分应用中国科学院和已有的多专题科学积累，与本项目所获成果进行对比，产生典型地区在城市化、沙漠化、水域变化、水土流失等方面的动态分析成果，为在全国范围内开展资源环境遥感动态监测提供经验和借鉴。

脆弱生态环境是国际上研究的一个热点，也是与国民经济发展息息相关的课题。我国的晋陕蒙接壤区是一个典型的脆弱生态地区，在亚洲开发银行及遥感所与兄弟单位科研人员共同努力下，开展了"晋陕蒙接壤地区脆弱生态系统遥感监测与管理"研究，取得了遥感应用、GIS 建立、专题应用模型、自动系列制图及区域调查与规划等系列成果。通过遥感调查与 GIS 应用，在一个环境复杂的广阔区域内，实现了以空间模型的方式进行统计分析、评价、规划及自动系列制图的系统工程，为区域环境管理规划做出了贡献。

旱灾监测一直是国家关注的热点，遥感所在承担 724 项目的"黄淮海平原旱灾遥感监测"研究课题中，发展了旱灾的遥感监测评价模型，建立了黄淮海平原旱灾遥感监测评价信息系统，利用 NOAA-AVHRR 数据监测黄淮海平原旱情，每年春季 15 ～ 30 天给出该地区旱情分布图及以县为单元的各级受旱面积和占耕地面积百分比，并对旱灾损失进行评价。同时开展全国旱灾危险程度分区评价研究以及微波遥感监测旱情的方法研究。经过科技攻关，已发展农作物缺水指数模型、温度指数模型、冬小麦旱灾估损模型，建立了黄淮海平原旱灾背景数据库，完成了 1：400 万全国旱灾危险程度分区评价图和微波遥感旱情的理论分析和实验。自 1993 年春季开始监测黄淮海平原的旱情，取得了很好的结果，特别是 1994 年冬小麦生长季节进行了七次监测，不仅给出了旱情分布图，而且给出了县一级的受旱情况的统计数据，经与地面实测资料对比，总的平均精度达 83% 以上。

固体地球科学是遥感所遥感应用的一个重要的领域，在"七五"地质矿产、油气遥感取得重大成果的基础上，"八五"期间，通过承担国家攻关计划、中国科学院重大项目，在地质矿产遥感中又取得了新的进展。进行了岩石蚀变矿物谱形分析及成像机制及含金特征信息提取研究，利用分形技术、神经网络技术进行遥感找矿试验研究；利用不同类型的遥感资料进行岩石建造、深部构造信息控矿构造、古火山机构探测研究，利用成像光谱、成像雷达技术开展蚀变带识别、含矿构造分析。经分析认为西天山地区存在穆龙套型类型金矿，发现卡林型类型金矿，并圈定出成矿有利的构造部位，获得一批重要的矿化数据；在阿尔泰山地区、新疆东部等地，圈定了一批金矿成矿远景区；在天山及河北北部地区发现了金、银、铜、铅多金属矿远景区，铜矿化点。在油气遥感研究中又取得新的进展，不仅在我国西部，同时在东部地区也开展了石油遥感研究。

（四）技术服务系统

在结构性调整过程中，遥感所专门设立了以技术服务为宗旨的航空遥感中心及计算机应用中心。它们的服务范围包括所内外、院内外、国内外，全方位为科技界服务。

航空遥感中心是专门从事航空遥感技术服务的部门。配备两架高性能的美制"奖状"S/Ⅱ遥感飞机和RC-10A和LMK3000高精度航空相机等大型设备，遥感飞机配备了先进的惯性导航、垂直陀螺和GPS等精密导航定位系统，并对飞机进行了全面技术改装。可提供装载光学相机、多光谱及红外扫描仪、航空光谱仪、合成孔径侧视雷达和微波辐射/散射计等多种遥感仪器以及大气采样设备等。遥感飞机投入运行以来，为完成国家"七五"和"八五"科技攻关项目发挥了重要作用，并积极服务于国民经济建设，在农业、林业，地质找矿、油气勘探、资源调查、自然灾害实时监测、测绘和国防等重要领域承担了大量的航空遥感项目。

计算机应用中心拥有以工作站为主体的较大型计算机软、硬件网络系统，是全所集中较多资金装备的技术支撑系统。计算机环境包括系统工作站与微机、外设组成的网络系统，大型数字化扫描仪、高档彩色静电绘图仪、大幅数字化板、多种类型磁带机组成的硬件系统及最新版的 ARC/INFO 地理信息系统、ERDAS 图像处理及 GKS 图形处理等软件及大型软件语言开发工具。

（五）国际合作

现代科学技术的发展，无论是在基础研究领域，还是在技术及应用领域，跨学科、跨国度的国际合作越来越成为一种趋势，谁能把握合作机遇，谁就更适应现代科学研究，谁就能取得更高水平的成果，遥感所对这一点是有深刻认识的。近年来，与多个国家开展了包括下述合作在内的国际合作科技项目 20 余个，取得了重要进展。

1. 努力开拓双边及多边合作项目

1991 年，由遥感所联合上海技术物理研究所组成的一行 17 人遥感代表团，应澳大利亚北部省能源部的邀请，与装配有上海技术物理研究所研制的 71 通道成像光谱仪的遥感飞机一起，飞赴澳大利亚达尔文市，开展了为期一个月的遥感科技合作，利用遥感所的高技术手段，进行遥感找矿、城市和海岸带环境调查与监测，在澳大利亚引起了很大反响。1994 年以来，这种性质的合作又在国内展开。以著名的 TEXECO、AGIP 为首的石油公司集团，美、意等国石油勘探公司，为开展塔里木油气勘探的前期工作，邀请我方机载成像光谱遥感技术进行前期探测，已取得良好的效果，标志着我国遥感高技术具备了走向世界的能力与水平。

在中国科学院自然与社会协调发展局的主持下，与日本国地球科学综合研究所合作，在我国新疆塔里木盆地边缘进行了遥感资源综合研究。几年来，通过对多种数据资料的处理分析，特别是通过三次航空遥感飞行，获取了卫星遥感所达不到的高光谱分辨率成像光谱信息，研究发展的光谱特征提取和处理分析技术，以及光谱图像仿真实验，不仅得到了经费的资助，而且锻炼了一批科技人员。

"土壤水分和干旱的遥感监测"是中国—澳大利亚科学技术联合委员会的合作项目。由遥感所和澳大利亚联邦科学与工业研究组织的水资源研究所共同承担。通过人员互访，方法、计算机软件和数据的相互交换，应用遥感技术共同解决对两国都具有重要意义的问题，即干旱和土壤水分时间变化的监测。试验区分别选在中国华北平原和澳大利亚墨瑞—达令（Murray-Darling）流域。通过 3 年的合作，已经取得重要成果。

跟踪国际前沿，研究开发适合我国国情，且经济、社会和生态环境效益明显的特色应用技术，为区域持续发展服务，是中美农业科学技术合作项目——黄淮海地区县（市）级农业可持续发展决策支持系统研究的立项初衷。项目广泛参照国内外多种系统软件，将超图概念模型作为整个系统的基础理论，提供了高效、多目标、以层次分析为中心的空间分析方法，为完成动态的空间型的区域持续发展系统提供了有力的科学支撑。

全球变化研究是当今世界科技的热点，亦是遥感应用的强项。甘肃已经参加全球变化研究网络系统计划，承担地区植被变化研究重要课题，和联合国环境计划署全球资源信息数据库曼谷分库合作进行的安徽洪水监测背景数据库建设，亦已取得进展。

加拿大遥感中心是国际遥感界最有影响力的几个遥感机构之一。在全球雷达遥感合作基础上，通过双方科学家的互访与了解，于1994年2月达成合作意向，并于1994年9月份正式签署了中国科学院遥感应用研究所与加拿大遥感中心为期五年的长期科技合作协议。

2. 积极参与国际性大型对地观测计划

跨学科、跨国度的国际科技合作，正成为当代空间科学技术领域中一个重要的趋势。参与大型国际科技合作计划，对发展我国空间对地观测科学技术有重要意义。它使我国科学家直接立足于国际前沿开展研究工作，从速掌握有关先进技术与理论及大型空间计划的科学管理经验；同时利用这些对地观测数据，可使我们在资源探测、环境监测等领域取得实际效益。过去几年来，遥感所科研人员跻身国际，积极参与了大型遥感计划的实施研究。

航天飞机成像雷达计划是由美国宇航局主持，由德国、意大利、中国、英国等13个国家参加的大型国际科技合作计划。该计划由52个研究项目组成，遥感所是该计划中国项目负责单位。1994年，载有多波段多极化合成孔径雷达的"奋进号"航天飞机两次遥感飞行，对遥感所设计的中国六个雷达试验区全部成像。在航天飞机成像雷达过顶中国试验区时，科研人员们进行了航天航空地面三位一体立体、同步观测试验，并开展了实时、定量穿透性试验，研究结果引起了国际同行的极大重视。目前这项研究计划仍在进行中。

全球雷达遥感计划是由遥感所参与的又一大型国际合作计划。该计划由加拿大主持，包括中国在内有 12 国参加。作为该计划中国项目负责单位，遥感所与加拿大遥感中心合作，于 1993 年 11 月在广东肇庆地区，在夜间、阴雨条件下，圆满完成了机载雷达遥感飞行。首次获取了我国土地双波段、多极化及极化测量雷达数据。其雷达信号成像处理、图像处理及相关学科应用研究等正在进行之中。该合作项目将用 3 年时间完成。这是新中国成立以来外国飞机首次来华与中方合作进行机载遥感试验，不仅在科学技术上取得满意的效果，而且也显示了我国对外开放的力度，引起了国际上的赞誉。

JERS-1 卫星数据科学分析计划是日本主持的地球资源卫星遥感项目。遥感所科研人员积极参与，有 3 位科学家的 4 个项目建议书被评审接受，成为 JERS-1 计划的首席专家（PI）。同时，遥感所专家还成为先进对地观测卫星（ADEOS）计划 POLDER 探测器项目的国际专家组成员，申请的欧洲空间局主持的欧洲遥感卫星 2 号（ERS-2）SAR 项目及 VEGETATION 研究项目均获得成功。

三、面向未来挑战与使命

建所 15 年，遥感所乘着改革开放的大潮，走过了辉煌的历程。今天，在社会主义市场经济条件下，遥感所的发展面临着新的、持续性的挑战。认真地分析学科生命力与社会对学科的需求，确定前进的目标是十分重要和必要的。

现在地学研究已经上升到把地球作为一个系统的整体研究的阶段，它不仅研究大气圈、水圈、岩石圈、生物圈各个要素，而且研究其相互作用及综合特征；不仅研究区域特点，而且研究相关的关系及整体行为，使地学进入到一个新时代。遥感技术的应用促进了这个新时代的诞生，而且必将进一步在地学的研究范围、内容、性质和方法等方面带来巨大的变化，标志着地学的一场革命。这个重大革命尚在进程之中。它把繁杂的野外工作引进了实验室；把定性分析逐步上升为定量分析；从可见光波段扩展到红外、微波波段；正在借助于计算机系统，实现对地球从空间及光谱物理量度上的自动化特征识别和动态模拟。遥感正在改变着地学研究的进程。这一切说明遥感这门学科是有强大的生命力的。中国政府已将遥感技术列入20世纪90年代国民经济发展的35项重大关键技术之一，许多行业与部门把利用遥感技术进行先期调查手段作为一种行业要求，全国从事遥感的单位已逾400家，遥感科研人员近万人，也清楚地显示出遥感技术在我国具有广阔的市场。上述这些，使遥感所的生存与发展具有了基本的条件。

遥感学科的发展潜力，遥感市场的广阔前景，吸引了越来越多的部门与单位从事这项工作，由此形成一种激烈的竞争与挑战。机遇与挑战是并存的。经过15年的发展与建设，遥感所在遥感综合研究及若干前沿领域具有明显优势，在国际上已有了与技术先进国家初步对话的能力。在人才水平、知识结构、科研的先进性、规模性及产业化能力方面具有很强的实力。这些优势为遥感所在竞争与挑战中提供了难得的机遇。为此，我们提出本所在2000年达到的目标：①办成一个与国际水平研究机构接轨的研究所；②造就一批国内一流及具有国际知名度的科学家；③在待遇上有与高效益机构竞争人才的能力。将把握以下研究领域，向遥感科学的深层次挺进。

（一）进一步加强基础及高技术研究

我们明确提出这个领域的研究要以国际水平为目标，并在国际上逐步形成影响力，着重开展以下研究：电磁波在介质中的传输特征和规律，电磁波与大气圈、水圈、生物圈及岩石圈内典型目标的相互作用和成像机理；遥感信息传输模型和大气辐射影响校正方法及遥感信息定量反演技术；遥感图像的空间特征动态对地定位模式及成图，新型空间直接对地定位系统技术的理论与方法；全球定位、图像数据及GIS空间分析技术的基础性研究，三维信息获取与定时处理技术；高光谱分辨率遥感信息波谱特性及成像机理，成像光谱遥感数据处理、特征信息提取方法及图像分析技术和识别模型；机、星载高光谱分辨率遥感信息的应用潜力；典型地物的微波散射及辐射特性，多波段、多极化、多平台雷达图像成像机理，雷达图像处理及特征信息提取技术和分析方法，成像雷达对地观测原理及识别地物的能力；遥感技术在全球变化中的作用，遥感信息对全球变化因子的影响；大尺度范围内环境要素遥感信息识别方法。

（二）大力促进遥感、GIS技术研究和产业化

侧重多级平台遥感数据获取实用化技术，遥感数据的传输、回放与显示技术研究。航空层次侧重遥感数据预处理，航天高度以气象卫星数据的获取与处理技术。研究遥感图像处理实用化技术。特别是先进的系统结构和友好的用户界面技术的研究与开发。开展专题信息提

取方法、遥感图像人机交互快速分析及新一代遥感数据产品的处理技术和实用软件的开发。研究以空间数据综合分析应用为主要特征的地理信息系统技术、理论与方法，特别是系统结构和用户界面、遥感与GIS一体化、实用化，GIS软件工具的开发及为规划管理和辅助决策服务的各种城市、区域及专业实用系统。

高技术及科学研究成果的重要标志之一，是看其能否占领市场。发展高科技，实现产业化是我国重要的发展战略。经过近20年的协力攻关，逐步实现我国遥感及地理信息系统产业化已具备了良好的基础，我们要十分珍惜这个基础，不失时机地推进产业化进程，使遥感技术在我国国民经济建设中做出更有效的贡献。

（三）广泛开展以国民经济持续发展为目标的资源环境遥感应用研究

这是遥感所为国民经济建设直接服务的重要组成部分，我们将责无旁贷地为国家经济发展做出更大的贡献。将开展再生资源与生态环境遥感的技术方法和理论分析，利用遥感、GIS及CAM技术，开展遥感在土、水、植被资源及生态环境中的调查监测、分析、决策支持以及区治理等领域的应用研究；研究非再生资源与工程环境遥感分析理论与方法，开展遥感和GIS技术在固体地球科学、矿产油气资源及大型工程环境评价等领域的应用研究。

（四）坚持不懈地培养科技人才

遥感所的"地图学与遥感"硕士点、博士点、博士后流动站为培养我国高层次遥感人才创造了有利的条件。要大力培养新生遥感与GIS科技力量，将研究生作为科学研究的一支主力军，逐步实现研究生占在研人员 1/3 的目标，向他们提供优厚的，与在研人员可比的待遇。同时充分重视对在职职工的培养，使科研人员的知识不断更新，拥有合理的知识结构，配合中国科学院"百人计划"及 321 工程的实施，有计划地在世纪之交之时为国家造就一批科技帅才与将才，在人才建设上形成有效的竞争、开放、流动机制。

（五）全方位推进实质性国际合作

作为一个向国内外科技界开放的研究所，与国际的交往也不能限于一般性的学术交流，而应发展实质性国际科技合作，并以此作为遥感所的重要科研形式之一，从而达到进一步提高科技水平，培养人才，更快建成国际化研究所的目的。基于这一思想，要继续积极争取进入更多的大型国际性对地观测计划，开展有效的双边科技合作，组织国际科技活动，并注重将遥感及 GIS 技术向第三世界有关国家输出与合作。

四、结　语

15 年来，遥感所不断进取，不断发展，成为国内遥感领域的一个综合性研究中心，在国际遥感界已占有一席之地，为国家国民经济建设及遥感学科发展做出了应有的贡献。这是国家计委、国家科委、国家自然科学基金委员会等部委大力支持的结果，是中国科学院历届领导正确领导与关心的结果，是全国各兄弟单位无私帮助的结果，是国际遥感界同行精诚合作的结果。借此时机，我们愿代表全所同志对领导与同行们表达我们衷心的感谢。十几年来，陈述彭、杨世仁、童庆禧三位所长为遥感所开拓前进做出了卓越的贡献。特别是陈述彭先生，作为我国遥感与地理信息系统的开拓者和奠基人，为遥感所的创建与发展，进行了不懈的努力，建立了不可磨灭的功勋。在科技发展转折的重要关头，他总是引导全所科研人员把握时机，认清方向，不断拼搏在科学前沿。他率领大家开拓一个个新的领域，培养出一批批科研人才。我们愿代表全所人员向他们表示深切的致意！同时，借此机会，向为遥感所的建立做出贡献，建所后长期奋战在科研等各个战线的同志与所有的干部和职工表示衷心的感谢，向在国外辛勤工作和学习的同事们致以问候和祝愿！

我们肩负着历史的使命，就是要为我国的国民经济建设做出更大的贡献，为我国遥感科学的发展承担更多的责任，为培养遥感界高水平的科技人才提供更肥沃的土壤。同时要为我国的遥感走向世界做出更多的努力。国际性的对地观测活动方兴未艾，我国对遥感技术有着多方面的需求，我们愿与全国遥感界同行一起，同心同德、勇攀高峰，迎接21世纪光荣的挑战与充满希望的未来。

遥感信息科学的进展和展望^①

（1996 年 6 月）

1957 年第一颗人造卫星升空，标志着人类进入了太空时代。从此，人类以崭新的角度开始重新认识自己赖以生存的地球。随着遥感信息科学的形成与发展，它与全球定位技术和地理信息系统技术的融合、渗透和统一，形成了新型的对地观测信息系统，为地学研究提供了新的科学方法和技术手段，导致地学研究范围、性质和方法发生了重要变化，标志着地学信息获取和分析处理方法的一场革命。

一、遥感信息科学的理论基础、研究对象和内容

遥感的含义是在远离目标、与目标不直接接触情况下判定、量测并分析目标的性质。对目标进行信息采集主要是利用了从目标反射或

---

① 本文系根据徐冠华院士 1996 年 6 月 8 日在中国科学院第八次院士大会上所做的报告修改而成。作者为徐冠华、田国良、王超、牛铮、郝鹏威、黄波、刘震，全文刊发于《地理学报》1996 年 9 月第 51 卷第 5 期。陈述彭院士、周秀骥院士和李德仁院士审阅了全文并提出了修改意见。

辐射的电磁波。电磁波在介质中传输时，会与介质发生作用而改变特性，如波长、传播方向、振幅和偏振面。因此，通过对遥感观测到的电磁波特性的分析，可以反演与之发生相互作用的介质的性质，从而识别目标和周围的环境条件。

根据所利用的电磁波谱段，遥感主要分为光学遥感、热红外遥感和微波遥感三种类型。

（1）光学遥感。光学遥感所观测的电磁波的辐射源是太阳和人工光源（如激光）等，采用的波长范围，主要为可见光、近红外、短波红外区域。光学遥感主要探测目标物的反射与散射。

（2）热红外遥感。热红外遥感所观测的电磁波的辐射源是目标物，通常采用的波长范围为 8 ～ 14 微米。热红外遥感主要探测目标物的辐射特性（发射率和温度）。

（3）微波遥感。微波遥感观测目标物电磁波的辐射和散射。因此，又分为被动微波遥感和主动微波遥感，采用的波长范围为 1 ～ 1000 毫米。被动微波遥感主要探测目标物的发射率和温度，主动微波遥感主要探测目标物的后向散射系数特征。

遥感信息科学主要研究遥感信息形成的波谱、空间、时间及地学规律，研究遥感信息在地球表层的传输和再现规律。

（一）遥感信息的波谱特性研究

遥感对地表的监测是基于各种地物的物理特征和化学组分决定的波谱特性，因此各种地物的波谱特性是遥感信息形成的基础。其研究内容是研究地物对可见光、近红外、短波红外的反射特性、热红外的辐射特性、微波的辐射特性、介电特性、后向散射特性和穿透特性等。

（二）遥感信息的空间特性研究

遥感信息除具有波谱特性外，还具有空间特性，其研究范围包括遥感信息形成的几何机理和模型，遥感信息几何特性理论、模型和方法，新型对地定位理论和方法等。

（三）遥感信息的时间特性研究

遥感可以周期地获取地表信息。地物在不同时相表现的波谱和空间特性的差异是对地探测的重要依据。其研究内容是遥感信息波谱特性和空间特性随时间变化的规律。

（四）遥感信息与地学规律研究

根据不同地学研究对象，遥感可分为大气遥感、海洋遥感和陆地遥感三大领域。

1. 大气遥感

大气遥感是利用遥感监测大气结构、状态及其变化。从遥感观测物理量看，主要包括大气温度、压力、风、气溶胶类型及其含量分布、云的结构与分布、水汽含量、大气微量气体的铅垂分布及三维降雨观测等。大气遥感技术对于灾害性天气以及全球环境变化的监测和预测，具有极为重要的意义。

全球环境变化监测的一个重要问题是，需要了解大气中具有辐射和化学特性的微量气体在全球范围内的时空分布和变化趋势，特别

是 CO_2、CO、CH_4、O_3、N_2O、NO_2、NH_3、$(CH_3)_2S$、H_2S、COS 和 SO_2。20 世纪 70 年代的雨云卫星系列在这方面发挥了重要作用。用雨云系列卫星上搭载的被动式传感器第一次获得了温度、H_2O、CH_4、HNO_3 的全球信息。1978 年发射的"雨云 7 号"上携带了总臭氧量制图光谱仪（TOMS），观测了全球臭氧分布，在发现臭氧洞方面做出了贡献，取得了与平流层中臭氧层的破坏有关的重要信息。1991 年 9 月发射的上层大气圈研究卫星（UARS）携带 CLAES、ISAMS、HALOE、MLS 等 10 种高灵敏度传感器，用以测量中上大气层参数，特别是平流层臭氧，以及太阳辐射和影响大气层的能量粒子。其上的微波边缘探测器（MLS）可以测量大气层 O_3、CIO、SO_2、HNO_3、水含量。通过对全球 CIO 分布的测量发现，CIO 的升高与臭氧的损耗相关，同时还发现了 1991 年菲律宾皮那图布（Pinatubo）火山喷发所形成的热带区 26 千米高度处 SO_2 的富集。

近年来发射和即将发射的一系列对地观测平台上，均携带了大气观测传感器，如欧洲空间局 ERS-2 的 GOME 和 ATSR-2、日本 ADEOS 的 ILAS 和 IMG、欧洲空间局 ENVISAT 的 MERIS 等。这些传感器将获得大气中微量气体、气溶胶、水、温度、压力的详细信息。日美热带降雨量测计划（TRMM）利用雨量雷达、TRMM 微波成像仪、可见光红外扫描仪获取全球降雨数据。这些测量为大气的辐射、化学和动力学过程研究提供了参数。

在灾害性天气的监测与预测方面，气象卫星遥感发挥了极为显著的作用，对台风、暴雨、龙卷风等灾害性天气的监测效率提高到百分之百的水平，使数值天气预报准确率有了明显的提高。正在计划中的地球环境卫星将提供大气圈、水圈、岩石圈、生物圈及其相互作用的探测资料，其结果是使长期数值天气预报与气候预测进入到一个崭新的阶段。

2. 海洋遥感

海洋遥感包括物理海洋学遥感（海面水温、海风矢量、海浪谱、全球海平面变化等）、生物海洋学和化学海洋学遥感（如海洋水色、叶绿素浓度、黄色物质）、海冰监测（海冰类型、分布范围和变化）。

卫星遥感资料中，红外谱段的亮度温度最早应用于物理海洋学研究。利用 NOAA-AVHRR 数据不仅制作了全球海面温度图，而且表面水温预报已进入日常运行阶段。但是，由于红外线不能穿透云层，因此微波遥感技术在物理海洋遥感中显得日益重要。在海面水温测量中，海洋卫星（Seasat）上搭载的扫描多通道微波辐射计（SMMR），测量海面水温精度可达 1 开（K）。欧洲空间局 ERS-2、日本 ADEOS 上也均携带有微波辐射计。但由于目前微波辐射计分辨率较低，因此，合成孔径微波辐射计、合成孔径微波干涉辐射计是一个发展趋势。在海风矢量测量方面，微波散射计是测量海洋风场的重要手段，Seasat、ERS、ADEOS、EOS 均携带不同天线类型的微波散射计以测量海洋风场。极化微波辐射计也被证明可用来测量海洋风场。在海面高度测量方面，微波高度计能以数厘米的精度测量海面高度，如 Topex 微波高度计的测高精度为 2 厘米。近年来兴起的合成孔径雷达遥感，在海浪谱信息的提取、海洋物理现象的观测、海冰监测方面发挥了重要作用。物理海洋学遥感的观测与研究，为海洋循环、海洋/大气/海冰的交换过程及在气候变化中作用的研究奠定了基础。目前,利用全球尺度的遥感监测,研究厄尔尼诺现象、黑潮的形成与运动、全球海平面变化等方面已取得重大进展。最近利用新的遥感分析手段发现了中尺度旋涡的"双极圈"现象,改变了长期以来对"单极旋涡"的认识。

在海面水色探测方面,1978年"雨云7号"上搭载的海岸带水色扫描仪(CZCS)是以提取叶绿素浓度为目的而开发的第一个传感器;作为CZCS的换代技术,SeaWiFS和日本海洋水色与温度扫描辐射仪(OCTS)均以提取水质信息为目标。此外,MODIS、MERIS及机载AVIRIS、MAIS成像光谱技术在海洋水色水温探测方面均十分出色。海洋水色的研究是海洋光化学、海洋生物作用、海洋/大气界面生物地球化学通量及对全球气候变化影响研究的重要内容。

利用微波高度计探测海面变化,通过谱分析获取海底地貌信息和大地水准面,是海洋遥感探测海洋深层信息的成功例子。利用SAR则探测到了内波及浅海水下地形。但通常获取海洋深层信息是困难的,也许这正是海洋遥感面临的一个难题。

3. 陆地遥感

陆地遥感目标的范畴很广,实际上包括了地表生物圈、人文圈、岩石圈、水文圈等领域,也是全球变化中地圈生物圈、大气圈、地圈及其相互作用等专业模型的重要组成部分。

生物圈和生态遥感是全球变化研究的主要内容之一。它不仅研究地球生态的变化,全球生物量对大气中CO_2、CH_4等气体的收支问题,全球生物量变化导致的气候变化，同时在土地利用／土地覆盖监测、作物估产、森林蓄积量调查等应用方面也具有实际意义。长期以来，NOAA-AVHRR 数据由于具有全球性的、数十年的观测积累。因此，在全球植被指数变化和全球初级生产力估算方面发挥了重要作用。近年来，微波遥感在生物量观测方面也取得了重要进展。例如，ERS 卫星微波散射计数据被用于观测全球陆地植被变化。利用 SAR 估算森林生物量已开展多年，并建立了有关的辐射传输模型，国际上还开展了北方区生态环境雷达研究计划（BOREAS）。研究结果表明，SAR 的 L 波段和 C 波段交叉极化的比值对生物量最敏感，对生物量估测结果表明，其 95% 置信度的误差为 ±2 千克／米²。

　　水文圈是全球能量与水循环的重要组成部分。陆地表面过程，包括蓄积，在全球水文循环中起着重要作用。土壤湿度是研究全球生态环境及大气圈地圈相互作用的重要参数，也是作物估产、旱灾监测等应用领域的监测对象。全球积雪范围、厚度、雪水当量是全球气候变化的敏感因子，也是径流预报、洪灾预防的关键因素。利用 NOAA-AVHRR 数据估算裸露土壤的含水量已进入实用阶段。近年来，微波遥感在这一领域已显示出强大的生命力。各种类型的微波辐射计、散射计、雷达成功地应用于土壤水分信息的提取，各种辐射传输模型和经验模型，也在迅速发展。P. C. Dubois 等利用 SIR-C 的 L 波段数据通过经验模型，获取试验区土壤湿度数据，与实测数据相比，其 RMS 误差小于 3.5%。J. Shi 和 J. Dozier 利用包含面散射和体散射的一级散射模型，发展了积雪湿度算法，利用 SIR-C 的 C 波段数据，分析了奥地利 Otztal 和美国 Mammoth 雪盖上层自由液体水含量，其 95% 置信度的误差小于 2.5%。

在地球动力学研究方面，长期以来，利用 GPS 和长基线干涉技术观测板块活动取得了成功。1993 年，Massonent 等成功地利用干涉雷达技术测量 1992 年美国 Landers 地震形成的位移。1995 年，利用 SIR-C 干涉数据获取了火山活动过程中岩浆活动信息。目前，干涉雷达（INSAR）技术在地形测量、地壳变形、地震监测等领域的应用显示，该技术正逐渐成为对地观测技术的热点之一。例如，利用干涉雷达技术测定 DEM 的精度达到 ±（5 ～ 10）米，利用差分干涉雷达测定大面积水平、垂直位移的精度可达到 ±（1 ～ 3）厘米，用此种方法测定加州地震和意大利火山形变的报道已在《自然》杂志上发表。

二、 遥感信息科学在地学发展中的意义

遥感、地理信息系统技术和空间定位技术为地学提供了全新的研究手段，导致了地学的研究范围、内容和方法的重要变化，标志着地学信息获取和分析处理方法的一场革命。和传统的对地观测手段相比，它的优势表现在：提供了全球或大区域精确定位的高频度宏观影像，从而揭示了岩石圈、水圈、气圈和生物圈的相互作用和相互关系；扩大了人的视野，从可见光发展到红外、微波等波谱范围，加深了人类对地球的了解；在遥感与地理信息系统基础上建立的数学模型为定量化分析奠定了基础。在一些地学研究领域促进了以定性描述为主到以定量分析为主的过渡；同时，还实现了空间和时间的转移，空间上野外部分工作转移到实验室，时间上从过去、现在的研究发展到在三维空间上定量地预测未来。随着计算机技术、网络技术、通信技

术的迅速发展和遥感科学本身的发展，这种影响的广度和深度将不断深入。

特别值得一提的是，遥感信息科学对地球系统科学的形成和发展起了重要的推动作用。传统科学思想是建立在牛顿力学体系之上的，表现在科学专业领域的划分上，往往是简单的、机械的、封闭的。进入 20 世纪以来，科学技术发展迅速，给各个学科带来了深刻的变革。例如，60 年代深海钻探技术、古地磁技术、放射性年代学的发展，证实了海底扩张的假说，为板块构造理论的诞生奠定了坚实的基础，给固体地球科学带来了一场深刻的革命。地质构造是岩石圈板块相互作用的结果，并受其下的软流圈及地幔活动的控制，而不再单单是一个孤立存在的现象。遥感信息科学的理论、技术和方法，使人类有可能进一步将地球大气圈、水圈、生物圈及固体地球作为一个完整的、开放的、非线性的系统，以全新的方法论为指导，以现代高新技术为手段，全面地、综合地、系统地研究地球系统的各个要素及其相互关系，建立全球尺度上的关系和变化规律。这些规律的研究构成了地球系统科学的重要内容，促进了地球系统科学的诞生和发展。

地球系统科学的组成要素是各类全球专业要素模型、全球专题系统模型。基础物理量是建立各类模型的基本数据和重要参数，遥感是获取这些基础物理量的重要技术手段。从研究领域看，可包括：①水循环领域；②生物地球化学领域；③大气领域；④海洋领域；⑤岩石圈的地球物理过程领域。从遥感观测内容看，可包括：①地球能量收支的全球分布；②大气结构、状态变量、组成、运动；③包括陆地和内陆水域生态系统在内的地表的物理的、生物的结构、状态、组成、运动；④地球的生物地球化学循环速度、重要的生成源和消亡源、主要的要素和过程；⑤海洋的循环、表面温度、风系统、波浪、生物活动；⑥冰川、雪、海冰的范围、类型、状态、厚度、表面粗糙度、运动以及雪水当量；⑦全球范围降水强度、频度与分布；⑧地球动力学参数。

为了系统地了解固体地球、大气圈、水圈、冰雪圈、生物圈的各个要素及其相互作用，国际科学界相继提出了一系列国际合作计划，如国际地圈－生物圈研究计划（IGBP），世界气候研究计划（WCRP），全球能量与水循环实验计划（GEWEX），气候变率与可预测性研究计划（CLIVAR），中层大气国际合作计划（MAC），太阳、地球系统能量国际合作研究计划（STEP）等。在这些计划中，无不以遥感信息科学作为不可缺少的科学和技术基础。同时，针对全球变化与资源环境问题，世界各国也提出了一系列大型国际遥感计划，如美国国家航空航天局（NASA）的对地观测计划（EOS），日本/美国的热带降雨量测计划（TRMM），欧洲空间局的极轨平台计划（POEM）等。这些计划充分显示了遥感信息科学在地学研究中的作用和地位。

三、遥感信息科学在国民经济发展中的应用

1. 为国民经济持续稳定发展提供动态基础数据和科学决策依据

国民经济持续稳定的发展取决于对资源的合理利用和对环境的保

护,其中重要的环节是对资源和环境的了解和掌握。遥感信息科学为资源调查、环境监测提供了强有力的科学技术手段。我国遥感信息科学经过十几年的发展,为国民经济持续稳定的发展不断提供动态基础数据和科学决策依据,在国民经济发展中发挥了重要作用。

20世纪80年代初期,全国土地遥感调查第一次提供了我国国土面积和耕地面积的数据;80年代末期,黄土高原和三北地区遥感调查为该地区经济发展和生态建设提供了依据;西藏应用遥感技术在全国第一个完成土地详查,为西藏开发决策创造了良好条件;全国土地利用遥感动态监测和全国土地利用数据库建设也已完成并通过验收,为国家得到全国当前城市化过程、耕地面积减少和生态环境变化的基本数据和图面资料提供了可能。利用遥感信息科学与技术对环境进行监测,提供我国沙漠化的进程,土地盐渍化和水土流失的情况,环境污染,如酸雨对植被的污染、工业废水和生活污水对水体的污染、石油对海洋的污染等基本状况和发展程度的数据和资料,为对资源的管理、环境的治理等进行科学决策提供了依据。

2. 为国家重大自然灾害提供及时准确的监测评估数据及图件

我国是一个自然灾害频发、种类繁多、危害严重的国家,每年由于灾害所造成的损失高达千亿元。我国减灾和救灾中面临的主要问题有:①不能及时准确获取灾情现状和发展的信息;②不同行政、管理部门上报的灾情评估数据差距较大。根据灾害发生的特点和规律,特别是针对突发性的自然灾害,如洪涝、林火、雪灾和地震等灾害的特点,国家在"八五"期间建立了重大自然灾害遥感监测评估系统。重大自然灾害遥感监测评估的特点是：信息源众多，匹配难度大，需要处理的数据量与信息量非常大；要求做出判断和反应的时间十分短促（几小时，1～2天）；用以评价分析依据的因素很多，关系复杂；并且要做出高精度的结果。基于上述特点，把重大自然灾害的遥感监测评估系统的建立列为国家"八五"攻关内容，旨在以计算机数字处理为核心，形成遥感与地理信息系统一体化，实现快速、机动、准确、可靠的目标。

由卫星遥感、航空遥感、图像处理和信息系统组成的立体监测综合评估系统，解决了多源遥感信息的快速获取、处理和综合分析等方面的一系列关键技术，在灾害危险程度分区、灾害背景数据库以及灾区土地、社会、经济等数据库的支持下，自1991年以来成功地对我国太湖、淮河、黄河、珠江等流域的多次灾害进行了监测，特别是1995年对江西鄱阳湖、湖南洞庭湖以及辽宁的辽河和浑河地区特大洪水实施了快速遥感监测，4～10小时内提供灾区航空遥感数据，两天内做出灾情初步评价，具备了对突发性自然灾害进行快速应急反应的技术能力，并能做到快速、准确地监测评价灾情，这些数据和结果及时地提供给中央和地方有关部门使用，为各级政府救灾减灾提供服务。

在旱情监测方面是采用气象卫星数据和地面气象数据相结合的方法，建立了黄淮海平原旱灾遥感监测评估系统，自1993年开始对黄淮海平原近40万平方公里发生的春旱进行了监测。不仅每隔10～15天提供该区的旱情分布图，而且可以给出以县为单元的不同受旱等级对应的面积和比例，为农业管理、合理灌溉、抗旱等提供了决策依据。

　　同时，"八五"期间也对我国一些地区的林火、雪灾、森林虫害、地震和沙漠化灾害等进行了监测评估。遥感信息技术一旦形成运行系统，将在国家对灾情的及时掌握、防灾减灾的部署以及灾害的救援等方面发挥重要作用。

3. 再生资源的监测、预测和评估

　　我国是一个耕地面积不足、人均粮食产量较低的国家，从宏观上掌握我国重点产粮区主要粮食作物的种植状况、作物长势，特别是客观地提供粮食的估产数据对国家粮食市场的调节、进出口以及粮食政策均具有直接的意义。

　　"八五"期间利用 NOAA 气象卫星数据对我国 13 个省（自治区、直辖市）小麦的长势进行了监测和对总产量进行估算，成为掌握我国小麦产量、进行每年夏粮会商的重要依据之一。同时针对国家急需了解农业种植结构变化和种植面积的要求，对小麦、玉米和水稻的遥感估产进行了重点攻关，取得了重要进展与突破，在技术上解决了利用多种遥感信息源，在多级采样框架下小麦、玉米和水稻识别与种植面积的测算、长势监测和单产模型建立等技术问题，完成了吉林省玉米、华北五省二市小麦，以及湖北和江苏的水稻种植面积和产量估测工作。

　　森林调查是遥感应用的重要领域。"六五"期间，完成了"应用遥感技术进行森林资源动态监测"攻关项目。"七五"期间，"三北"防护林遥感综合调查被列为国家重点攻关项目，以航天影像为主要信息源，编制了"三北"重点造林区不同比例尺森林、草场、土地利用专题系列图，对再生自然资源进行了统计和分析，对各地区造林适宜性和管理状况做出科学评价，完成典型地区防护林生态效益分析，建立了"三北"全区和典型县的资源与环境信息系统，实现对森林及其他再生资源的科学管理、动态监测和分析预测。"八五"期间，针对星载 SAR 这一新兴传感器，国家高技术研究发展计划（863 计划）设立了"星载 SAR 森林应用研究"项目，开展了星载 SAR 林地分类、森林蓄积量估算研究，并取得了重要成果，森林蓄积量估测精度满足了二类森林调查的需要。

遥感技术在草地产草量和水面初级生产力调查方面也有着广泛的应用前景。

4.地质矿产资源调查与大型工程评价

进行大区域、小比例尺地质调查，是遥感技术最早显现的一个特长。目前 1∶100 万和 1∶20 万区域地质调查中的遥感应用方法已经成熟，被列入工作规范，1∶5 万区域调查中遥感技术的应用也被列入工作规范中。遥感技术已逐步应用于地质矿产的勘探中，在有色金属、贵金属、煤炭、建材、石油、天然气的勘探，以及工程选址、地质环境监测方面，发挥了重要作用。20 世纪 90 年代兴起的成像雷达和成像光谱技术，在直接探测矿物蚀变带、油气烃类微渗漏等方面具有独特的作用。特别值得一提的是，近年发展起来的干涉测量雷达技术，能够大面积探测地表厘米级的三维变化，在火山监测、地震断裂测量、三峡大坝等大型工程环境的监测、油气区地面沉降等应用领域，已开始显示出巨大的应用潜力。

5. 天气预报与气候预测

利用气象卫星进行天气预报已建成为业务运行系统，在短期天气预报，特别是灾害天气预报中发挥了重要作用。例如，对台风、暴雨、雷暴、龙卷、风暴潮等预报方面取得了显著成效。地球环境卫星的发展，将为准确的气候预测奠定基础。随着我国气象卫星的发射，气象卫星遥感在天气预报和气候预测中将发挥越来越重要的作用。

6. 海洋监测与海洋开发

我国的海洋辽阔、遥感在海洋调查中显示了它独特的大范围、多时相、高分辨率的特点，在河口泥沙规律研究、海水监测、海温监测、海况监测、海洋初级生产力及渔场监测、海洋污染监测等方面已经发挥了重要作用，在海岸带调查和监测、滩涂资源利用和制图、海港建设和工程中也显示出更大的潜力。

遥感在国民经济发展中的应用尚处在起步阶段，有些专业应用的关键技术尚须突破，在一些领域的应用还没有达到实用化、产业化的目标。但现有的结果已充分显示了遥感应用的光明前景，广大遥感科学工作者对此充满了信心。

四、遥感信息科学的发展趋势

1. 综合对地观测数据获取系统的建立

遥感技术应用的实践表明，全球对地观测数据获取系统是由航天、航空、地面观测台站网络等子系统组合而成，具有提供定位、定性、定量数据能力的综合性技术系统。同时，这个系统是一个全天候、全方位的综合系统，这样才有可能对地球过程进行比较全面的调查研究，从而为地学研究、资源开发、环境保护、区域经济协调和持续发展提供系统的科学数据和信息服务。

对地观测空间卫星子系统是由大型极轨组合平台与小卫星系列、多高度、多种轨道卫星组合而成的观测体系。从资源与环境监测的需求出发，卫星发展的重点包括：①连续地提供高质量的观测数据、长寿命化的观测技术；②以定量化为目标的超多波段成像光谱技术；③不受云层影响的微波传感器技术；④分别以海洋、陆地和大气为主要对象的探测器技术；⑤面向全球空间，提供全天候、全时域、连续、高精度导航定位的全球定位系统技术。

为了满足以上的要求，其传感器在近年来有了长足的发展。

（1）波谱域从最早的可见光（0.4～0.76微米）向近红外（0.76～1微米）、短波红外（1～3微米）、热红外（8～14微米）、微波（1～1000毫米）、紫外发展，扩展到了电磁波谱的相当宽的波谱域。

（2）波段域以早期的黑白摄影，3波段、4波段（MSS）、7波段（TM），直到现在利用的100～200波段。利用傅里叶光谱分析技术可达到上千个以上的波段。

（3）波段宽度从初期的0.4微米（黑白摄影）、0.1微米（MSS）到5纳米（成像光谱仪）。

（4）空间分辨率从15厘米到1米、5米、20米、30米、80米……1千米，形成一个完整系列。

（5）时间分辨率从半小时、2天到30天形成不同时间分辨率的系列。

（6）多种遥感器搭载同一平台，形成自校互校，以提高观测数据的准确性。

成像光谱仪、成像雷达是当前传感器发展的两大热点。成像光谱仪以其卓越的光谱分辨率，使得在光谱域内进行定量遥感分析和研究地物化学成分成为可能。成像雷达是近年来得到大力发展的一种传感器，由于它不受天气的影响，具有一定的穿透能力，并能够提供三维信息，因此引起了世界各国地学工作者的极大兴趣。多极化多角度遥感是当前遥感发展的方向之一，传统遥感从获取二维结构信息向获取三维结构信息转变。

总之，以定量化为目标，不受天气影响，以地球系统为研究对象的全天候、全时域、全空间的综合对地观测数据系统是当前发展的重要方向之一。

2. 遥感数据处理系统的建设

资源与环境遥感监测的特点要求遥感数据处理系统必须有较高的处理速度、处理能力和精度。20世纪80年代以卫星图像目视解译为基础的大区域综合调查需要3年左右时间完成，和传统调查方法相比，这已经是很大的进步；90年代以资源与环境动态监测为目标，这个周期必须缩短到1年；而灾害评估、农作物估产等定量化环境和资源遥感工程，则更需要在数小时和数天内完成，用于天气预报的遥感数据处理的周期已缩短到10分钟左右。在数据处理分析精度方面，考虑到资源与环境动态监测中要查清的季度、年度变化本身数值很小，因此对精度的要求更为严格，需要稳定在90%以上，直至达到95%，这是传统的计算机识别没有达到的目标。同时，未来空间遥感技术发展将导致传感器空间分辨率、光谱分辨率的大幅度提高，这些传感器的投入运行将使卫星图像的数据量和计算机处理运算量大幅度增加。据初步统计，20世纪90年代末期，遥感卫星的数据量将增加100～400倍，计算机处理的运算量将增加1000～17 000倍。原来需要百万次级计算机解决的图像识别问题，将需要由10亿～170亿次计算机完成。上述处理速度、精度和处理能力问题如不解决，将造成大量遥感数据积压，处于数据爆炸状态，无法发挥遥感技术所具有的宏观、快速和综合的优势。计算机技术的快速发展为解决这些问题创造了条件，因此以高速、大容量和高精度为目标，建设遥感与地理信息数据处理系统势在必行。

面对这种发展趋势，遥感数据处理系统的建设应采取以下对策。

（1）采用高速并行处理计算机和采用以计算机网络为依托的分布式处理策略。神经网络计算机与冯·诺伊曼计算机相比具有大规模并行分布处理、高度容错性、自适应学习、联想功能等特点，对于解决计算机视觉、模式识别等大数据量、信息特别复杂的问题表现出明显的优势。

（2）提高综合应用多种遥感信息的能力。专家系统已在遥感图像识别中得到了应用，但还远未达到实用阶段。对于遥感和地理信息系统的应用科学家来说，应当在认真、科学地总结专家知识的基础上建立知识库，选取适合于地学应用的模式，赋予地学内容。

（3）寻求定量研究精确化的算法，寻求新的理论支持。分形几何学是一门以不规则几何形状为研究对象的几何学，也是一种大自然的几何学，它对于不规则地貌中所存在的规则性、自相似性的描述和模拟非常适宜。小波分析是 Fourier 频率分析的继续和发展，它是一门在时域和频域都有限的窗口内进行信号分析的理论，用它可对遥感图像进行多分辨率分析，可使分析专注于宏观或微观的特征。

（4）发展快速有效的遥感数据压缩算法。压缩有利于海量数据的快速传送和高效存储。遥感图像的压缩算法选择面向的不是视觉，而是信息和特征的保持。在水灾评估、农作物估产这种统计意义上的应用，微小的压缩失真对统计结果影响不大；但在火灾监测、军事目标识别这种类型的应用中往往由于特征所含像素数很少，微小的压缩失真都可能导致判断的错误。

（5）完善系统的用户界面，与地理信息系统实现融合。如何方便、快捷地执行数据处理功能、查询数据信息、获得处理结果，在很大程度上取决于处理系统的用户界面。使用户界面友好和高效的途径有：采用多窗口风格，提供简单、有效的遥感数据处理专用语言，开放系统使用户可对系统进行扩展和优化。

3.遥感信息科学的重要支撑——地理信息系统技术的进展

地理信息系统（GIS）是指在计算机软硬件支持下，对具有空间内涵的地理信息输入、存贮、查询、运算、分析、表达的技术系统。它可以用于地理信息的动态描述，通过时空构模，分析地理系统的发展变化和演变过程，从而为咨询、规划和决策提供服务。其应用已遍及与地理空间有关的领域，从全球变化、持续发展到城市交通、公共设施规划及建筑选址、地产策划等各个方面，地理信息系统技术正深刻地影响着甚至改变着这些领域的研究方法及运作机制。

GIS 之所以取得如此迅速的发展，一个重要的原因在于 GIS 给传统的信息系统引入了空间的概念，使得原来包含一大堆抽象、枯燥数据的信息系统变得十分生动、直观和易于理解。其次，大范围甚至全球性的空间研究借助 GIS 这种高效的空间数据处理工具得以顺利进行。

遥感与地理信息系统的关系十分密切，互相依存。地理信息系统在遥感数据分析结果的表达和对遥感数据分析提供支持方面发挥着极为重要的作用，从而越来越难于在讨论遥感科学的时候离开地理信息系统来探讨和解决问题。地理信息系统需要应用遥感资料更新其数据库中的数据；而遥感影像的识别需要在地理信息系统支持下改善其精度并在数学模型中得到应用。但在目前的技术水平下，这种关系受到制约，主要有两方面的原因：一是受卫星分辨率和识别技术所限，遥感图像计算机识别的精度还不能满足更新较大比例尺专题图的要求；二是遥感图像与常用的地理信息系统的不同数据结构妨碍了数据的交换。

展望今后 10 年，新一代卫星影像的分辨率将有大幅度提高；在专家系统支持下，计算机识别精度也将有明显的改善；同时，从遥感图像具有的栅格数据结构向地理信息系统常用的矢量数据结构的转换已取得明显进展，有的已达到实用化水平。因此，遥感与地理信息系统一体化已是可以看到的前景。那时，再也不需要重复遥感图像—目视解译—编图—数字化进入地理信息系统的模式，整个过程将为计算机处理所代替，应用实时遥感数据的数学模型将得以运行。

当前，在多年来引进地理信息系统硬软件技术的基础上，加速发展我国的商品化地理信息系统势在必行。但是，它的系统设计必须建立在新的设计思想的基础上，并以更有效地支持数学模型为目标，在结构上进行调整。

GIS 的主要研究方向包括以下几个方面。

（1）面向对象的空间数据模型。空间数据模型是 GIS 中空间数据组织和管理的概念和方法，是 GIS 进行空间数据库设计的核心。面向对象的空间数据模型旨在利用面向对象的方法，采用封装、继承和消息传递等手段，自然地描述和表达地物之间的相互关系，为 GIS 大型软件的可靠性、可重用性、可扩充性、可维护性和实用性提供有效的手段和途径。目前，面向对象的数据模型主要研究地理对象的语义抽象机制、空间几何拓扑关系、操作机制及模型物理实现方法等，它对遥感、GIS 的集成将有重要的意义。

（2）三维 GIS 与时空 GIS。现实世界中，地理实体具有三维几何特性，但是，目前大多数 GIS 系统及其应用基于二维笛卡儿坐标系，缺少管理、分析复杂三维实体的功能，难以满足地理科学、大气科学、海洋科学等研究三维空间特征的要求。因此，三维 GIS 的研究与开发成为 GIS 领域的重要研究方向。三维空间数据模型、三维空间拓扑关系、数据内插、三维可视化、三维实体量测分析和多维图解模型等是目前三维 GIS 关注的主要问题。

时间作为地理现象分析的基本因素，刻画了现象本身的发展过程。然而，现存的 GIS 系统绝大多数假设时间为静态，以表达现象在二维和三维空间上的特征与属性。但 GIS 应能表达时间序列上任何一点的状态，构成一个客观四维世界。因此，时空 GIS 得到广泛关注，但把时间引入 GIS 是一个复杂的问题，其中关键是如何表达时间、时序数据模型及时间关系以及与空间结构的联结问题。

（3）GIS 的数据质量。由于 GIS 的算法及处理方法的不同，从数据的输入分析处理和结果输出都会产生和传播一系列误差。这些误差直接影响到 GIS 数据的可靠性以及分析结果的有效性，因此，广大用户非常关心 GIS 的数据质量。GIS 的数据质量主要以误差理论为基础，研究 GIS 数据的不确定性（uncertainty）、误差传播、精度评价，以及如何建立一套质量控制程序来控制 GIS 的数据质量，并为用户提供可视化的分析报告。

（4）开放式 GIS。开放和分布是当今计算机发展的重要趋势，为实现地球资源和信息的共享，GIS 同样也需要不断开放。这是 GIS 要发展成为公众信息系统及进入信息高速公路的基石。自美国 Open GIS 协会成立及国家空间数据标准（NSDI）法令颁布之后，Open GIS 的研究掀起高潮。Open GIS 主要研究 GIS 的数据标准（包括存贮结构等）、GIS 用户界面与功能的规范化，以及 GIS 的二次开发和可扩充性。目前，Open GIS 在我国的研究亟待加强，这样才有利于 GIS 的产业化。

（5）GIS 的空间分析模型。GIS 的空间分析功能是 GIS 最重要的功能之一，它也是 GIS 能否提供有效决策支持的核心。它的研究主要包括两个方面。一是利用数学理论和方法改进和扩展 GIS 的空间分析模型，例如，利用模糊集合论改进现有空间叠加模型，形成空间模糊模型；利用分形几何创建类自然的 DTM 模型；利用神经元网络建立自适应的适宜性评价模型等。二是与多种应用模型相结合，形成特定的 GIS 应用模型，例如，GIS 与投资环境评价体系相结合构成 GIS 投资环境模型；GIS 与区域洪水模型相结合形成 GIS 洪水灾害评价模型。随着 GIS 应用的不断深入与发展，GIS 的空间分析模型将不断发展，这对有效发挥 GIS 的作用具有重要意义。

4. 遥感、全球定位系统和地理信息系统的集成

全球定位系统（GPS）是以人造卫星组网为基础的无线电导航系统。原指美国国防部批准研制的国防导航卫星系统。该系统由位于 20 200 千米高的 6 个轨道面上的 24 颗卫星组成，为全球范围的用户——飞机、舰艇、车辆提供全天候、连续、实时、高精度的三维位置、三维速度及时间数据。随着俄罗斯 GLONASS 系统的开发，全球定位系统的概念在变化，现 GPS 泛指利用卫星技术，实时提供全球地理坐标的系统。

GPS 用于静态对地定位时，定位精度可达毫米级，用于大地测量、板块运动监测等；用于动态对地定位时，精度可达厘米级、分米级及米级，应用于卫星、火箭、导弹、飞机、汽车等导航定位。GPS 定位系统由于定位的高度灵活性和实时性，成为测量学科中的革命性变化。

全数字自动化测图系统是遥感和地理信息系统集成的一个重要结合点。它从数字影像自动重建空间物体的三维表面（几何表面与物理表面）。其核心是利用模式识别代替人工观测，实现框标的自动识别、

同名影像的自动配准、人工建筑物的自动识别等，最终实现摄影测量与遥感制图的全自动化。它利用计算机加上相应的软件，进行自动化空中三角测量和制图。该系统又被称为软拷贝摄影测量系统。其主要功能有：数字地面模型（digital terrain model，DTM）的自动生成和影像的正射纠正、带等高线的影像图和三维透视景观影像的生成、自动化空中三角测量等。

遥感、全球定位系统和地理系统的集成，随着美国用于 GPS 的 24 颗卫星在 1993 年 6 月最终全部发射成功已提到日程。全球定位系统的组合技术系统为遥感对地观测信息提供了准实时或实时的定位信息和地面高程模型；遥感对地观测的海量波谱信息为目标识别及科学规律的探测提供了定性或定量数据；遥感、全球定位系统和地理信息系统的集成将使地理信息系统具有获取准确、快速定位的现势遥感信息的能力，实现数据库的快速更新和在分析决策模型支持下，快速完成多维、多元复合分析。因此，遥感、全球定位系统和地理信息系统的集成技术将最终建成新型的地面三维信息和地理编码影像的实时或准实时获取与处理系统，形成快速、高精度的信息处理流程，对遥感技术发展具有深远的意义。

5. 国家资源与环境遥感信息系统的建立

国家资源与环境遥感信息系统的建立是遥感与地理信息系统技术实用化的必然结果。

建设国家资源与环境信息系统的目标是：改变当前由于缺乏全国性有关资源、环境、经济、社会之间相互作用与演变的时空分布与发展的基础信息而难以进行环境与资源定量研究和评价的被动局面；做到较准确掌握经济和社会发展对资源与环境造成冲击规模、强度和趋势以及资源环境对社会发展的反馈作用，特别是通过提取四维时空中变化的多种地理要素，分析与其发生耦合的多种自然和人文的演变过程，如建立与动态地表特征相耦合的大气预测数值模式，从而对一些重大的区域性乃至全球性的环境事件做出可靠的预测、及时的防范和快速的反应。

国家资源环境信息是国家的重要战略资源，资源与环境数据库是国家资源与环境信息系统建设的核心。新中国成立以来，资源环境调查及其图件、数据规模宏大，从不间断。但是条块分割、自成体系，且多为部门所有，很难对数据共享和在地理信息系统支持下进行资源与环境定量化空间分析和综合评价。因此，在统一规划和统一规范标准的前提下，以部门和区域数据库为基础，建立分布式全国资源与环境数据库，是一项十分紧迫的任务。

国家资源与环境信息系统是持续发展的重要技术支撑。我国正在推进加速通信网络的建设，实施"三金"工程计划等，迫切需要在遥感技术支持下，对国家资源与环境数据库进行定期的、准同步更新，并在地理信息系统支持下建立基于大协调的全息反馈和综合协调机制。《中国 21 世纪议程》的优先项目中，部署了 40 多个信息系统，以提高对资源与环境宏观调控的能力，为我国经济和社会可持续发展战略、布局和趋势预测，为资源管理、环境保护以及实现资源环境、经济、社会的宏观调控提供科学数据和决策支持。

五、结 论

（1）遥感信息科学为地学提供了全新的研究手段，导致了地学研究范围、内容和方法的重要变化，标志着地学信息获取和分析处理方法的一场革命及一门新兴前沿、交叉学科的兴起，具有重要的科学意义。

（2）遥感信息科学的理论、技术和方法在资源、环境、灾害的调查、监测、评估，以及在地理信息系统支持下的分析预测诸方面有着广泛的应用前景。

（3）资源、环境信息是国家的重要战略资源。建设国家资源、环境信息系统是地学发展的重要支撑，是保证国民经济持续稳定发展的重要措施。

参 考 文 献

[1]徐冠华.遥感与资源环境信息系统应用与展望.遥感学报，1994，9（4）：241-246.

[2]陈泮勤，马振华，王庚辰.地球系统科学.第1版.北京：地震出版社，1992.

[3]李树楷.全球环境、资源遥感分析.北京：测绘出版社，1992.

[4]郭华东，徐冠华.星载雷达应用研究.北京：中国科学技术出版社，1996.

[5]黄波.地理信息系统的数据类型与系统结构.遥感学报，1995，10（1）：63-69.

[6]杜道生，陈军，李征航.RS、GIS、GPS的集成与应用.北京：测绘出版社，1995.

[7]刘全根，孙成权.地球科学新学科新概念集成.北京：地震出版社，1995.

[8]徐冠华，三北防护林地区再生资源遥感的理论及其技术应用.北京：中国林业出版社，1994.

[9]陈述彭.遥感大辞典.北京：科学出版社，1990.

［10］马俊如.中国遥感进展.万国学术出版社，1992.

［11］孙成权.全球变化研究国家（地区）计划及相关计划.北京：气象出版社.1993.

［12］陈述彭，赵英时.遥感地学分析.北京：测绘出版社，1990.

［13］B索兹曼.卫星海洋遥感.郑全安，等译.北京：海洋出版社，1991.

［14］陈述彭.地球信息科学与区域持续发展.北京：测绘出版社，1995.

［15］何建邦，田国良，王劲峰.重大自然灾害遥感监测与评估研究进展.北京：中国科学

技术出版社，1993.

关于空间信息技术研究与应用的几个问题^①

（1997 年 2 月 21 日）

　　空间信息技术是 20 世纪 60 年代兴起的一门新兴技术，70 年代中期后在我国得到迅速发展。目前主要包括遥感、地理信息系统和全球定位系统。作为一项综合性的集成技术，它是提高我国综合国力、实现四个现代化的一项战略性高技术。从"六五"计划开始，我国已经连续在四个"五年计划"中把这项技术列为国家科技攻关重点，取得了很大成绩，在不少部门得到了应用。在 1996 年开始实施的"九五"计划中，又把遥感（RS）、地理信息系统（GIS）、全球定位系统（GPS）技术综合应用研究列为国家科技攻关项目中的重中之重。本文重点就其中的空间遥感应用技术的发展问题谈几点意见。

一、 空间信息技术在地学研究和促进人类可持续发展中的重要地位

　　中国科技界对空间信息技术在地学中应用前景的认识经历了一

---

① 1997 年 2 月 21 日在国家遥感中心成立十五周年纪念会上的讲话，发表于《中国软科学》1997 年第 2 期。

个曲折的过程。20 世纪 70 年代，不少人对空间技术的应用不持乐观态度，经过十几年的发展实践，认识逐渐趋于一致。1994 年，在中国科学院地学部组织的对地观测技术应用讨论会上，对空间信息技术应用的认识得到了统一，充分肯定了这项技术在地学发展中的地位和作用，有的院士认为空间信息技术应用是地学的一场革命，更严谨地说，是地学观测和分析技术的一场革命。我认为，这是一个准确的评价。

空间信息技术和传统的对地观测手段相比，优势表现在：①它提供了以前没有的全球或大区域精确定位的高频度宏观影像，揭示了岩石圈、水圈、大气圈和生物圈等圈层之间的相互作用关系；②扩大了人类的视野，从可见光发展到红外、微波等波谱范围，加深了人类对地球的了解；③在遥感与地理信息系统基础上建立的数学模型为定量化分析奠定了基础，在一些地学研究领域促进了从以定性描述为主到以定量分析为主的过渡；④还实现了空间和时间的转移，空间上将野外一部分工作转移到实验室，时间上从过去、现在的研究发展到三维空间上定量地分析预测未来。随着计算机、网络、通信等技术和遥感科学自身的迅速发展，这种影响将向广度和深度不断延伸。在地学的应用领域，特别是涉及可持续发展的核心问题——资源与环境问题，空间信息技术应用的影响是长期的、深远的。当然也引发了另外一个重要领域——国防领域侦察手段的重要变化。这些事实说明，空间信息技术对国家经济、社会发展和国家安全具有重要意义。

应用空间信息技术，必须适应它在技术和应用上高度综合的特点。就技术发展而言，空间信息技术中的遥感技术涉及遥感器的研制、卫星制造和发射、卫星数据的接收和处理，以及在各不同领域的应用等，因而没有各部门的通力协作，要建成一个有效的空间信息系统是不可能的。

就应用领域而言，遥感技术的优势在于综合，我们所习惯的各部门独立工作的方式在这一领域必然将被打破。空间遥感所提供的信息是众多部门所需要的综合信息，而遥感数据处理技术也使我们有可能同时得到各部门所需要的基础数据，避免了重复操作。因此，如果没有各部门的联合，遥感技术的优势就得不到充分发挥。在遥感技术应用于资源与环境的调查、监测、评价各项工作中，无论是组织方式、人员结构，还是标准规范等各个方面，也都应当从综合角度出发，对现有体系进行调整，加强联合，加强协调，加强合作，使遥感技术真正地在应用水平上得到发展。

二、 空间信息技术的实用化和产业化

空间信息技术虽然在过去 20 年间得到了迅速发展，但现在和未来要做的工作更多、更复杂、更繁重，特别是在实现产业化、实用化方面和国外的差距要抓紧赶上。目前，它应用于灾害监测、农作物估产等工作主要还处于研究阶段，没有做到像天气预报一样，定期向社会或主管部门发布信息。我国的地理信息系统硬件和软件还是以外国产品为主，基本上还是国外产品占领中国市场。这些都应当引起我们的高度重视，在今后一段时间内，要着重解决空间信息技术应用的实用化和产业化问题。要做到这一点，应当处理好以下几个关系。

1. 正确处理技术与经济的关系，技术的先进性与实用性的关系

长期以来，由于在导向和机制方面存在问题，我们的众多研究工作片面注重研究水平，对实用性的关注显得欠缺。因此，一些技术发展不配套，没有集成，不能实用；有的技术水平很高，但是不适合中国国情。比如，利用卫星遥感估产，在南方地区云笼雾罩，一年也接收不到几幅完整的无云或少云照片怎么办？有关类似的一系列实用问题，今后必须着力加以解决，把技术的先进性和实用性有效地结合起来。

2. 正确处理研究部门和应用部门的关系

遥感技术的应用在我国当前的经济发展水平下，主要还是服务于社会公益性事业，多数不能盈利。这种条件下，遥感技术应用要解决好应用部门与研究部门的关系问题。今后在发展应用系统时，要坚持以社会需求为导向，首先有应用部门，有运行投入，然后再发展系统。否则一个"五年计划"、两个"五年计划"地搞下去，总是在研究过程中，而无办法实际操作，技术水平就难以迅速提高。因此，今后技术系统的研制和开发，必须强调应用部门的参与、合作和配合，着眼于实际运行的系统。

3. 正确处理研究部门和产业部门的关系

空间信息技术应用，当前也有部分可以直接进入市场，而且随着经济的发展会越来越多。这些可以进入市场的空间信息技术领域，例如，地理信息系统技术从"七五"以来搞了十几年却发展不起来，很

重要的原因是软件产业观念淡薄。不少人认为，计算机需要由工厂生产，而软件则可以通过大学、研究所的研究生产，这种观点是不全面的。这是因为软件是一个产业，只有按产业模式生产才能达到产业化目标，科学研究和产品生产涉及不同的导向模式，研究所和大学主要是技术研究导向，追求研究水平。但软件产业是市场导向，追求市场竞争力，它不仅包括可以实用的技术开发，而且需要大量与开拓市场有关的工作，如手册编制、人员培训、系统维护、销售网络建设及其他各种售后服务等。这些工作占据了软件产业的大部分资金和劳动力投入，在国外同样由高层次人员（包括博士、硕士等）完成。在研究机构的机制下，这些高层次的科技人员不愿意从事这些产业化、市场化等必不可少的工作。因此，我们的软件产业，包括地理信息系统产业应当按照企业的模式运行。同时，软件产业与传统产业不同，它是智力高度密集型的产业，能否调动科技人员的积极性是企业成功的关键。要充分利用高校、研究所的技术力量，把这些人作为重要的技术依托，在企业的体制和机制下组织起来。股份制企业可以实行科技人员技术入股办法，把企业和科技人员的命运紧密地联系在一起，尽快形成我国的地理信息系统产业。当然，在强调发展我国的地理信息系统的同时，并不是不要从国外进口系统。今后一个时期内我们仍要进口国外的先进地理信息系统技术，学习他们的先进技术，支撑我国的空间技术应用的发展。

三、加强空间信息技术应用的基础研究

长期以来，我们组织了一系列以科研工程项目为主的国家遥感和

地理信息系统应用的攻关项目，对于促进科技与经济结合发挥了重要作用。但也存在着不足，主要是过于强调工程的规模，把大部分科研人员的精力和财力投入都放在完成工程目标方面，对关键技术的研究注意不够、强调不够。另外，也因为应用基础研究和技术开发往往是不同步的，应用基础研究的周期较长，研究成果往往在同一项目中不能得到有效的应用，因此也得不到管理部门、管理人员的重视。今后在科研工程项目中，应处理好应用基础研究的超前性和科研工程项目的工程性之间的关系，国家科学技术委员会、国家自然科学基金委员会、中国科学院对空间技术应用的基础研究都给予了关注，提出了一批基础研究的重点项目，这对于扭转当前空间信息技术应用基础研究比较薄弱，制约工程技术发展的局面将会发挥重要的作用。今后还要强调多学科、多专业的综合，强调空间信息技术与各个应用领域的研究人员和从事数学、物理学、计算机科学技术方面科研人员的结合，大力培养年轻人才，争取在国际空间技术应用基础研究方面占有一席之地。

四、在竞争的基础上择优，在择优的基础上联合

计划经济体制下，研究机构没有建立开放、流动、竞争和协作的机制，形成大而全、小而全的封闭体系，队伍越来越庞大。不同领域的研究机构追逐资源，不少项目一哄而上，资源分配的平均主义使得各家的研究人员和机构都能勉强维持生存，但却无法发展，这种局面要尽快改变。空间信息应用技术研究要强调竞争，在竞争中择优，在竞争中发展。没有竞争，还容易造成另一种倾向，一些大部门总以为

课题非我莫属，在原有体制下实际上也往往如此，这种状况不利于新单位、新人才的成长。在招标中发现，一些没有国家投入的单位发展很快，工作得很好。因此，要通过竞争择优，发现和培养一批新的单位和人才，促进资源的合理分配，促进新生力量的成长。要处理好竞争和协作的关系。联合起来竞争和在竞争的基础上联合都是可取的。但是，在当前项目分散化、小型化的情况下，首先还是要鼓励在竞争中择优，然后在竞争的基础上联合。李鹏同志在国家科技领导小组会议上，关于项目要采取招投标的指示是非常重要的，在空间技术应用项目研制中要坚决贯彻这个方针，在竞争中做到公平、公正和透明，让大家都满意。要通过竞争促进我们的发展，在竞争的基础上实现各部门的联合。

发展中国地理信息系统产业①

（1997 年 6 月 1 日—1997 年 12 月 3 日）

一、地理信息系统产业的地位和作用

当前我国处在一个重要的历史时刻。信息化的浪潮正席卷全球，计算机及其相关技术的广泛应用正在深刻地改变人类的工作方式和生活方式，一个国家的信息化程度和信息产业发展的水平已经成为衡量其生产水平和综合国力的重要标志。

软件产业是信息产业的核心。近年来，中国软件产业有了迅速发展。软件市场规模逐年增大，1994 年以来增长率达 20% ～ 40%，国产软件在我国应用软件市场占据主要地位。但是应当看到，在整体上，我国的软件产业同发达国家相比，存在着相当大的差距，甚至同

---

① 本文由 1997 年 6 月 1 日在'97 国产 GIS 软件测评会开幕式上的讲话、1997 年 12 月 1 日和 12 月 3 日在全国地理信息系统技术与应用工作会议上的讲话合并整理而成，分别发表于《中国图象图形学报》1998 年第 3 卷第 1 期和 1997 年第 3 卷第 8 期，以及《地球信息》1997 年 12 月第 4 期。

一些发展中国家相比，也有较大的差距。目前，我国软件产品基本上没有进入国际市场，国内市场中的系统软件和大部分支撑软件也被国外公司所控制，甚至连我们最具优势的中文软件领域也受到冲击。近年来，差距不但没有缩小，某些方面还在继续拉大，形势非常严峻！历史上由于种种原因，我国已经几次痛失近代、现代工业时代的重要发展时机，信息时代的到来和软件产业的大发展，给我们带来了一次追赶世界发达国家的宝贵机会，失去这个机会，就会使我国在信息时代再次落伍。这种与我国社会主义现代化进程和战略目标不相称的现实状况已经引起了全社会的普遍关注。

地理信息系统产业与其他软件产业相比，有其自身的发展特点和特殊意义。它涉及地理时空数据和在遥感、全球定位系统一体化基础上的系统集成、应用服务、企业和市场等诸多方面。人类社会生活、经济建设所涉及的信息中 80% 以上与地理信息密切相关。地理信息系统产业是关系到国民经济增长、社会发展和国家安全的战略性产业，它不仅为国家创造直接经济效益，而且对众多经济领域具有辐射作用，能在国民经济的发展中起到"倍增器"的作用。因此，地理信息系统产业的发展，越来越受到各部门、地方政府及社会各界的重视。

地理信息系统也是将进入普通百姓家庭的产业。随着网络技术的发展，人们已经开始进行网上地理信息查询等工作，随着信息种类和数量的需求增加，网络地理信息系统必将有一个广阔的市场；地理信息系统与全球定位系统的结合，将为家庭交通工具提供导航服务。可以预测，电子专题数据将逐步取代纸张制品的地位，成为家庭信息查询的主要载体。

中国必须发展自己的地理信息系统产业。地理信息系统有着如此巨大的市场，又与国民经济的各个方面有着密切的关系，因此开拓国产地理信息系统市场，不仅有着巨大的经济意义，而且有着重大的政治意义。经过十几年的努力，我国地理信息系统技术与应用有了长足的进步，推出了若干软件产品并且占领了一定的市场，在许多领域得到了应用，取得了明显的效果。当前，我们应该紧紧抓住稍纵即逝的时机，动员各方面的力量，团结一致，进一步发展我国的地理信息系统产业，争取在较短时间内取得明显的进展。

二、地理信息系统产业技术发展的特点

（一）多种高技术综合、集成和应用社会化的趋势

地理信息系统的发展越来越具有多种科学技术综合交叉、渗透的特点。地理信息系统产业已不能孤立地作为一个单纯的软件产业发展，必须和遥感技术、全球定位系统技术的发展紧密结合起来。同时，当代软件和硬件的相互渗透，使得地理信息系统软件的发展和硬件的发展越来越紧密地结合在一起。中国的计算机产业在过去几年中发展很快，"联想"个人计算机已在中国市场份额中名列第一，包括"联想""长城""方正"等一批国产品牌计算机产品已经在国内市场上构筑了较为牢固的阵地和优于一些国外产品的市场服务和销售体系。在这种形势下，应当把我国的软件产品和我国的硬件产品联合起来开拓国内市场，这是我国企业家、科学家的一项重要任务。

（二）组件化系统设计软件和网络化发展

从目前发展来看，地理信息系统软件像其他支撑软件一样，已经或正在发生着革命性的变化：由过去厂家提供全部系统或者有部分二次开发功能的软件，过渡到提供组件由用户自己再开发的方向上来。地理信息系统应用领域将更加广大：从地理信息系统软件到用户的模式转变成提供地理信息系统环境、发展软件，最后面向用户的新模式。当今在世界范围内正在蓬勃兴起的信息网络（如因特网）的发展所提供的是完全不同于单个计算机的运行环境，要求运行软件具有独特的功能，给包括地理信息系统在内的整个软件产业提出了新的问题、新的技术和新的市场机遇。因此，在总体技术战略上，从事软件产业发展的企业家和科学家要充分注意这些变化，从长远考虑做出必要的调整，立足创新，争取在未来市场竞争中处于有利地位。

（三）数据资源共享机制的迫切需求

地理信息系统的市场已经从单纯的系统驱动转向了数据驱动。软件的目的在于应用，对于应用而言数据是核心。建立各种数据库，是使我国的数据管理迈上一个新台阶的重大措施，也是使地理信息系统能够持续运行的基本保证。

目前，我国数据建设还存在一系列问题：一是数据分散，各部门单位之间的数据交流性差，造成数据资源无法充分利用；二是综合数据服务和更新还没有提上日程。尽快推动数据资源共享、制定数据交换标准、提供国家指导的数据结构是一项十分紧迫的任务。希望各界充分认识这个问题的重要性和严重性，有关部门应采取切实可行的措施解决这些问题，这是当务之急。

三、我国地理信息系统产业发展的思考

21 世纪将是信息化的时代，各国已经制订了不少耗资巨大的战略计划，为争夺 21 世纪的有利地位展开了激烈的竞争。软件产业正被视为全球竞争的重要手段。我们必须抓住时机，针对目前我国地理信息系统产业发展的现状和存在的问题，认真研究发展地理信息系统产业的战略，包括国家宏观战略、产业发展战略、企业发展战略、技术发展战略，采取切实有力的措施，推动地理信息系统产业的发展。

（一）研究和制定地理信息系统产业的发展战略和政策

管理部门应把更多的精力放到宏观规划、战略制定和政策制定等方面上来，加大工作力度，加强战略方针的指导，通过政策引导地理信息系统研究和产业的发展。

1. 技术发展战略问题

"抓应用、促发展"既是发展地理信息系统产业的方针，也是发展地理信息系统技术的方针。要在全国各行各业努力推广其应用，抓好重点行业、重点地区的典型示范，有组织、有步骤地建立行业、地方的培训网络。只有做好应用和普及，才能为国产地理信息系统开辟一个广阔的市场，在市场竞争中提高系统的技术水平。国外地理信息系统软件开发已有雄厚的技术基础，新的版本层出不穷，加上市场销售网络的支持，具有很强的市场竞争力。因此，中国的地理信息系统软件产业发展只是跟踪国外的模式，很难有大的作为，要大力提倡在设计思想和方法上的创新，争取技术上有新的突破，为占领市场开辟道路。

2. 产业发展战略问题

地理信息系统是"产业"这个观念来之不易。坚持以市场为导向，以企业为主体，把软件从单纯技术导向的研究所和实验室作业中解放出来，这是观念上的重大进步。从反面讲，一些地理信息系统软件之所以发展不起来以至于失败，关键也在于此。在过去十几年中，我们比较注意发展我国的软件技术，这是完全正确的；但相对忽略了软件的产业化问题和软件产业的国际化问题，软件技术的发展没有很好地和市场紧密结合，没有和产业紧密结合，科研成果没有能及时地转化为商品，不能有力地促进地理信息系统产业的发展。

我们在当前必须进一步明确"软件的问题是产业化的问题，产业化的问题是推广应用的问题"这样一个观念。在发展软件产业的过程中，从技术导向坚决地转变为市场导向，把软件的产业化问题提到首要的位置上来，把发展软件产业的工作落实到推广应用中去。需要说明的是：市场导向不排斥技术，发展技术是重要的一面，很多情况下是决定性因素。但科学技术的创新必须服务于市场的需求，以提高市场竞争能力作为创新的出发点和归宿，并且和管理创新、市场开拓创新有机地结合起来，这样才能够真正成为有市场竞争能力的产品。所谓市场导向，应该是这个含义。

3. 产业政策问题

地理信息系统的核心是软件。软件企业为知识密集型企业，在经营活动中智力投资占有很重要的位置。合理的税收政策应把企业大量的智力、无形资产的投入作为生产要素打入成本。否则，在知识型经济不断发展的今天，容易造成企业不合理的税收负担，在一定程度上构成对高技术产业创新和发展的障碍。

同时，急需按照西方的习惯做法，制定政府采购政策，对民族软件产业提供优先的市场机会，并加强宣传，提高执行反倾销政策的自觉性。

在地理信息系统普及到一定水平时，应制定鼓励应用的政策，在这方面 CAD 技术的应用提供了一个范例。国家有关部门提出，今后光盘必须作为图件存储介质，否则不能参加投标；技术人员不会使用 CAD，就不能够评高级职称等。地理信息系统产业的发展也面临同样的课题需要加以研究，当然要注意可操作性，不能着急，要让大家逐步都接受这项新技术，自觉应用新技术。

（二）制定地理信息系统企业的发展战略

1. 建立新的企业管理体制和运行机制

软件产业是有高度组织性的智力密集型产业，主要由高智力人群组成，并且需要严密的组织管理。原因在于软件产业要实现个人创造性和工作高度整体性的结合，在对市场的高度敏感能力和对企业自身优势深刻理解的基础上，做出迅速反应的能力。经验反复表明，成功的地理信息系统企业，总是按照这些要求，不失时机地推进技术创新、组织创新、管理创新和市场创新。软件产业的这种特征使得它在传统体制下几乎无法运行，迫切需要建立鼓励创新，高效运行的良好机制，这是软件产业的特点，或者推而广之，也是高新技术产业的特点，是和传统产业的根本不同之处。近年来，不少的民营企业，实行了以"自主经营、自负盈亏"为中心的方针，有效地提高了企业的运行效率和创新能力。在构建激励机制方面，实施科技人员和管理人员以自己的技术成果和创业实际拥有企业股份，探索技术股、创业股等多种形式的股份合作制度，把个人利益与企业的发展紧密地结合起来，既充分调动了人员的积极性，又保证了企业的健康发展。

2. 建立创新的人才培养和使用机制

地理信息系统的核心是软件，软件的竞争归根结底是人才的竞争。成功的软件企业都十分注意采取措施，建立吸引优秀人才的机制，特别是针对软件企业智力投入大、需要高级软件人才勤奋工作，并保持相对稳定的特点，在面临国外企业激烈竞争的情况下，大胆地给软件人才以特殊的优惠待遇和发挥才能的机会，以很大的魄力、花费大的投资，采取一切可能的措施稳定软件技术人才和管理人才。同时，努力建立新的人才使用、培养和流动机制，使软件产业的人才结构趋于合理。在培养高层次的软件技术人才的同时，把立足点放在培养、造就一批软件企业家上。我们坚信有了一流的人才，就能办起一流的企业。在这里强调一点：现在有些企业在这方面存在问题，特别是缺乏管理人才和市场开拓人才，隐含着危机，希望引起高度注意。

3.造就大企业，注意持续创新

最近几年来，在社会市场经济条件下，我国一批地理信息系统企业在激烈的市场竞争中从小到大，大浪淘沙，滚动发展起来。实践证明，一些名不见经传的小企业，只要有适应软件产业的机制和体制，有持续创新能力和正确市场策略，就能在短时间内迅速成长壮大。今后还要继续通过制定政策，鼓励企业从小到大地发展。但是，仅仅依靠自身滚动壮大是不够的。国家除了在政策上继续给以扶持以外，还要在企业发展的方向上加以引导，鼓励它们按照"自愿结合、自主经营、自我发展"的方针，进行股份制改造，推进资本联合和重组，建立现代企业制度，在短时间内形成一定数量的大型骨干地理信息系统企业或企业集团，实现规模化生产和经营。在这个问题上要注意学习和借鉴国外一些迅速崛起的公司的发展经验。

4.要切实意识到产品和服务的质量是企业的生命线

随着信息技术的发展和软件应用的日益普及，人们对软件质量的关注也日益增强。软件企业必须重视产品和服务的质量，提高软件的可靠性、实用性、商品化程度，提高国产软件在用户中的信誉。

我之所以要强调软件质量问题是因为我们对于技术商品化和产业化认识不足。在地理信息系统软件开发方面，我们对于软件的总体设计、用户需求分析、规范性程序设计、软件测试等环节的管理还远没有达到工业化生产的要求。印度已有近百家软件企业获得 ISO 9000 质量标准认证，成为世界上获 ISO 9000 质量认证软件企业最多的国家。据调查结果显示，当今大量跨国公司踊跃进口印度软件和购买软件服务，印度软件已从过去的"低廉"变成了现在的"质优"。而我国只有几家软件企业通过了质量认证。

要发展大企业，我们还要推动软件标准化、规范化，引导企业建立符合国际通行标准的质量体系并通过相关质量认证或等级评测，提高我国软件开发的效率和质量，增强软件产品的国内外市场竞争力。

5. 需要尽快着手的几项基础性建设

（1）集中力量加强国家地理信息数据库的建设。地理信息数据是应用的基础。但是，我国统一、规范的基础地理数据库及其服务体系发展十分缓慢。目前，覆盖全国的只有小比例尺（1∶100 万）基础地理数据库（1∶25 万正在建设中），各类专题数据库也相当缺乏，数据标准不统一，难以满足不同专业领域应用的要求。信息资源的缺乏已经成为发展地理信息系统应用的"瓶颈"。国家应投入必要的人力、物力和财力，在建立数据交换标准的基础上，统一规划，有计划地建设覆盖全国的多种比例尺的国家基础地理数据库和各类专题数据库，为大规模的地理信息系统应用提供基础数据。同时，制定信息共享的政策，使这些信息为全社会所充分使用。

（2）在国家的统一组织和协调下，尽快建立我国地理信息标准。目前，我国没有统一的地理数据信息标准，各地、各部门自行数字化的地理数据格式各种各样，已经开发的地理信息系统之间数据无法直接交换。这种情况严重影响了国内地理基础数据的共享。在计算机网络日益普及的今天，这种局面必须迅速改变。

（3）建立测试和质量认定中心。国外软件测试已经占到整个软件研制总工作量的 30% ～ 40%，在医学和航空航天等领域甚至高达 70% ～ 80%，大量的测试研究中心陆续建立。国内地理信息系统测试和质量认定工作应当加强，并建立相应机构。当前可考虑把测试工作和测评工作进行结合。

（4）建立产业协会。国外知识密集型的产业，特别是软件产业都采取建立产业协会的办法来实行集体的自我约束和保护。面对市场竞争，协调各个企业的行为，避免自杀性竞争。在我国目前的情况下，建立行规行约，规范国内地理信息系统市场很有必要。可以考虑建立地理信息系统软件行业组织，制定相对统一的地理信息系统软件价格标准和工程实施费用计算办法，建立地理信息系统产品标准，逐步实行系统产品测试、认定和推荐。提倡优先使用符合行规、行约及行业标准的国产地理信息系统软件，反对不正当竞争。当前特别要防止那种既损害用户利益，又不利于企业发展的不合理削价现象的蔓延，逐步形成既有利于扶持民族工业、又有利于国内外企业交流的公平竞争的市场环境。

（5）发挥部门、地方的积极性，开展示范应用工程。地理信息系统的应用涉及国民经济、国家安全的各个领域，甚至渗入到千家万户。引导应用，没有示范不行。特别是新开拓的领域，要建立一批应用示范点，辐射、带动整个市场的发展。地方政府具有机制灵活、决策效率高等特点，要发展我国地理信息系统产业，必须调动中央和地方两方面的积极性。现在有些省市建立了软件工业园区和软件产业基地，把软件产业作为地方经济的支柱产业给予扶持，这是很好的开端。希望地方政府能够瞩目于地理信息系统这一重要而且具有广阔前景的产业，率先开展工作，在政策上引导，并给以一定的资金支持，鼓励国产地理信息系统产品和企业的发展。

（三）关于国产地理信息系统软件测评问题

1996 年，我们召开了第一次国产地理信息系统软件评测会。通过评测，在竞争中择优支持，短短一年时间内，不仅在地理信息系统软件的商品化、产业化方面取得了进展，在实际市场占有率方面，也出现了好的苗头；同时，适应市场的需要，在一些关键技术方面，也取得了新的突破，坚持下去，一定会对中国未来的地理信息系统产业产生深远的影响。

下面，我对今后的软件测评工作谈几点意见。

1.评测工作应当有明确的指导思想

评测工作应当体现鲜明的导向性。要分析国际地理信息系统发展趋势，当前国内存在的主要问题要有针对性，希望产业做什么，不希望产业做什么，要通过评测的标准体现。产业技术在矛盾过程中发展。比如，产业和技术、功能和性能，工作站平台、微机平台及标准化等，在发展过程中总是不平衡的，但是缺一不可。政府该做什么？政府就是要抓方向，抓倾向性问题。在矛盾发展过程中，哪个方面是应当抓的，就要抓；当然，两个方面都需要，但关键是不同时期，要有不同的重点，评测本身要在这个导向过程中有一个生动的体现。

2. 应当体现公正、公平

对一个评测单位来讲，公正、公平就是生命，没有公正、没有公平，下次就不要再干了，企业也不会来了，我们的权威性就会丧失。1996 年专家组的工作很成功，希望继续坚持这个方针。1997 年的评测和一年前的评测的相关性应是零，一切从零开始。去年成功的单位，今年未必成功；去年失败的单位，今年未必失败。我们的专家不要吝惜。不要去年评了好的今年就不能下去。不下决心体现这个原则，该鼓励的没有鼓励，该支持的没有支持，评测工作的生命力就无法显现。

3. 要遵守纪律

评测委员会要制定措施，对于走后门、做会外工作的要有制止的办法。另外，希望专家们能严格执行保密制度，评测情况特别是专家们的不同意见，不要往外泄露。在这方面，专家们思想上是注意的，但是有时候不谨慎，需要提高思想意识。

我国的地理信息系统产业已经起步，各部门、各单位的技术人员、市场人员和管理人员正在努力工作。我相信，尽管前进道路上还有不少困难，但这些困难一定能够克服，发展我国地理信息系统产业的目标一定能够实现，让我们共同努力，为实现这一目标而携手奋斗。

在 "3S" 项目汇报检查会上的讲话①

（1997 年 9 月 29 日）

很高兴参加"遥感、地理信息系统、全球定位系统技术综合应用研究（3S）"项目的检查汇报会。在座的有些是我的老师，有些是我的学生，更多的是长时间合作的朋友和同事，能够有这么多人聚在一起很难得。刚才几位教授汇报了项目的进展情况，很精彩，说明经过一年的努力，"3S"项目取得了重要进展，表现在几个方面：一是政府部门、参加部门和专家，三个方面的积极性都得到了较好的发挥。二是加强了关键技术的攻关研究，工程任务和攻关的结合比较有成效。三是坚持竞争的原则，强化了组织管理，一切按照严格的顺序和规则运行。我相信我们能够继续坚持这个势头，在"九五"计划结束时，这个项目一定能够向国家、向人民交出一份完美的答卷。

今天，我着重谈一谈对今后工作的期望。

①　1997 年 9 月 29 日，在国家科委"九五"重中之重"3S"项目检查汇报会上的讲话。

第一，强化项目为国民经济和社会发展服务的方针。这个项目是国家"九五"攻关项目，"攻关"的含义就是要解决国民经济和社会发展中的一些关键技术问题。从这个意义上讲，它不同于基础研究，不同于攀登高峰，不同于"863"计划项目。它的任务非常明确，就是要解决实际问题。如果这个方针没有很好地贯彻，项目的目标就不能实现。在座的同志们多从事科学研究，对于很多问题，比较习惯于从科学的角度考虑。但现在面对的是一个面向经济和社会发展的重大项目，大家要把更多的注意力关注到项目如何发挥在经济和社会服务方面的作用。如作为运行系统，需要多少人维护运行，需要多少运行经费才能支撑，有没有更简单、更好的办法来保证这个系统未来的运行？有些项目从技术角度是可行的，但是从经济角度未必可行，单纯从技术指标上看成绩突出，但从经济上考虑是不可能应用的。在这些方面，我们必须要做出取舍和决策。我认为"可应用"是第一位的，是决定性因素，技术目标应当服从应用目标，服从市场的需求。

另一方面，要大力加强和应用部门的合作，要倾听应用部门的意见，请应用部门的技术人员共同讨论、共同研究、共同开发，避免系统完成后，应用部门对成果不认可、没有人接手等问题。我建议这类项目鉴定时，要将应用部门是否能应用作为最重要的评价标准。如果应用部门不能应用，以技术指标为导向的鉴定就没有意义。

第二，要强化创新，正确处理工程任务和技术发展的关系，把两者有机地结合起来。本项目是一项工程任务性很强的科学研究工作，科学研究的核心就是创新。总的来讲，我们在创新方面做得不够，大量的精力都集中到完成工程任务，这就很难真正在技术上有所突破，技术上没有突破，也很难得到实际应用。基础性、应用基础性的研究是先导，如果这方面工作忽略了，势必影响创新能力。一项重大的工程性科研项目，不可能大多数人都去做研究工作，但每个课题都必须有一支高水平精干队伍专门研究关键技术的创新问题。

加强创新，还要加强跨学科的交流与合作。遥感本身就是一门综合性很强的学科，但在实际操作中，我们的专业跨度还是比较小，和从事计算机、数学、物理等专业的结合不够，要让这些专业的人参与我们的工作，共同研究一些基础性问题，这对于解决一些难题，促进创新有重要意义。还有，我们要加强国际合作和交流。国外许多方面做得比我们好，不学是不行的。学习国外的经验和自主创新并不矛盾，应该是相辅相成，比如美国世界粮食估产研究很成功，对中国的粮食状况也了解得一清二楚，但他们粮食估产研究团队人并不多，遥感数据连 TM 数据都不用，只用 MSS 数据。为什么？因为深入的统计学分析表明 MSS 的精度足够了。过去一年，我们还鼓励大家做一些小课题，通过学科交叉碰撞思想的火花，结果很好，应该坚持下去，要不断地筛选出一些新问题，动员各个学科的人来共同研究。花小钱，办大事，一旦看到一些问题有进一步发展的价值，我们可以加大投入重点支持。

第三，要坚持竞争，反对吃大锅饭。我国科研体制目前最突出的两个问题，一是封闭，二是吃大锅饭。封闭就是小而全，大锅饭是大而全，都是低水平的重复，造成资源的浪费。封闭和大锅饭结合起来，造成科研工作一潭死水的局面。接受历史的教训，必须要坚持竞争的方针。竞争可以优化人力和资源的配置，可以调动各方面的积极性，可以有效地鼓励创新。今后这个项目，还要把竞争的方针坚持下去。当前要坚定不移地实行滚动管理的方针，有苗头的、搞得好的课题可以上去，搞得不好的，无法继续进行的，就坚决地下来。下来的课题改进后具备条件的也能够再上去。这个机制要坚持，否则对大家都不利，对发展遥感事业也不利。

第四，要把培养和建设一支科技队伍作为项目最重要的任务。这是在座的领导和专家要时时刻刻考虑的一项大战略。遥感科技队伍，确实与其他高技术领域一样，相当大的一部分人才流失到国外，目前的状况也没有太大的好转。当我看到我培养的博士生，特别是一些出色的博士生一个个走掉的时候，心里真如刀割一般，非常痛心。试想，中国遥感事业、科学事业如果没有一支精英队伍，将来何谈赶超世界水平？我一直认为一个研究所成败的决定性因素就是人才。一流人才，办一流的研究所；二流人才，就只能办二流研究所。不管你有多好的设备，不管你有多少经费，都是如此。人才是决定性的。我们这个项目在国内还是比较大的项目，所以我希望在座的专家和领导们要特别关注人才问题，在这方面要解放思想，加大力度，不能用一般的政策，要用特殊的政策，把优秀的人才留下来，或者请回来。实际上尖子人才不一定需要很多。比如我们这个项目，可能有两三个、三四个就可以。当然，我们还缺乏大量青年人才，如何避免后继无人的状况？要为留住人才创造条件，包括生活待遇、工作条件，都要给予支持，包括采取特殊政策。对于从事产业化研究的更应当大胆地采取一些办法。比如像技术入股和其他办法，把企业的发展、企业的前途和人才的前途紧密地联系起来。我们这个项目和国外比较，经费可能不是很多，但是和国内的项目相比，特别在吸引有限的人才方面，是可以做到的，希望在这方面能够给青年人创造更多的机会。

最后，我代表国家科委再一次对在座的专家、各级领导同志为做好这个项目所付出的努力，表示衷心的感谢。

关于实施科学数据共享工程的几点意见[①]

（2005 年 12 月 27 日）

　　我代表科技部欢迎各位出席今天的会议，共同审议科学数据共享工程发展规划，研讨科学数据共享工程发展方向和下一步工作方略。

　　人类进入信息社会以来，基于信息的资源属性，在世界范围内，信息已与物质、能量共同构成三大资源体系。科学数据作为信息的重要内容之一，它不仅具有资源的共性，即明显的潜在价值和可开发价值，还具有不同于一般意义资源的可无限复制与无损耗性、可增值性、使用便捷性的科技资源特点。在信息社会，信息资源的广泛应用造就了社会财富的剧增，成为重要的国家资源和战略性资源。发挥和充分挖掘科学数据的创新价值，是增强科技自主创新能力的有效途径。实施科学数据共享工程，解决科学界一直强烈呼吁的基础性、公益性科学数据共享问题，实现科学数据的共享管理与有效利用，对推动我国的科技自主创新，减少科技领域的资源浪费具有积极的作用，

---

① 2005 年 12 月 27 日在科学数据共享工程领导小组第一次会议上的讲话。

是一件利在当代、功在千秋的伟大事业。

科学数据共享已经成为科技界的共识。2002 年 11 月召开的第196 次香山科学会议，专家们强烈呼吁加强国家对科学数据共享的统筹规划与协调，加快科学数据共享的政策研究与法规制定，设立国家科学数据共享工程专项，以推动我国科学数据共享问题的彻底解决。

科技部高度重视科学数据共享，从国家科技发展的战略高度出发，将科学数据共享工程作为国家现代化科学设施的一项基础工程，进行统筹规划、长期建设和有序管理。科技部将科学数据共享工程作为国家科技基础条件平台的重要组成，逐年加大投入，并采取了一系列措施推进科学数据共享工程的实施，初步创建了共享环境。根据《国家科学技术中长期发展规划纲要（2006—2020 年）》及《2004—2010 年国家科技基础条件平台建设纲要》所确定的建设原则、目标和任务，在已有试点工作经验的基础上，科技部基础研究司组织制定了科学数据共享工程发展规划。今天，我们在这里共同审议科学数据共享工程发展规划，交流研讨今后的工作方向，听取大家的建议和意见。希望大家展开讨论，为我国科学数据共享工程的有效实施提出建设性意见，共谋科学数据共享工程的未来发展。

下面就如何更好地推进科学数据共享工程实施谈四点意见。

1. 切实转变科学数据共享观念，变被动需求为主动服务

科学数据共享工程开展以来，已经在气象、林业、测绘等 24 个部门开展了数据共享工作，但由于一些参加单位和部门的共享观念跟不上实际需要，达不到工作要求，客观上影响共享的效果。因此，需

要进一步更新观念，从被动需求转为主动服务，形成共享越深、越广，工作就越有成效的全新的科学数据共享观。

当前，各部门要强调解放思想、转变观念，打破部门间与单位间的信息壁垒，在保障国家信息安全和依法保护知识产权的前提下，突破数据共享的体制和观念的瓶颈问题，理顺数据生产、数据所有和数据共享之间的关系，制定可行政策，推动各部门根据需要和可能，向社会提供更多的科学数据，满足不同领域对基础数据的需求。对部分涉密的敏感数据，如果切实存在巨大科技、社会需求，可采取有效技术手段进行脱密处理并报批后共享。

2. 加强各部门组织领导，保障科学数据共享工程的实施

科学数据共享是一个涉及诸多方面的系统工程，不仅涉及数据采集与加工，而且涉及数据的共享与服务，需要从总体设计入手，加强各部门综合协调，保障科学数据共享工程的有效实施。在实施中，不仅关注项目或项目本身的共享，更要总结经验、举一反三，推动数据共享体制机制的建设。

3. 强化部门间的合作，建立科学数据共享的联动机制

实施科学数据共享，需要在全社会营造鼓励数据共享、褒扬数据共享的社会氛围。要推动数据共享，必须加强部门间的合作和交流，形成部门间相互学习、相互激励、相互促进的协作机制，保障数据共享能够持续开展。

要加强支持，努力整合不同来源的数据资源，实现真正意义上的

数据共享，满足科学研究对基础科学数据的多方位需求，目前任何一个学科的科学研究都涉及众多部门和学科，需要相关学科的数据支撑，需要相关部门、相关领域的全面合作，建立数据资源协同建设和共享机制，实现数据共享的联合推动。

4. 建立共享政策法规体系，形成科学数据共享长效机制

实施科学数据共享，离不开相关的法律支持和制度保障。必须建立有利于科学数据共享的管理、政策和法律环境，保障科学数据共享的实施。科学数据共享工程实施以来，逐步出台了科学数据共享相关政策、管理办法和法规体系框架，相关部门也初步制定了数据共享规章与政策法规，为科学数据共享的规范化和制度化建设奠定了基础。

希望各部门在此基础上进一步制定和出台与本部门政策法规相衔接的科学数据共享政策、管理办法和法律法规，加快建立完整的科学数据共享政策法规体系，形成科学数据共享从数据采集、集成，到共享、应用的长效机制。

科学数据共享工程是一项浩繁的系统工程，是政府为促进科技进步与创新的一项重大举措。它的建设和发展需要动员各方力量共同参与，今天在座各位均是科学数据共享的主要推动者和参与者，让我们携起手来，共同努力，积极推动科学数据共享的各项工作，在资源环境、农业、人口与健康、基础与前沿、工程技术、区域与综合领域建成一批科学数据共享中心（网），为提高我国科技自主创新能力贡献力量。

在地球观测与导航技术领域的讲话①

（2005 年 12 月 27 日—2007 年 3 月 1 日）

一、在科技发展研讨会上的讲话②

这次会议是这个领域少有的一次盛会。会议研究"十一五"期间，地球观测和导航技术领域的国家需求和领域自身发展的问题。下面谈几点意见。

1. 树立民族自信心，走自主创新之路

我们要大力弘扬科技专家在"两弹一星"工程中表现出的民族自信心和自豪感。回忆 20 世纪五六十年代，在我国经济和科技发展还十分落后的情况下，我国有决心、有勇气、有魄力，做出研制"两弹

---

① 本文由 2005 年 12 月 27 日在地球观测与导航技术领域科技发展研讨会上的讲话，2006 年 7 月 25 日在地球观测与导航技术领域战略研讨会上的讲话和 2007 年 3 月 1 日在"十一五"地球观测与导航技术领域战略研究报告论证会上的讲话三部分组成，各部分有所删节。

② 2005 年 12 月 27 日在地球观测与导航技术领域科技发展研讨会上的讲话。

一星"这样惊天动地的大事，争取了几十年的和平时间，何等令人钦佩！今天，中国的经济、科技和基础设施已经有了很大的进步，我相信只要我们继续发扬"两弹一星"精神，树立信心，埋头苦干，就一定能够在对地观测与导航技术领域为国家做出贡献。

发扬"两弹一星"精神，首先要敢于担当。我们工作的领域是高风险的领域，有很强的不确定性。处在一个新领域的起步阶段，对于发展目标、研究重点、技术路线，一定会有不同意见，会有诸多讨论和争论，这是正常的。作为这个领域的科学家，特别是领导人和学术带头人，面对争议一定要积极参与讨论，在意见纷纭中敢于表态和决策。一般有争议的问题，多数有创新性，也有或大或小的风险，如果因争论而搁置，往往会丧失技术和市场的机遇。所以，我希望大家发扬大无畏精神，本着科学精神和实事求是的态度，大胆表达意见，否则，就很难在高技术领域实现跨越式发展。

2. 做好面向政府和应用部门的服务

科技一定要和经济与社会发展相结合，解决经济和社会发展中的重大问题，这是对地观测、卫星导航技术领域的第一任务。制定"十一五"规划，首先要考虑国家和市场需求。对于面向市场的研究开发项目，要按照中长期规划的要求，以市场为导向、以企业为主体，产学研相结合。这一点极为重要，是改革开放以来在市场经济条件下应用开发研究的经验总结。

我们还要看到，在地球观测与导航技术领域，现阶段很多研究并不是直接面向市场，而是为政府管理和应用部门服务。在组织这类科研工作时，应当以应用部门为主体，应用部门、高等院校、研究机构紧密结合，认真听取用户意见，接受用户的监督，把用户需求放在第一位，做到和用户密切合作，才有可能做成几件大事、实事。

当然，我们的研究也会涉及一些基础和前沿科学技术问题，这就要落实鼓励科学家自由探索，宽容失败的政策，比如，研究题目小一些、分散一些，都可以理解；也不要求探索类项目都要和经济发展直接挂钩，这样才能促进科学技术的繁荣，为国家未来创新发展奠定基础。

3. 加强科技公共基础设施建设和数据共享

经验表明，科技公共基础设施建设和数据共享对于国家科技发展极为重要，同时也是当前科技工作的薄弱环节。一方面，设备不足，数据积累少；另一方面，设备和数据共享不足的现象严重。不少基础设施和科研数据由研究机构，甚至个人掌握。科技项目结束后，一些设备被闲置，资料和数据被锁进保险柜，成为小集体甚至个人的"私有财产"。科学研究出现了"熊瞎子掰苞米——掰一个扔一个"的情况。对于科学技术发展极为不利。我们应当致力于制定这样的政策，要求每一个项目、每一个基础设施都要担负起为后来者攀登科学高峰提供更高平台的任务，使后来者能够在新的高度上继续攀登科学高峰。地学领域的数据积累，以及数据和设备的共享问题尤为尖锐。过去三年，科技部启动了科技基础条件平台建设，初步解决了个别领域数据共享的问题，但大量问题依旧存在，并被各种理由所掩盖。地学科学家有很多呼吁。我希望在"十一五"计划中，一定要把有关设备和数据共享的问题作为科学技术发展的重大问题，列入规划。

二、在战略研讨会上的讲话①

今天请地球观测与导航技术领域 40 位专家参加会议，是这个新领域设立后的一次重要的会议。前一段时间，大家就领域未来发展的问题进行了深入的讨论，形成了全面、系统的报告。所以，首先要感谢同志们辛苦的工作和做出的贡献。

地球观测与导航技术领域是一个新建立的领域，打响第一炮非常重要。前一段工作的特点是细致、全面；其不足之处是一开始就进入了项目层次，总体上对该领域未来的发展战略把握不够。今天请大家来，主要的目的不是讨论具体的项目，哪个项目上，哪个项目不上，这不是今天的重点。今天讨论的重点是对领域的国际前沿、发展趋势、应用趋势做比较深入、全面的分析，这是我国在这一领域追赶国际先进水平的基础，能让我们少走弯路。我还希望大家对我国在这一领域的优势和劣势做一个实事求是的分析，在这个基础上讨论国家的战略需求，我们能做什么，不能做什么，重点需要做什么。这个战略需求应当和国家中长期科技发展规划的战略任务挂钩，而不是前几个五年计划项目的延续。例如，《国家中长期科学和技术发展规划纲要（2006—2020 年）》提出，中国未来科技的发展，要把解决能源、水资源和环境保护放在优先的位置，这是经过这两三年的研讨，科技界、经济界和社会各界达成的共识，对地观测领域如何为解决这个问题做贡献，必须给予考虑。又如，《国家中长期科学和技术发展规划纲要

---

① 2006 年 7 月 25 日在地球观测与导航技术领域战略研讨会上的讲话。

（2006—2020 年）》提出，要加快发展空间技术和海洋技术，为中华
民族创造新的发展空间，这是个尖锐的问题。中国 960 万平方公里土
地虽说不小，但是经济地理环境较好地区集中在沿海一带。海洋是巨
大的宝库，而空间也是各国在军事、经济各个方面竞争的焦点，我们
能为这两个领域做哪些工作？我们要在国家需求的大框架下考虑 RS、
GIS 和 GPS 的定位。发展战略明确了、发展目标明确了、发展任务也
就明确了。

我们这些同志都在这个领域工作多年。陈述彭同志为 RS、GIS、
GPS 发展做了重大贡献，这么大年纪今天都参加会议，我们应该认识
到责任重大。我相信大家一定能够从自己的专业里跳出来，站到国家
的全局考虑问题，为我们国家对地观测和导航技术领域的发展全局谋
划。这样再过十几年、几十年以后，我们回过头来看会感到很高兴、
很自豪。

三、发展战略报告论证会上的讲话[①]

今天下午参加本次论证会，听了各位专家的发言，收获颇多、感
触很深，我们这些专家确实站得高、看得远，提出了一些重大的、需
要在修改中注意的问题。我作为曾经在这个领域工作过的一名科技工
作者，谈点看法。

1. 关于如何突出重点的问题

目前规划纲要内容写得很全，遗漏很少，要写的都写上了，但这

---

① 2007年3月1日在"十一五"地球观测与导航技术领域战略研究报告论证会上的讲话。

也是它的问题所在。因为如果写得很全，都写到了，也就失去了纲要的指导意义。因此，下一步的工作，就要根据国家的需求，根据科学技术发展的趋势，进一步论证哪些是重点，哪些不是重点，确定是重点的，哪些先上，哪些后上。要下决心做好这件事。我过去反复谈"有所为、有所不为"，真正难的不是"有所为"，而是"有所不为"。这就要求各位专家从国家发展的全局出发，克服部门利益、克服专业的局限性，把应当暂缓的项目坚决砍下去，这是对专家组掌控全局能力的严肃考验，也是我们下一步要解决的重点问题。

2. 关于处理好技术导向和应用导向的关系

我认为对地观测是前沿高技术领域，需要在技术上做大量的探索。但是，在863地球观测领域，总体思路应当是"抓应用、促发展、见效益"，就是以解决重大应用问题为目标，分析需要哪些技术，要有选择地解决这些技术问题，在这个基础上确定领域的发展方向。一些应用领域并不完全是技术越高越好，还需要技术的集成，需要相应的管理，需要部门的协调，要全面地考虑。

现在这个报告，技术导向色彩比较重，需要高度重视，认真解决。地球观测应用要关注哪些方面？举几个例子：几位同志都谈到了海洋观测，对此我十分认同。海洋问题必须引起高度关注，因为海洋利用开发对中国有重大战略意义。我国的资源按人口平均统计并不丰富，海洋资源的开发长期未受到重视。现阶段，遥感技术是研究海洋领域最廉价、最迅速，也是最有效的手段。再比如全球变化的问题，何等尖锐？现在中国是全球二氧化碳的第二排放国、二氧化硫的第一排放国，在减排问题上面临很大的压力，由于科研落后，我们在相关国际会议上缺乏话语权。地球观测就是研究这些问题的重要手段。我们要根据重大需求凝聚出一批重大技术问题，把应用导向和技术导向有机地结合起来。

3. 关于处理好遥感领域和其他科技领域的关系、各个计划之间的关系及各个部门之间的关系

现有的对地观测领域总体上以应用为主体，必然会涉及多个部门的应用，涉及多个领域的应用。当前主要的倾向是封闭，各部门之间、各领域之间联系不多。还是以海洋为例，863 计划中有海洋领域，其中地面传感器研制还涉及自动化领域。我们从对地观测角度研究海洋，就必须要和自动化领域密切合作。所以，一定要处理好和 863 计划中其他领域的关系，处理好和 973 计划的关系，还要处理好各个部门之间的关系。这个工作必须从国家全局的角度来考虑，不能受到部门的制约。我们是为国家服务的，是为民族利益服务的，必须坚定不移。

"北京一号"小卫星的借鉴意义①

（2007 年 3 月 7 日）

今天很高兴，有机会到二十一世纪空间技术应用股份有限公司"北京一号"小卫星接收站参观。百闻不如一见，这次参观更加深了我对"北京一号"小卫星以应用服务为中心推动小卫星应用社会化、市场化的印象。同志们做了一件出色的、有成效的、难能可贵的工作。它的意义已经超出了小卫星应用本身，促使我们对国家科技体制和机制进行反思，有很好的借鉴意义。赵市长、曹部长②刚刚都做了重要的讲话，童庆禧院士、吴双③同志都做了精彩的报告，我也谈几点体会。

1. 关于"抓应用、促发展"的方针

"北京一号"小卫星之所以能成功，在于从开始就坚持以服务为

---

① 2007 年 3 月 7 日，在调研"北京一号"小卫星会议上的讲话。

② 赵凤桐，时任北京市副市长；曹健林，时任科技部副部长。

③ 童庆禧，中国科学院院士；吴双，时任二十一世纪空间技术应用股份有限公司总经理。

中心，尽管遇到很多困难，但是大家没有退缩，同时也得到了北京市和国土资源部的持续支持。前几天我参加对地观测领域方案论证时，也再次强调要处理好应用导向和技术导向的关系，只有坚持应用导向，才能够让遥感技术具有活力和动力。技术当然是需要发展的，但要面对当前和未来的国家需求，不能以技术指标为中心。要不断探索新技术，遥感才能继续发展，并被社会各界认同。

2. 充分调动地方和部门参与的积极性

"北京一号"小卫星的成功，仅靠科技部是做不到的，没有北京市的支持，"北京一号"小卫星应用走不到今天。今后在遥感工作中应该大力地调动地方和部门的积极性。以地方的需求为依托，以大学和研究所的技术为核心，就一定能在应用上更进一步。

3. 体制和机制的创新极为重要

"北京一号"小卫星之所以能够成功，和依托二十一世纪空间技术应用股份有限公司的管理密不可分。我们过去在应用项目上没有能够下决心在体制和机制上进行创新，因此走不出原有的圈子。二十一世纪空间技术应用股份有限公司和其他的政府卫星数据接收机构不同之处在于，它不仅接收数据、出售数据，还大力搞增值服务。它不仅靠国家资金支持，更从市场服务获得支持，这个经验具有普遍性。

我希望二十一世纪空间技术应用股份有限公司能够沿着这个方向继续走下去，科技部要支持它们继续发展。小卫星的生命周期是5年，之后怎么办？需要认真考虑。初步了解，航天部门研制发射同样的卫星，要花费4亿～5亿元，是"北京一号"小卫星费用的两倍多。事在人为，研制、发射能不能走出一条路，能不能用比较少的钱做一件大事？现在还有四年时间，希望认真考虑。科技部没有禁区，只要对国家有利的就应当硬着头皮走下去，关键是自己要想通，想通以后才能做。

今天我也代表科技部向二十一世纪空间技术应用股份有限公司的同志们、向北京市人民政府的领导以及各位专家表示感谢，让我们共同努力为我国的遥感事业做出新的贡献。

四川地震遥感监测工作的几点反思[①]

（2008 年 9 月）

    汶川地震抗震救灾工作中，空间信息技术发挥了重要作用。一支新兴的空间信息队伍活跃在救灾第一线，不断向各级指挥部门提供灾情信息，各种遥感图像和数据不断在电视台滚动播出，令科技界和社会各界耳目一新，得到了充分的认同和肯定。《遥感学报》在四川汶川地震遥感监测评价专栏中刊登了这些工作的初步科学总结，有关论文包括汶川地震灾情的应急监测与评价、堰塞湖等次生灾害动态监测与评估、灾情综合地理信息系统建设与服务、新型遥感器应用等。文章读后给人印象深刻，很受启发。借此机会向参加这次抗震救灾的科技工作者表示深切的谢意和崇高的敬意。

    我国空间信息技术发展与应用走过了漫长的道路，得到了国家长期稳定的支持，今天的成果来之不易。但是，我们也必须充分注意在

[①] 本文原刊载于《遥感学报》2008 年第 6 期，作为四川汶川地震遥感监测评价专栏的前言，收入本书时对内容进行了修改。

这次抗震救灾空间信息技术应急实践中暴露出的问题，正视我们与国际先进技术水平和应用能力方面存在的较大差距，认真加以解决。一是遥感技术平台发展统筹不足。急需从国家对遥感技术应用的迫切需求出发，对航空、航天遥感平台，各种不同空间、光谱、时间分辨率传感器的布局做出全面、系统论证，以此为基础，制定未来发展计划。二是传感器技术相对落后。急需以需求牵引，建立竞争和协同的机制，提高现有传感器技术水平，加快研制新型传感器，缩短和国际先进水平的差距。三是应用遥感能力差，数据共享机制尚未适应。急需根据不同的应用目标，建立相应的统筹和协调机构，制定数据共享条例，认真解决和杜绝一项工作各单位蜂拥而上，重复浪费甚至互相封锁的问题。四是综合信息系统建设相对滞后。急需加快包括遥感、地理信息系统、全球定位系统、网络通信系统在内的综合信息系统建设，特别是在灾情应急评估、预报、预警中的应用。

我们相信，通过遥感界科技工作者共同努力，我国空间信息技术一定能为经济和社会协调发展做出更大贡献。

海洋高技术发展现状、趋势与海洋产业的发展[①]

（2008 年 11 月 29 日）

21 世纪将是人类全面开发和利用海洋的新时代。海洋竞争直接关系到一个国家的主权、利益和发展空间。近年来，国际上以占有和开发海洋资源为核心的海洋竞争日趋激烈，与之相伴的海洋技术实力的较量也日益凸显。今天，我就当今国际海洋领域的热点、海洋高技术发展的态势以及上海海洋产业发展等问题提些看法和建议。

一、国际海洋竞争态势与热点

为了应对新形势的挑战，沿海国家普遍从战略全局的高度关注海洋。美国、日本和欧盟等国家和地区性组织都在加紧调整或制定新的海洋战略和政策，加大了海洋科技研究与开发的投入力度，以在新一轮国际海洋竞争中抢占先机。综观当今国际海洋竞争，重点围绕着四个方面展开。

---

① 2008 年 11 月 29 日在 "2008 年上海海洋论坛" 的讲话。

1. 沿海国家扩张自己的管辖海域，"蓝色圈地"运动愈演愈烈

1994 年《联合国海洋法公约》生效，海洋争夺从以武力威胁、占领、开发和利用海洋，转为适度地合作与妥协，按照国际法维护各自的海洋权益。绝大多数沿海国家竞相制定或调整本国的海洋发展战略，加强立法规划，以多种形式争取和维护自己的海洋权益，拓展生存和发展空间。近年来，各沿海国家在加强 200 海里专属经济区划界与管理的同时，将目光投向了 200 海里专属经济区以外的外大陆架，提出外大陆架划界主张，掀起了新一轮"蓝色圈地"运动。目前，俄罗斯、英国、法国等国已经向联合国大陆架界限委员会提交了 200 海里以外大陆架划界申请案，日本、美国和南海周边国家也正积极准备。2008 年，澳大利亚外大陆架划界方案得到联合国大陆架界限委员会批准，新增管辖海域面积 250 万平方千米。毋庸置疑，未来谁能够拥有和控制更广阔的海洋，谁就掌握了更多的资源和生存空间，而科技上的领先地位将会直接导致发达国家对海洋资源的占有。

2. 油气与国际海底战略性资源等海洋资源竞争白热化

随着陆上和浅海油气资源储备日益减少和石油价格不断高涨，各国纷纷采取激励措施，推动深水油气资源勘探开发。目前，已有 60 多个国家开展深水油气勘探，发现 33 个储量超过 5 亿桶的深水巨型油气田。预计到 2010 年，深水石油产量占全球石油消费量的比例将从 2004 年的 5% 增加到 10%。

天然气水合物是近年来发现的战略性新型能源资源，预计其资源

量占全球已探明石油、天然气和煤炭资源量的两倍。美国、日本等国家高度重视天然气水合物开发，纷纷投入巨资，计划于 2015 年实现海上天然气水合物的商业化开采。

海底蕴藏着极为丰富的多金属结核、富钴结壳、海底热液硫化物等矿产资源和深海生物与基因资源，据估计，大洋海底多金属结核总资源量约 3 万亿吨，有商业开采潜力的达 750 亿吨。作为长远的战略性资源，世界强国高度重视深海底战略资源的占有。目前，国际海底优质多金属结核资源已基本瓜分完毕，富钴结壳资源即将开放申请，热液多金属矿资源开放申请的相关准备工作亦将完成。一些国家正在加紧技术储备，迎接商业开采时代的来临。深海生物基因资源因其巨大的开发利用潜力，已成为深海领域新的竞争热点，已形成年数十亿美元的产业，预计将形成 21 世纪一个新的产业生长点。

3. 军民两用海洋环境安全保障体系建设迅速发展

世界海洋强国积极拓展海洋发展战略空间，纷纷建立海洋环境立体监测系统，为海洋军事活动、防灾减灾以及深水油气开发和海上交通等活动提供安全保障。西方国家将海洋战场环境保障称为"兵力倍增器"，将其与先进的武器装备、优势的作战信息并列，称之为海上高技术作战的三大基本保证。世界海洋大国积极推动军民兼用的业务化海洋环境保障体系建设，海洋立体监视、监测能力正在覆盖全球大洋，海洋环境要素的预报能力触及世界各个敏感海域，美国正酝酿建立"全球海洋综合观测系统"。

4. 近海生态环境恶化已引起各国高度重视

海洋是人类生命支持系统的重要组成部分，是可持续发展的宝贵财富。但是，半个多世纪以来，海洋富营养化的区域范围日益扩大、有毒赤潮频发，许多近海海域生态破坏十分严重。海洋有毒污染物的浓度不断增加，渔业资源日趋衰退等海洋污染和海洋生态破坏的大量事实给人类敲响了警钟。一些国家近岸海域都受到不同程度的污染，其中不少河口、海湾、港口水域及大中城市的重要工业区毗邻沿岸海区污染比较严重，突出的问题是水域富营养化日趋严重、赤潮频发，大规模围填海导致近海生态破坏，以及海上油污染事故不断发生造成损害。因此，加强海洋环境保护和海洋环境科学的有关研究工作、保护海洋生态环境已经迫在眉睫。

二、世界海洋高技术发展现状及趋势

海洋竞争实质上是综合国力和高技术能力的竞争，海洋高技术将有效地提高一个国家的海洋竞争能力，如今的发达国家，几乎都是海洋强国。各国政府高度重视海洋高技术发展，经过多年努力，国际海洋高技术取得了快速发展，主要体现在以下七个方面。

1. 海洋大国纷纷制订并实施海洋科技发展规划

发展海洋科学技术是实施海洋综合管理、保护海洋环境与生态系统、开发海洋资源等各项工作的重要前提和基本保障。美国、英国、德国、法国和日本等发达国家以及印度等一些新兴国家，都把发展海洋高科技作为海洋竞争的战略举措。

美国于 1986 年率先制订了《全球海洋科学规划》，提出"海洋是地球最后的疆域"；2004 年美国相继出台了《21 世纪海洋蓝图》和《海洋行动计划》，明确指出美国将继续领导国际海洋钻探计划，计划不仅有为研究海洋和气候变化服务的目的，更有海洋军事利益上的考虑；2007 年美国发布了《美国未来十年海洋科学技术优先研究计划与实施战略》，确定了海洋在气候变化中的作用等 20 个重点研究领域。美国的海洋政策及其内涵，对全球产生了重要的影响。

2006 年《欧盟海洋政策绿皮书》突出了"发展海洋事业必须具有国际视野"，提出要建立必要的机制，加强海洋科技领域的合作与协调。现在正在研究建立"欧盟海洋科学技术信息共享平台"，以促进欧盟海洋科学技术的发展。

法国海洋战略的重点是加强海洋综合管理的科学技术研究和气候变化研究，并提出组织深海探测与开发的国家重大项目，由此全面推进法国的海洋科技发展，尤其是促进海洋油气勘探开发、生物技术、海洋药物等产业、造船和深潜器等新型海洋设施建造、海洋旅游娱乐、海上防务以及海洋新能源勘探开发等多方面技术的发展。

英国在 1986 年成立了"海洋科学技术协调委员会"，负责制定英国海洋科技发展规划，协调各部门的海洋科技活动。1995 年英国制订了《海洋科学技术发展战略》，提出海洋科学技术将发生一场新的革命，包括更加先进的观测手段和对海洋物理、化学、生物和地质的深入理解。最近，英国又制订了《面向 2025 年的海洋研究计划》，主要目的在于提高英国的海洋科学研究能力和基础设施水平。

　　《日本海洋政策大纲》提出推进海洋科学技术研究与开发，制定了海洋研究与开发的国家计划。日本于 1970 年设立了以开发海洋资源为主要目的的日本海洋科学技术中心，该中心开发出了可在深海作业的潜水技术和潜水系统，中心制订的"海洋开发长期计划"确定了海底动态调查等五大研究领域。日本的深海钻探船"地球"号受到世界各国的广泛关注。

　　《韩国 21 世纪海洋战略》提出并制订了海洋科技开发综合计划。澳大利亚根据《澳大利亚海洋政策》，于 2003 年成立了海洋政策科学咨询委员会，负责海洋科学技术事宜的合作与协调。此外，许多国家均把南极北极科学考察与研究列为重要的科学研究任务，成立了相关管理机构，制订了庞大的国家极地科学考察与研究战略或计划。

　　当前海洋科学研究的一个重要特色是通过大型国际科学研究计划来推动学科发展，如美国长达 15 年的"深海钻探计划""大洋钻探计划"，以及"综合大洋钻探计划"等，留给世人数百万卷资料，成为海洋科学研究的宝库，显著增强了人们对海洋的认识，推动了海洋科学研究的快速发展。同时，海上科学研究的需求刺激了相应技术和硬件的发展，促进了海洋技术、装备、仪器设施标准化的快速进步。

2. 海洋环境监测技术向长期、实时、连续和立体方向发展

　　发展先进的海洋环境监测传感器和监测平台，建立区域性和全球性海洋环境监测与信息系统，通过空间、海面、水下和海底等平台实现海洋环境信息的实时、立体监测，提供全球或区域实时基础信息和信息产品服务，是海洋监测技术发展的方向。海底长期观测网已成为

发达国家发展的重点，有望成为继调查船舶和卫星遥感之后深海观测的第三个平台，极大地提高了海洋环境信息获取的能力。此外，多功能、实用化深海遥控潜水器、水下机器人、载人潜水器和配套作业工具，已得到快速发展，成为水下调查、搜索、采样的有力工具。

3. 海洋能源勘探开发技术发展迅速，深水油气勘探开发技术成为竞争焦点；天然气水合物勘探开发技术成为研发新热点

海洋油气开发国家在新油田开发、老油田延长生产周期等方面不断发展新的勘探、钻井和集输技术，作业范围不断延伸。深水高精度地震勘探、复杂油气藏识别、深水钻完井等深水油气技术，大型物探船、半潜式钻井平台和多功能浮式生产装置等深水油气勘探、开发和工程技术与装备发展迅速，油气勘探开发向着更深的海域推进，钻探水深已达 3000 米，开发油田水深 2000 米。

天然气水合物被认为是 21 世纪最具潜力的接替能源，世界上许多国家纷纷投入巨资开展研究和调查勘探工作，美国、日本、俄罗斯等国家都制定了各自的天然气水合物研究计划。其中，天然气水合物的勘探与识别、保真取样、资源范围和资源量有效评价、开发及其环境效应研究是研发的重点，预计在 2016 年左右实现商业化试采。

4. 深海矿产资源勘查技术向着大深度、近海底和原位方向发展

深海矿产资源勘查技术向着大深度、近海底和原位方向发展，其中精确勘探识别、原位测量、保真取样、快速有效的资源评价等技术已成为发展重点。多金属结核、软泥状热液硫化物的开采技术已完成

技术储备，块状热液硫化物的开采技术已有技术积累。深海微生物的保真取样和分离培养技术不断完善，热液冷泉等特殊生态系统的研究正在揭示深海特有的生命规律，深海微生物及其基因资源的开发利用，初步展现了其在医药、农业、环境、工业等领域的广泛应用前景。

5. 深海运载与作业技术向着实用化、综合技术体系化方向发展，功能日益完善

发展多功能、实用化深海遥控潜水器、自治水下机器人、载人潜水器和配套作业工具，实现装备之间的相互支持、联合作业、安全救助，能够顺利完成水下调查、搜索、采样、维修、施工、救捞等任务，已成为国际深海运载器的发展趋势。

6. 海洋生物技术取得新的突破，海洋生物产业已成雏形

海洋生物技术受到沿海国家的高度重视。近年来，海水养殖技术在苗种繁育、病害控制、集约化养殖等方面有新的突破。海洋水产养殖、海洋天然产物开发和海洋环境保护等已成为海洋生物技术开发的热点，应用的现代生物技术，在从海洋生物资源中寻找新药及高值化产品、探索海洋生物特殊功能基因等方面，取得了进步，海洋生物资源立体化和高值化利用技术领域已有产业化趋势。

7. 海水淡化和海水综合利用技术规模不断扩大，海水利用产业链正在形成

国际上，海水淡化经过 40 余年的发展，技术及产业发展日趋成

熟，应用地区和规模越来越大。进入新世纪以来，海水淡化正在呈现大规模加速发展的趋势，截至 2006 年，全世界已有 155 个国家采用淡化技术，淡化水日产量已经突破 4700 万吨，解决了 1 亿多人的生活用水问题。当前海水淡化产业发展的特点，一是单机和工程规模不断扩大；二是政府主导支持研发和示范；三是用政策规范海水淡化产业的发展。同时，发达国家重视海水的直接利用，大量采用海水作为工业冷却水，海水化学资源综合利用也成为世界海洋科技的优先发展主题。

三、我国海洋高技术开发进展与差距

自 1996 年海洋技术领域列入 863 计划以来，经过十多年的发展，我国海洋高技术经历了从无到有的过程，并在海洋油气资源开发、大洋海底矿产资源探查、海洋动力环境监测和海水养殖及海洋生物资源开发等方面取得了一批成果，为海洋高技术的进一步发展奠定了良好的基础。但是，与发达国家相比，海洋技术仍然是我国差距较大的领域，还不能满足建设海洋强国的要求，海洋高技术的发展任重道远。

1. 海洋环境监测技术进展

我国自主研制和发展了一批海洋动力环境、海洋污染与水质、海洋生态环境长期实时监测仪器和系统，形成了一批海洋动力环境要素遥感应用模块；突破了浮标、高频地波雷达、声学监测等关键技术；先后在近海建立了长江口及上海市沿海海域海洋环境立体监测系统、台湾海峡海洋动力环境实时立体监测信息服务系统及渤海生态环境综合监测系统，初步形成若干个近海环境监测系统，从总体上提高了我国近海海洋环境的监测能力。而深海海洋监测技术则刚刚起步，尚未形成系统应用能力。

"十一五"期间，863 计划重点加强对海洋动力环境的支持力度，实施了"南海深水区海洋动力环境立体监测技术研发""区域性海洋环境监测系统技术"等重大项目，重点发展极端海洋动力环境和深水区内波长期定点连续监测技术、海洋卫星现场检测及遥感应用技术，为国家海洋安全和海洋资源开发提供信息保障。

2. 海洋油气与天然气水合物勘探开发技术进展

我国于 20 世纪 90 年代开始关注深水油气资源开发技术领域，目前，我国已在深水区，钻探了一批深海探井，最大钻探水深达 1480 米，积累了一定的深海勘探经验和资料。在海洋工程技术方面，我国通过对外合作成功开发了南海水深 310 米的流花 11-1 油田和水深 333 米的陆丰 22-1 油田，成为世界深水边际油田开发的典范；自主开发了水深 200 米的惠州 32-5 油田，应用了水下电潜泵、水下增压泵等多项世界深水领域的技术。2007 年 5 月 1 日凌晨，我国首次在南海北部神狐海域实施天然气水合物钻探，成功获取实物样品，这是我国天然气水合物勘探开发取得的重大突破。我国已向深海开发迈出了可喜的一步。

"十一五"期间，863 计划重点加强对深水油气勘探开发关键技术和装备研制的支持力度，实施了"南海深水油气勘探开发关键技术及装备""天然气水合物勘探开发关键技术"等重大项目和"油气层钻井中途测试仪工程化集成与应用""东海边际气田水下生产系统关键技术研究"等重点项目，重点突破南海深水油气资源勘探开发和安全保障等关键技术。

3. 大洋矿产资源勘查技术进展

我国成功研制了深水多波束测深试验样机，覆盖宽度为 120°，测深范围达到 10～1000 米；自主研制的小型深海底浅地层岩芯钻机已成为目前世界上同类产品在深海底实钻取芯次数最多的设备，技术趋于成熟。同时，还研制成功了近海工程高分辨率多道地震探测系统、极端环境下泥沙液化原位监测系统、高分辨率测深侧扫声纳和超宽频海底剖面仪等高技术设备，初步形成了近海工程地质环境探测与综合评价的技术体系。这些技术装备的研发，提升了我国在相关领域的自主研发水平和综合制造能力，在深海大洋资源探查、近海工程地质环境探测与评价中得到应用。

"十一五期间"，863 计划在大洋矿产资源勘探开发方面设立了"深海底中深孔岩心取样钻机研制""4500 米级深海作业系统""深海空间站关键技术研究"等重点项目，为大洋矿产资源的勘探提供技术支撑。

4. 海洋生物技术进展

在 863 计划的持续支持下，我国重点发展了基因工程、细胞工程、遗传工程、生化工程、功能基因组学、生物信息学等方面的关键高新技术，在海水养殖种子工程、海洋药物、功能基因、微生物、生物制品等方面，取得了一批居国际先进水平的研究成果，部分科技成果取得了很好的经济效益，海洋生物资源开发利用技术已成为我国海洋生物技术产业新的经济增长点。

"十一五"期间，863 计划重点围绕海水养殖种子工程、海洋生物功能基因开发利用、海洋生物制品和海洋新药研制等一批重大关键技术，实施了"海水养殖种子工程"重大项目和"海洋药物研究开发""海洋生物功能基因工程产品关键技术研究""海洋微生物产品的中试研究"等重点项目，旨在开发一批具有自主知识产权的海洋药物与海洋生物制品等高值化产品。

5. 海水淡化及综合利用技术进展

我国海水淡化技术经过国家"八五""九五""十五"等多年的科技攻关，在科研水平、队伍组织、实验条件、工程示范等各方面打下了扎实的基础，尽管在产业发展方面还面临诸多难点问题，但在技术研究、装备制造、工程建设等方面形成了一定的实力，已经建成多座百吨级、千吨级海水淡化工程，基本形成了启动大型示范工程的技术条件。

"十一五"期间，国家科技支撑计划首批启动了"海水淡化与综合利用成套技术研究和示范"，旨在形成我国自主创新海水淡化技术、装备、标准和产业化体系，推进海水淡化产业快速发展。

经过十多年的努力，我国海洋高技术研究开发取得了长足进展，取得了一批海洋高技术成果，部分成果也得到了推广应用和产业化，为我国海洋经济的快速发展提供了技术支撑。但与国际先进水平相比，总体上而言，差距较大，主要表现为：近海海洋监测／观测技术尚不完善，深远海海洋监测技术刚刚起步；海洋油气资源勘探开发仅在 200 米水深之内，深水钻井的最大深度仅 503 米，缺少深水油气勘探开发的工程技术与装备体系；尚未形成深海底战略性资源勘查开发技术体系，深海运载核心技术仍受制于人；海洋生物资源利用与深度加工技术较为薄弱；规模化海水淡化及海水资源开发利用技术与装备有待开发；海洋高技术产业还比较薄弱。面对新一轮海洋竞争，我们必须加大投入，创新机制，大力发展海洋高技术，推动海洋高技术产业发展，实现海洋高技术由近浅海向深远海的战略转移，为我国发展海洋经济以及跨出第二岛链、全面走向大洋提供技术推动力。

四、对上海发展海洋产业的建议

经过 50 年的艰苦努力，我国的海洋科技能力已具备了创新和腾飞的基础。发展海洋高科技是我们国家战略的需要，也是上海城市社会经济和谐发展的需要。上海市是我国经济、科技、教育和金融的重要中心，具有良好的经济基础，强大的科技实力和高效率的管理能力。国际海洋竞争空前激烈，上海濒临大海，具有良好的条件和难得的机遇，也肩负着发展海洋高技术产业的重大责任。作为我国特大型沿海城市和国际大都市，如何放眼全球、抓住机遇，大力推进海洋高科技及产业的发展，具有重要的战略意义与现实意义。

目前，海洋传统产业在我国海洋经济发展中仍处于主导地位。2006 年，我国海洋油气业、海洋生物医药业、海洋化工业和海洋电力业的增加值仅占主要海洋产业增加值的 18.8%，海洋高科技产业对海洋经济的贡献率较低，大力发展海洋高技术产业是海洋经济发展的突破口和主要动力。从支撑我国经济可持续发展出发，从未来着眼，必需下大力气实现从近浅海向深远海的转型，向远海、深海要资源、要增长、要效益，改变目前近浅海资源日渐枯竭和生态环境持续恶化的现状。

上海海洋科技研究门类齐全，海洋高科技优势明显，在海洋工程、海洋装备、海洋环境、海洋生物资源利用等方面具有较强的研究开发能力和产业基础。加快上海海洋科技的发展，做大做强上海的海洋产业，是加快我国海洋事业发展，维护国家海洋权益，保障国家安全的需要，也是上海在高层次上进行区域竞争与合作，引领长三角海洋经济的竞争与和谐发展的需要。这里我就上海海洋产业发展重点提三个方面的建议。

1. 发展海洋装备产业

我国高端海洋装备制造的关键技术和设备受制于人，相关部分关键零部件、工艺装备依靠进口。特别是深海资源开发和存储装备、高附加值海洋运输装备、海洋资源探测装备发展滞后。我国近海海域油气储量约为40亿～50亿吨，大部分都在南海深水水域，但国内可用于开采的半潜式钻井平台尚属空白。据估计，2006～2010年全球对液化天然气船需求为140艘，我国需求量为30～40艘，只有个别船厂能够制造。

海洋开发研究是密集型的高新技术。海洋研究的发展与进步，不但需要有现代科学来支持，还需要有较发达的工业技术做基础。上海有我国海洋工程与装备的主要研发机构，又有我国造船的中坚力量。目前，国内首艘30万吨浮式生产储油系统正在建造中；深水钻井与采油平台技术正取得新进展，需求日趋增大；大型船舶制造工艺技术取得了重要突破；海洋交通运输等海洋传统技术保持国内领先；在海底管道、海底光缆铺设、检测维修等方面取得了重要进展；深海运载技术产业化已初具技术积累与基础。这些都为上海发展海洋装备制造产业奠定了良好的基础。当前的任务是以建立海洋装备产业为重点，引导各个相关部门的联合和协调，实现各种技术的有效集成，将海洋装备产业做大做好。

2. 发展海洋生物产业

海洋经济已成为上海经济发展的强大动力和重要保障。在上海海洋经济和科技发展中，海洋生物资源的开发和养护是上海市中长期海洋科技规划中的重要内容，也是确保上海海洋经济与海洋生态环境协调发展的重要支撑。上海作为我国生命科学的重要研究基地，在海洋生物资源利用方面有十分雄厚的力量。近年来，上海先后开展了海洋生物资源调查与评估、海洋生物多样性、海洋药物及先导化合物筛选、重要经济海洋生物功能基因克隆、重要海洋生物生长发育、繁殖、生活史以及生理等分子机理基础研究、鱼类细菌性重大病害防治、经济鱼、虾、蟹、贝、藻养殖技术与育苗技术等研究，在国内处于领先水平。建议上海市采取激励措施，建设海洋生物科技园区吸引海洋生命科研人员来南汇①创业，推动陆上生物技术优势单位积极下

---

① 南汇区，中国上海市已撤销的市辖区，于2009年8月9日零时正式划归浦东新区。

海，参与海洋生物技术及海洋生物资源开发，推动上海海洋生物产业的发展。

3. 发展海水淡化关键设备产业

我国北部和东部沿海地区淡水供应日趋严重，成为这些地区经济发展和人民生活的重大瓶颈问题，海水淡化产业已逐步成为充满投资机遇的战略性产业。上海具有很好的区位、产业和科教优势，能否把该产业作为提升城市竞争力的"新亮点"，作为营造区域优势的新战略，具有积极的现实意义和战略意义。近年来，上海在海水淡化技术研发、海水淡化装备设计、制造及关键技术集成，海水淡化关键配套材料开发等方面开展了系列工作，一批从事高新材料研发和生产、电气化设备制造的企业积极尝试投资海水淡化产业，取得了进展，上海有积极的产业政策，这些都为上海海水淡化关键设备产业的顺利发展奠定了良好的基础。

海洋经济发展对海洋科技提出了新的要求。据统计，我国海洋科技成果转化率不足 20%，海洋科技对海洋经济贡献率只有 30% 左右，而一些发达国家已达 70%～80%。目前，我国海洋产业多以资源依赖型和劳动密集型为主，海洋产品主要集中在初级产品阶段，产品的科技含量和科技附加值低。因此，要发展海洋经济，必须要大力发展海洋科技，努力建设以企业为主体、产学研结合的海洋技术创新体系。海洋科技发展问题固然突出，但也意味着解决这些问题将创造极大的发展空间，具备极大的发展潜力。让我们共同努力，让海洋为我国经济社会可持续发展做出更大的贡献。

在首届全国激光雷达学术研讨会上的讲话①

（2010 年 7 月 15 日）

　　值第一届全国激光雷达对地观测高级学术研讨会召开之际，我谨对大会的召开表示热烈的祝贺，对来自全国的各位专家、学者和代表表示诚挚的欢迎！我有机会参加首届激光雷达对地观测领域的学术盛会，与大家共同分享激光雷达技术的新发展，展望激光雷达技术的未来，深感荣幸。

　　我们生活在三维空间中，对三维信息的获取和利用有着巨大的需求，传统的摄影测量虽然能够间接地获取三维空间信息，但是它的效率和精度还需进一步提高。激光雷达作为一门集激光测距技术、全球定位技术、惯性导航技术于一体的高新技术，能直接获取三维空间坐标，有效地弥补了传统遥感技术的不足。近十多年来，激光雷达技术在全球范围内得到了飞速发展，研究的深度和应用领域日益加深和拓展，在地形测绘、森林调查、城市管理、灾害监测、遗产保护等方面

---

① 2010 年 7 月 15 日在首届全国激光雷达对地观测高级学术研讨会上的讲话。

发挥了越来越重要的作用。

在事关人类生存和发展、备受国际社会关注的全球变化研究领域，全球科学数据获取是一项基础性工作。地球观测技术的意义日益凸显，而激光雷达技术因其直接、快速获取地球三维空间信息这一独特、巨大的优势，已在全球变化研究中发挥着重要作用，例如，利用星载激光雷达数据进行全球植被高度、森林生物量及碳储量的研究，以及利用星载激光雷达数据进行极地地形制图的研究等。

我国政府高度重视利用对地观测技术开展全球变化的研究工作，在973计划、863计划中均有安排，如正在进行的"空间观测全球变化敏感因子的机理与方法""全球陆表特征参量产品生成与应用研究"和"全球地表覆盖遥感制图与关键技术研究"等项目。几天前，科技部又正式启动了全球变化研究国家重大科学研究计划，针对全球变化研究的优先领域和关键问题开展基础性、战略性、前瞻性研究。同时，科技部正在考虑在我国"十二五"期间设立应对气候变化的专项科技计划。我们相信，包括激光雷达技术在内的对地观测技术将会得到更快速的发展，并将为我国经济社会可持续发展，发挥更为显著的作用。

空间科技是当代科技、信息和国家安全的战略制高点，关系到保障国家安全、保护人类生存环境、实现人与自然和谐发展及提高人类生活质量等重大问题。激光雷达技术作为一项新型对地观测手段，无疑具有巨大的发展潜力。我热切希望，本届大会能成为信息的交流平台、成果的展示平台、产学研合作的平台，以及凝练激光雷达技术未来发展目标的规划平台；我热切希望，在座的每一位利用这个平台，促进关键技术研讨与合作攻关，尽早研制出我国自主产权的可以商业化的激光雷达硬件系统，开发出功能强大的激光雷达数据处理和应用的软件系统，共同为提高我国乃至激光雷达行业的研究水平做出更大的贡献！

关于遥感应用研究所与对地观测与数字地球科学中心整合的意见①

（2012 年 4 月 5 日—2013 年 4 月 22 日）

一、在整合方案起草小组启动会议上的讲话②

今天参加这个会很高兴，因为整合方案起草小组启动会议正式召开，这件事情终于有了一个开端，我觉得这个会是非常重要的事，非常好的事。

2012 年 3 月 12 日，丁院长和阴院长③两位院长告诉我党组的这个决定，征求我的意见。在这以前，所里乃至外单位的同志，也问起这

---

① 本文由 2012 年 4 月 5 日在中国科学院遥感应用研究所与对地观测中心整合方案起草小组启动会议上的讲话，2012 年 6 月 18 日在中国科学院遥感应用研究所与对地观测与数字地球科学中心整合方案咨询会上的讲话，2013 年 4 月 22 日在中国科学院遥感与数字地球研究所组建工作报告会上的讲话三部分组成，各部分有所删节。

② 2012 年 4 月 5 日在中国科学院遥感应用研究所与对地观测中心整合方案起草小组启动会议上的讲话。

③ 丁仲礼，时任中国科学院副院长；阴和俊，时任中国科学院副院长。

个事情。我以为，院党组的决定是正确的，我衷心拥护。记得在 1994年我担任中国科学院副院长时，就曾经提出并讨论过这个事情。由于受各种因素的制约，这项工作没有继续推进，我也很快调离了中国科学院到国家科学技术委员会。从我内心来讲，我认为整合是加强中国科学院在遥感领域的综合优势、更好地服务于国家目标的战略决策。

　　遥感在我国得到国家层面的支持力度是前所未有的。从 20 世纪60 年代起至今，每一个五年计划，遥感都位列其中，且都是国家重大项目。同时，我国遥感技术及遥感界的科学家也不负众望。这些年来，面对重大的需求，经过大家的共同努力，发展到今天的规模，在世界上也是少有的。中国科学院在遥感科学研究与应用方面发挥了开拓者和引导者的作用。我记得陈述彭先生在"文化大革命"时期就力推遥感，以后又推动腾冲遥感试验等。应该说，中国科学院在中国的遥感科学研究与应用方面一直处于一个很重要甚至可以说是主导的地位。但是，30 年后的今天，中国科学院的遥感领域应当再一次定位，下一步怎么发展，应该提到日程，否则，中国科学院的遥感工作就会淹没在全国遥感迅猛发展的洪流中。中国科学院在此时考虑整合这件事，确实是时候了。

　　中国的遥感，包括航天和航空遥感技术都发展得很快，特别是航天遥感。我记得当年一个中巴卫星方案研究了很多年，我在其中担任应用副总师，总是急不可待。但是现在，几年时间，各种类型的卫星都上天了，而且越做越好。有一个重要的原因，就是卫星技术有部门抓总。当然，受到资金及各种复杂因素的制约，在顶层设计上未必十全十美，各种不同类型卫星的布局未必那么合适，但这件事有人做，而且做起来了，做得也不错，是很大的成功。卫星应用则不然。卫星的应用部门分割严重；各个部门都在做，从研究和应用两个方面看，低水平的重复和低水平的竞争都非常明显，浪费了大量的资源。中国科学院的遥感部门是把自己放在这种低水平的重复和竞争之中，还是另寻出路，现在需要认真研究。

卫星数据地面接收也是如此。卫星影像的接收服务是一个很重要的任务。现有资源卫星、气象卫星、灾害卫星、环境卫星等，在服务和接收中也存在很多共性、基础性和战略性的重大问题，如何解决，目前没有很好的研究，现在从遥感的应用到遥感数据接收和服务，大家都认为自己应当是"总"，但是实际上都没抓起来。有些是机制问题，有些是体制问题。而且这个"抓总"看来也不是自封的，谁封也不行，封上也未必能做得了。中国科学院能不能把这个角色担当起来，扮演什么角色，现在是考虑的时候了。

我一直在想，如果对地观测中心和遥感所能够联合起来，实力应该是国内一流的。如果现在说遥感应用研究所是国内第一，那一定有不少的质疑——譬如武汉大学就有优秀的国家重点实验室；卫星数据的接收和服务也面临其他部门激烈的竞争。两个单位单独立足，下一步的发展都会比较困难。但是联合起来，在体制上就是第一，为中国科学院在遥感领域争取做国家一流创造了条件，也为将来进入世界一流创造了条件。这个问题有重大的战略意义，对国家来说是需要，对中国科学院来说是一个重大战略布局。所以应该把联合的事情做起来，而且要把它做好。

对地观测中心和遥感应用研究所有明显的互补性，每个单位都有自己的优势，"1+1一定大于2"。在数据接收服务方面，两个单位的合作有助于更准确体现数据的技术需求和服务需求。在数据接收和服务的研究工作方面，和地学不同领域的研究人员合作，有利于解决有关重大技术问题。在遥感应用研究方面，联合能够使卫星数据在应用中更好、更快地发挥作用，有利于实现共享。实际上，与政府各部门的遥感中心相比，你们两个单位的联合有着不言自喻的优势，如果做起来，谁能比？谁能不考虑这样一支队伍！况且中国科学院具有覆盖各学科的研究机构，包括空间技术和地学研究机构，这是遥感技术和应用研究取得重大突破的科学基础，也是中国科学院遥感的优势所在。面对这么多的研究部门，如果在一些重大、基础性工作方面中国科学院不能解决什么问题，其他部门会更加困难。背靠中国科学院，这就是最大的优势，就有很强的支撑作用。

我还认为，遥感技术及应用在中国面向世界的过程中，应该发挥尖兵作用。中国面临紧迫的资源问题、环境问题、气候问题、海洋问题、国家安全问题，都要求我们要有全球视野，要立足开放和全球合作解决问题，这就要求我们一定要了解世界。所以，面向全球是中国地学的一个重要方向，也必然是众多行业未来关注的新热点。中国地学研究过去主要关注国内问题是对的，但是中国发展到今天，如果还只关心国内，就无法面临全球化的挑战。遥感就是中国面向全球的排头兵，要为国家各部门和中国科学院各个研究机构提供全球基本的数据服务和技术支撑。当然，现在看来也有很多需要协调的问题，但是不言自明两个所的整合在面向全球方面将发挥无法替代的作用。我相信两个单位的整合一定有利于"立足中国，走向世界"的地球科学未来发展，也将为中国科学院服务国家做出重大贡献。

那么，怎么样来做这件事？提几点建议，供大家参考。

第一，要强调大局，强调国家利益。单位合并的事情我经历不少，例如当年，陕西杨凌的一些高等院校和研究所合并成西北农林大学就非常困难。但是，即使再难，只要方向对，也要做下去。现在西北农林大学红红火火，搞得非常好。在整合工作中很重要的一点，就是同志们一定要有全局观念，要以国家利益和中国科学院的发展为第一、为根本，整合一定要树立这样的思想。整合必然会使一些利益方受到伤害，在这种情况下，我想突出谈这一点尤其重要：万万不能为小团体争利益。为小团体争利益，讲透一点，就是为自己争利益，小团体利益只是一个旗号罢了。两个单位的领导班子都在这里，我想强调，这是一个根本问题、最重要的问题，是身为领导干部的底线。

第二，要把改革放在突出的位置。这次的纪要写得很好，明确提出："要在今后如何在国家、我院层面上做出更大成果以及做出基础性、战略性、前瞻性重大科技创新贡献的角度做好定位。"要做到这一点，必须要改革。我的体会是中国的科技不改革是没有出路的，没有改革谈创新是空谈，改革是很大的考验，也是很难的。我刚才谈到两个单位整合的优势，谈到背靠中国科学院的优势。但这都是潜在的优势，只有改革才能把潜在的优势变成实际的优势。我离开科技部领导岗位后，在清华大学、北京师范大学组织两个全球变化研究院，发展较快，势头很好。当然，清华大学、北京师范大学的研究院与中国科学院不一样，他们是从零、从空白做起，即使如此，也受到不少非议；中国科学院从现有的人员做起，改革更难。那么，一是不改革不行；二是，怎么改革？怎样一步一步、脚踏实地地做起，这是需要探索的课题。

改革的目的是什么？就是激发科技人员的创造能力。我刚赴台湾，参观了台湾的"工业技术研究院"，对其面向市场的体制和机制留下深刻的印象。它们的创新是真正意义的创新，是别人没有提出过的创新，做别人没有做过的东西，比如不戴眼镜的 3D 电视、太阳能电池等，完全是以前没有想到的思路。这有如窗户纸，只能暗叹为什么自己没有能捅破！对比之下，我们不少研究所研究人员存在差距。我们的不少研究习惯于跟踪，图像处理，一个小波理论，十几年一贯制，一个参数、第二个参数……一直做、做到现在。创造力怎么能够激发起来？改革中，一定要认真研究机构在招聘、评价、考核、激励等方面的机制，院里一定也会同意大家进行探索，这是一定要做的。同时，还要探索有利于年轻人才涌现的机制，虽然熬年头的现象和过去相比有了很大改变。我真心希望大家认真研究改革的问题，能够在改革方面迈出步伐，不一定很大，但要一步一步走下去，积累下来，一定会见成果。

第三，对领导班子的要求。刚才说到领导班子一定要顾全大局，从国家利益和中国科学院未来发展的利益出发。这里面，有的同志建议要合署办公运行，我觉得目前不妥。目前还是两个班子，而且两个班子要认真承担各自的责任。什么责任？一个是促进改革、推进整合，这是党组提出的政治任务，大家都表态了，一定要推动，要做好业务工作，也做好思想工作。党委书记和行政一把手担负最主要的责任，就是要把整合做好。有利于整合的话就说，有利于整合的事就做，反对"会上一套、会下一套"和"当面一套、背后一套"的行为。我对此深有体会，这是整合过程中最大的障碍。另外一个是两个单位的领导要保持稳定、加强团结、负起责任。保持稳定是大局，任何人都不能破坏稳定和团结。我以为，如果谁有违背保持稳定、破坏团结的举动，而且不接受批评教育，就应当离开领导岗位。如果我是领导我就这么做，我过去也是这么做的。当然，现在大家态度都很积极，我只是把丑话说到前头，不把丑话说在前头，就不能认识到这个问题的严重性。

领导班子的一个重要责任，就是一定不能撂挑子。两个单位的工作是由两个班子各自来负责，现在的工作不能丢，特别是涉及纪要里说的高分数据中心、应用中心等，必须要切实抓好，不能因为整合影响了国家项目的开展及中国科学院在这些项目中的地位，这件事也很重要。

第四，如何把这工作抓紧、抓好？刚才提到秘书班子。我很在意秘书班子。以前做类似的事情，问题往往出现在秘书班子上，领导不便说的话做的事，就让秘书班子去说去做。我真诚地希望两个单位严格按照标准组建秘书班子，秘书班子应该是由一批有战略眼光、顾全大局、有团结精神、也有一定的组织能力和文字表达能力的一群人组成，并且要将能够表达多数职工意见的同志吸收到秘书班子里。秘书班子一定不能变成一个吵架的班子。秘书班子总是在吵架，领导班子就根本没有办法工作下去。另外，虽然两个单位的工作还是独立来做，但这个秘书班子首先是一个班子，是一个共同调研的班子，整合就是一个班子来做，所以秘书班子成立后要建章立制，有经常性交流和讨论，有些人负责组织，有些人负责写东西，要形成一个整体的工作班子。希望两个单位的领导认真负起责任，把领导班子和秘书班子带好，这样就能够保证我们的任务更好、更快地做完、做好。

　　总之，我希望起草小组，希望工作班子，能够团结起来，共同努力创建一个中国一流的遥感机构。将来这么大的一支队伍，如果改革做得好，一定能够成长为世界一流的机构。有院领导的决心和部署，有这么好的条件，这么好的发展前景，一定不要辜负历史赋予的责任。我有时候感叹，我年岁大了，赶不上你们的好时候，你们都年轻，这么多机会，大家努力，好好为国家做点大事。

二、在整合方案咨询会上的讲话①

　　这次中国科学院抓这两个研究所的合并，决心大，步骤快，态度坚决，效率也高，说明中国科学院在管理方面，在指导思想方面，有了新的进展。

　　就方案而言，经过两轮大的讨论和修改，已经基本成熟，是一个好的方案。我拥护院里做出整合决策，这样可以把两个单位的特色和优势更好地整合起来，形成我国在这一领域屈指可数的大科研机构。我在做中国科学院副院长时，就想做这件事。但是当时不太成熟，我也很快调离。20年过后，已经是一件瓜熟蒂落的事情，一定可以做得很好。

　　对于方案已经论过多次，总体上没有意见，再谈几个想法。

　　第一，关于定位。应当更多地考虑国家的需求，在这方面还有很

① 2012年6月18日在中国科学院遥感应用研究所与对地观测和数字地球科学中心整合方案咨询会上的讲话。

大的讨论空间。中国民用卫星的论证，战略性和系统性不足，卫星数据接收处理和应用分割，相应的共性技术研发薄弱，协调不够，如何解决这些问题？有人提出类似美国国家航空航天局这样的业务机构的设想，说明大家对研究院有很高的期待，但我们响应不够。为了使研究院走出一条星光大道，需要认真考虑。

第二，怎样服务国家、服务中国科学院地学研究机构，考虑得也不够。研究写得比较实，服务写得比较虚。当前国家面临严峻的资源环境问题，涉及中国未来的可持续发展。中国科学院有 30 多个地学研究机构，大约占中国科学院研究机构总量的 1/3，急需向它们提供不可或缺的先进技术手段的支持。中国科学院的这些优势，别人是无法竞争的，关键是一定要把服务做好，这是大的问题，也是长期以来没有解决好的问题。这个方案中，还是没有得到明确反映，要进一步研究，也只有做到这一点，才能获得国家更多的支持。

第三，方案中有些内容太具体，重点不突出，举一漏万。有些太细的内容不一定要，否则将来很难掌握，也为将来可能的"分散"埋下伏笔。目前，遥感应用研究所的最大问题就是分散。两三个人一个题目能做出什么事来？做各个应用部门正在做或已经做过的事，有什么前景？这不是中国科学院遥感研究机构的事。

第四，科技工作必须立足于改革。不改革没有出路。这次利用整合的机会，推动改革是非常必要的。但目前的改革力度不足。有些事情，要下决心做。我总在想，为何中国重大创新性成果较少？日本、韩国的科研和产业化都取得了较大的成就，说明并不是中国或者东方文化有什么问题，而是管理有问题。改革管理，能不能在新单位做一些试点？我们对科学研究的规律的认识还不清晰，对科学研究方法、手段及风险也研究得不够。急于求成，用工程化管理来代替科学管理，既不让市场来选择，也没有给科研人员宽松的环境，结果只能是跟踪和模仿。我们的评价体系和绩效体系也助长了浮躁风气。应该在评价、绩效等方面做大胆的改革，让两个研究所的人有一个宽松的环境。同时也请院里支持，包括资金的支持、政策的支持。

第五，把全球性问题提上日程。这是国家重大需求。遥感等对地观测技术的进步，为研究全球性问题提供了可能性。如果这样做了，可以开拓出一个新的方向。但提法要斟酌，如数字海洋、数字大气……这不是我们的优势。重点应放在全球数据的提供和应用模式研究的支持，中国科学院应该为全国各应用部门提供高水平的基础数据和方法做出贡献。我希望中国科学院要就如何加强全球变化和地球系统科学的研究有一个总体考虑。这反映了地球科学各学科交叉和综合发展的趋势，也可更好地服务于国家可持续发展的目标。当然，依靠某一个研究所做不成，要依托一批研究所，将人才聚集起来。不抓这件事，我担心中国科学院会把地学的综合优势丢掉，当然这可能仅仅是杞人忧天而已。

第六，名称问题。不满意。目前很大程度上仅仅是满足了两个研究所的精神需要。后果可不仅是名称问题，甚至可能导致长期的分治，需要进一步考虑。往前走一步，两个所的名字都不用行不行？

第七，整合方案还需要进一步修改。一方面，总体上来讲比较平淡。任务、定位、突破描述得相近，不够突出。另一方面，建议写一个方案起草说明，将中国科学院院士郭华东会上讲的几个方面、几大突破写进去。此外，为中国科学院服务、为地学服务，争取成为国家实验室，都应当在方案中反映。

三、在组建工作报告会上的讲话[1]

王钦敏[2]副主席、白春礼[3]院长，各位嘉宾：

遥感与数字地球研究所组建工作报告会在这里隆重举行。首先我向遥感与数字地球研究所的组建成立致以衷心的祝贺！

20 世纪 70 年代后期起，遥感研究得到了国家全面的支持。每一个五年计划，遥感都位列其中。近年来，在国家"十一五""十二五"规划中，对地观测、空间探测、卫星导航等空间信息科学技术，在国家科技发展布局中都占有重要的地位。遥感科学技术及新兴的数字地球科学技术，深刻地影响着我国当今和未来的社会、经济、国防、外交各个层面，并将对我国未来的科技发展和国际影响力产生深远的影响。

我们欣喜地看到，自 1979 年中国科学院遥感应用研究所成立，历经数十年发展，在各部门的共同努力下，在国家重大需求的牵引下，我国科学家不负众望，遥感应用机构呈现出群雄并起、百花怒放、欣欣向荣的繁荣景象。我国已成为空间对地观测大国，遥感技术广泛服务于国民经济的各个领域。其中，中国科学院发挥了重要作用，从遥感科学研究到全方位的领域应用示范，从对地观测技术的开拓到数字地球科学的发展，中国科学院功不可没，贡献卓越。

---

[1] 2013 年 4 月 22 日在中国科学院遥感与数字地球研究所组建工作报告会上的讲话。

[2] 王钦敏，时任十二届全国政协副主席。

[3] 白春礼，时任中国科学院院长、党组书记。

2007 年，我们见证了中国科学院对地观测和数字地球科学中心的成立。对地观测中心的成立是中国科学院充分利用自身优势、整合相关资源、顺应国内外地球空间信息科技发展趋势和促进自身能力建设的重要举措。这种空天地一体化的理念，对于更好地发展我国对地观测和数字地球科技产生了深远的影响。2012 年，中国科学院党组又做出在遥感应用研究所和对地观测中心基础上成立遥感与数字地球研究所的重大决策，这在当今遥感发展的态势下，非常及时，是一项进一步加强中国科学院在遥感领域的综合优势、更好地服务于国家目标的战略性决策。借此机会，对遥感与数字地球研究所的未来发展提几点希望。

最深切的希望是遥感与数字地球研究所充分发挥原有两单位的优势和互补性，真正形成"1+1>2"的核心竞争力。遥感与数字地球研究所拥有空天地一体化遥感数据获取与处理能力、遥感与空间地球信息科学基础研究能力、数字地球科学平台与全球环境资源信息分析能力、学科齐全的专业队伍与国际科技合作能力等四大核心竞争力。这是遥感与数字地球研究所未来的发展根基。希望遥感与数字地球研究所在此基础上，大力推动改革，加强创新文化建设。实现两所的深度融合，抢占科技发展的战略制高点，为党的十八大提出的创新驱动发展战略重大部署的实施做出贡献。

我还希望遥感与数字地球研究所进一步加强开放，不仅仅面向中国科学院及院内各兄弟研究所开放，不仅仅面向全国开放，还必须向世界开放，这是中国未来发展的迫切需求，也是遥感的优势所在。遥感应该成为中国面向世界的排头兵，要为国家各部门和中国科学院各个研究机构提供全球基本数据服务和技术支撑。同时，中国地球科学的发展，一定要"立足中国，走向世界"。我相信，遥感与数字地球研究所也一定会为国家做出重大贡献。

科学技术发展靠人才。对地观测是一门新兴科学，体现了自然科学和社会科学、地球科学和其他自然科学与技术的高度交叉和渗透，培养多学科交叉人才是一项战略任务。我希望遥感与数字地球研究所本着招收最好的学生，培养最优秀的科学家的精神，切实抓好青年人才培养工作。

一个单位的发展，离不开好的顶层设计和规划。作为遥感与数字地球研究所的学术委员会和国际专家委员会的一员，我衷心希望和各位专家一道，共同促进遥感与数字地球研究所的健康发展，共同促进国内外同行的友好合作，共同促进我国对地观测和数学地球科技的快速发展。也希望全所同志共同努力，不辜负历史赋予我们的责任，努力创建一个中国一流、世界一流的遥感机构。

在第三十五届国际环境遥感大会开幕式上的讲话^①

（2013 年 4 月 22 日）

今天，第三十五届国际环境遥感大会在北京召开，这对于各国遥感界来说具有重要意义，我谨对大会的召开表示热烈的祝贺！从 1962 年第一届国际环境遥感大会算起，遥感科学已经走过了 50 年的历程。经过 50 年的发展，遥感科学与技术已经步入综合、协调和持续的全球综合地球观测与空间信息服务快速发展时期，新模型、新算法、新技术不断涌现，应用领域不断扩大，加深了人类对我们赖以生存的地球的了解，拓展了人类对自然的认识。

国际上，美国、俄罗斯等航天强国已全面掌握卫星研制技术，具备很强的自主获取对地观测数据的能力。其他众多国家的卫星研发技术也发展迅速，特别是在民用和商用领域的对地观测小卫星的研制方面。高分辨率传感器的应用得到日益重视，卫星的空间分辨率正在以每十年一个数量级的速度提高。各国更加重视对地观测综合能力和基

---

① 2013 年 4 月 22 日在第三十五届国际环境遥感大会开幕式上的讲话。

础设施的建设，纷纷致力于构建天地一体化运行的国家和区域级的对地观测体系。国际合作与交流活动日益广泛，在国际对地观测卫星委员会（CEOS）、地球观测组织（GEO）等国际组织和机构的协调下，全球性的综合、协调、可持续的地球观测系统的建设工作在不断推进。

中国政府十分重视遥感科学与技术的发展。早在20世纪70年代，中国科学院就联合国内70余家单位，先后开展了中国遥感工程的"三大战役"——腾冲航空遥感实验、津渤环境遥感试验、二滩水能开发遥感试验。中国科学院遥感应用研究所于1979年经国务院批准成立，中国遥感卫星地面站于1986年12月建成并正式运行，中国科学院于1985年建立了航空遥感中心，2007年，又组建成立了中国科学院对地观测与数字地球科学中心。这一系列举措在中国遥感科学与应用领域发挥了示范引领作用。

自"六五"起，在国家相关科技计划中持续支持了一系列遥感技术与应用研究项目，特别是近年来，国家先后在863计划中设立"地球观测与导航"领域、设立"高分辨率对地观测系统"重大科技专项、在国家基金委设立"对地观测及其信息处理"等专项研究项目，以进一步提升我国对地观测技术的基础研究和应用能力。

经过30多年的建设，我国已逐步形成了气象卫星、海洋卫星、资源卫星、环境与减灾卫星等遥感卫星系列，建立了快速、灵活、机动性强的航空遥感系统。遥感已广泛应用于国家土地资源调查、农作物和森林监测、地质矿产调查、城市发展监测、海洋和海岸带资源调查以及洪水、旱涝、林火、地震等灾害的监测和评估，成为中国经济社会发展不可或缺的信息支撑。

　　我们现在生存的地球正在面临着日益严峻的资源环境的挑战。随着全球变化对人类生存的影响日益突出，重点观测、理解并模拟地球系统，了解地球的变化及其对生命系统的影响已经成为人类社会发展的迫切需求。对地观测技术的发展，特别是卫星遥感技术，提供了对整个地球系统进行监测的能力。遥感科学家们应该树立面向全球的思维和视野，为包括全球变化在内的人类社会重大需求做出贡献。

　　值此第三十五届国际环境遥感大会开幕之际，我们回顾与展望中国和全球遥感科技发展，更好地利用遥感技术应对全球变化的挑战，服务于全球社会经济的可持续发展。

遥感科学技术与中国可持续发展①

（2016 年 8 月 10 日）

一、遥感科学技术——实施可持续发展战略的基础性技术支撑

1. 中国实现可持续发展必须应对的几个重大问题

中华人民共和国建立成立以来，特别是改革开放以来，中国经济建设和社会发展都取得了巨大进步，人民生活日益改善。但在发展过程中，资源短缺、环境恶化、海洋开发、气候变化等问题也日益突出，成为中国实现可持续发展必须面对的问题。

（1）资源短缺问题。中国石油储量不足，随着经济的发展，石油供应十分紧迫。中国黑色金属、有色金属也越来越不能满足经济发展的需求。中国过去在资源问题上主要以自给自足为主，随着经济的快

① 2016 年 8 月 10 日在第二十届中国遥感大会上的报告。本文刊发于《地理学报》2016 年，第 20 卷第 5 期，作者徐冠华、柳钦火、陈良富、刘良云。

速发展，这种方式日益凸显出其局限性。如何实现资源的优势互补已成为中国实施可持续发展战略需要研究的重大问题。

（2）环境恶化问题。水污染和大气污染都是目前世界上最为紧迫的卫生危机，一些科学家惊呼，水污染和大气污染问题已经成为"世界性的灾难"。土壤大规模酸化和退化、森林减少、水土流失和有毒化学物质传播等环境问题都影响着中国乃至全人类的生存和发展。环境污染问题具有世界性的特点，其影响早已超越国界，其源头和扩散过程也是一个众说纷纭、亟待阐明的全球性问题。

（3）海洋开发问题。中国既是一个陆地大国，也是一个海洋大国，拥有300多万平方千米的海洋国土。历史上的闭关锁国政策扼杀了中国人对海洋的探索，我们对近海资源环境了解甚少，对深海、极地的研究更是严重不足。中国要实施"走出去"的战略，就必须对全球海洋状况有全面的、深入的了解。

（4）全球气候变化问题是对中国的重大挑战。

2. 可持续发展问题必须在全球化格局下加以解决

当代科学技术的进步，特别是信息技术、通信技术和交通运输技术的发展，使各国经济、科技和文化等交流更顺畅，并形成了全球规模的信息和物流网络；经济生产和科学研究也同样在全球范围内实现了各种生产要素或科技分工的优化组合，形成了全球化视角的利益格局。科技发展促进了全球性的工业化和信息化，在给人类带来社会进步的同时，也带来了能源的大量使用，加上人口的快速增加及城市的极度扩张，由此引发了环境污染、全球气候变化与灾变等一系列的问题。正像我们之前指出的，可持续发展的核心是资源和环境问题，包括气候变化问题，其解决方案都超越了国家的边界，成为全球性问题。遥感技术为解决这些问题提供了强有力的手段。所有这些都对地球科学和遥感技术的发展提出了新的要求，指明了未来的发展方向。

3. 遥感科学技术是在全球化格局下实施可持续发展战略的基础性技术支撑

地球系统是包括人与自然的一个由多个系统组成的复杂系统。人类可持续发展需要观测和研究全球资源环境状况，提出应对策略并对策略实施进行不断监控和修正。遥感在地球科学、环境科学、资源科学与全球变化研究中具有宏观动态的优点，是不可替代的唯一的全球观测手段，是可持续发展研究的基础性技术支撑。遥感应用于全球化框架下的可持续发展研究具有以下特点。

（1）空间全球性和区域性相结合。遥感通过从太空观测地球，开阔了人类的视野，增加了人类对地球全球和区域在不同空间尺度上的认知，因而具备空间上全球性和区域性相结合的特点，包括地球同步和太阳同步等不同观测轨道的遥感卫星，不但具备在公里尺度上对全球进行宏观观测的能力，而且能对重点区域进行数十米直至米级尺度的高分辨率观测。

（2）时间连续性和机动性相结合。遥感技术经过几十年快速发展，已经积累形成了几十年长时间序列的观测数据。遥感观测具备时间连续性和机动性相结合的特点，如静止轨道卫星可以对台风、暴雨等灾害，以及环境污染等极端事件进行高时间分辨率的连续观测，显著提高灾害与环境遥感监测能力；而资源卫星、侦察卫星具备很强的机动能力，可对特定目标和重点区域根据需要进行机动观测。

（3）应用上专业性和综合性相结合。全球气候变化研究是全球化可持续发展问题研究最突出的例子，主要包括全球综合观测和模式模拟两方面内容，需要专业性和综合性高度结合。气候模式直接影响到未来预估情景的可靠性，目前模式模拟存在很大的不确定性，模拟结果和实际结果之间的差异仍然很大，开展全球尺度综合观测获得长时间、高质量的观测资料有助于减少对全球变化认识的不确定性，所以需要加强全球变化关键参数和过程的多变量遥感多平台联合观（监）测研究，并开展海量数据的同化、融合技术等综合研究，只有这样才可以获得高质量的全球变化研究成果，促进人类经济和社会的可持续发展。

二、遥感科学技术进步评述

遥感起源于航空探测，在 1957 年苏联发射第一颗卫星后进入了现代遥感阶段。现代遥感技术发展取决于需求牵引、卫星载荷和数据处理分析技术进步。1960 年，美国第一颗气象卫星 TIROS（Television Infrared Observation Satellite）拍摄的云图极大地促进了大气遥感探测发展。Terra 卫星发射成功标志着遥感定量观测新的里程开始，卫星搭载的 MODIS 能够提供全球尺度、长时间序列的定量参数产品，极大地促进了对地观测数据在人类经济和社会发展中的广泛应用，由此开创了遥感定量化新时代。

1. 遥感的国际合作

人类可持续发展需要观测和研究当前全球资源环境状况，研究提出应对策略，并对策略实施进行不断监控和修正。根据不同的研究对象，遥感可分为大气遥感、海洋遥感和陆地遥感三大领域。大气遥感是利用遥感技术监测大气结构、状态及其变化。遥感观测的物理量主要包括大气温度、压力、风、气溶胶类型与分布、云结构及其分布、水汽含量、大气微量气体垂直分布及三维降雨观测等。大气遥感技术对于灾害性天气及全球环境变化的监测和预测具有极重要的意义。海洋遥感监测的物理量主要包括海面温度、海风矢量、海浪谱、全球海平面变化、海洋水色、叶绿素浓度、黄色物质、海冰分布等。海洋遥感可以很好地服务于海洋环境、海洋动力学与海浪预报，以及全球变化等应用需求。陆地遥感的范围更广，包括辐射与能量平衡系统，地表生物圈、水文圈、岩石圈、人文圈等领域。其中辐射与能量平衡系统、生物圈、水文圈是地球系统科学及全球变化研究组最重要的三个系统，也是全球变化研究中地球系统各圈层相互作用的重要组成部分。

2005 年，中国作为发起国之一，共同建立了政府间多边科技合作机制——地球观测组织（Group on Earth Observations，GEO），主导和引领全球地球观测系统的发展，预示着对地观测遥感将进入一个新的阶段。GEO 的宗旨是推动全球综合地球观测系统建设，以建立一个综合、协调、可持续的全球地球综合地球观测系统（Global Earth Observation System of Systems，GEOSS），将能够更好地认识地球系统，提高对地球各要素及自然和人类活动相互关系的认识，并为决策者提供从初始观测数据到专门应用产品的信息服务。

为此，GEO 许多成员国或组织成立了内部协调机构。美国成立了以白宫科技政策办公室牵头，各有关部门参加的美国 GEO（US-GEO），制定了美国全球综合地球观测系统的战略和政策框架，并牵头组织美洲地球综合观测系统计划（AMERI-GEOSS）；欧盟以"哥白尼计划"名义协调欧盟全球综合地球观测系统的发展，主要目标是通过对欧洲及非欧洲国家现有和未来发射的卫星数据及现场观测数据进行协调管理、集成、共享和信息服务，以应对气候变化、能源危机、人口增长、食品短缺、自然及人为灾害等全球威胁。欧美以各自目标的实现为驱动，在全球 GEOSS 的建设中谋求主导地位，争取在推动全球综合地球观测系统时实现自身利益的最大化。此外，欧美及日本也开展的许多研究实现了互为镜像的地球观测卫星数据共享，以方便各合作方及时获得数据。

2. 中国遥感的现状

中国已经具备天空一体化综合观测能力。根据需求牵引的发展思路，部署了一批气象、海洋、资源、环境减灾科研和业务卫星，以及地面、业务应用系统等建设项目。正在实施的国家科技重大专项——高分辨率对地观测系统和空间基础设施，可初步形成天空一体化高精度对地观测网络，初步实现空间信息资源共享，促进业务化示范应用能力的形成和发展，为发展业务卫星体系奠定坚实基础。

中国已建立了涵盖各部门的遥感应用技术体系。根据中国国民经济和社会发展的需求，国土资源部、环境保护部、民政部、国家海洋局、国家测绘地理信息局、国家气象局等部门纷纷制定面向本领域的卫星遥感应用发展规划，开展了行业和区域应用系统研制，建立了相应的业务运行系统。"十二五"期间，中国启动了国家高技术研究发展计划（863计划）"星机地综合定量遥感系统与应用示范"重大项目，规划建设了"天—空—地"一体化的全国遥感网技术体系，提升了覆盖数据接收、处理、定量遥感品生产与应用服务全链条的空间信息服务能力，为中国的对地观测系统走向世界在理论和技术方面开展了积极探索。

在全球应用方面，通过国家科技计划支持，少数科研院所、大学及行业部门初步具备了全球遥感监测与应用技术能力；科技部国家遥感中心组织开展了全球生态环境遥感监测，发布了年度评估报告；中国气象局、国家测绘局启动了全球卫星气象监测与全球测图等计划。

但与发达国家相比，中国遥感对地观测系统仍然存在着差距：

一是面向全球的卫星对地观测系统，除气象卫星和海洋卫星等具备一定的全球数据获取能力外，资源卫星绝大部分局限于国内数据获取；

二是存在设施配套的制约，全球数据获取能力和地面接收站网能力仍然受限，地面产品验证能力也严重不足；

三是全球综合观测与应用的意识尚需加强，需要着力解决配套的数据保障、信息提取、信息共享等问题。

3. 中国遥感新的发展机遇

作为全球第二大经济体和正在崛起中的新兴大国，中国的经济、政治和科技活动范围已经遍布全球，对国际人才、科学技术甚至资源和市场的依赖程度日益增大，影响力也加速向全球扩展。实施以"一带一路"为核心的国际发展战略，提升对世界重点国家与地区的资源、环境、城乡发展及相关风险等问题的研究、了解与把控的能力，倡导全球命运共同体的安全理念，已成为中国国家安全的重要保障。作为一个迈向强国之路的人口大国，面对国内外生态环境的严重态势和国外对我海外活动的疑虑，中国必须在全球经济社会的可持续发展和维护人类共同的生存环境方面做出与世界地位相适应的贡献。为支持中国日益增多的海外活动，服务于世界各国人民，特别是发展中国家的经济社会发展，保护中国的海外利益，建成并运行可控的全球综合地球观测系统是中国面对全球化挑战不可或缺的手段。

2015 年，国务院办公厅印发的《国家民用空间基础设施中长期发展规划（2015—2025 年）》进一步明确中国地球观测卫星的发展，以满足各用户部门自身业务需求和特定应用目标为主的 7 个重大综合应用方向，即资源、环境和生态保护综合应用；防灾减灾与应急反应综合应用；社会管理、公共服务及安全生产综合应用；新型城镇化与区域可持续发展、跨领域综合应用；大众信息消费和产业化综合应用；全球观测与地球系统科学综合应用；国际化服务与应用。

中国作为联合主席国的 GEO 正在倡导建立全球性的地球观测应用信息系统，这与中国目前的全球性战略发展目标基本一致。开展全球综合观测，建立全球综合地球观测应用系统，成为中国实施全球战略和空间信息产业发展的重要支撑，也是全球空间信息制空权竞争的必然要求。未来十年是中国正面临全球综合地球观测系统发展的重大战略机遇，可以充分利用 GEO 这一全球平台，在区域和全球层次上加速赶超世界先进国家。但是发展机遇期稍纵即逝，不进则退，必须超前规划、制定战略目标，并在国家科技计划体系中逐步开展和实施。

面对 2016 年全国科技创新大会提出的建设世界科技强国的目标，中国遥感科学技术必须意识到自身的发展压力和责任。当前，在更多的技术和研究方向上，我们还处于跟踪世界前沿的发展阶段，虽然已经有不少的研究方向开始与国际同行处于并跑的水平，但能够领跑国际发展的学科方向还很少，这应该成为我们努力的主要目标。遥感界要充分认识和挖掘国内的应用需求，用好调整经济结构、鼓励创新创业的重大机遇，首先开发出 14 亿人的用户市场；拿出中国科学家面对全球、区域、行业、个人等需求的科技供给产品，引领探索出一条支持全球可持续发展、社会用户消费的遥感服务模式，这是我们发展的重大机遇期。

三、遥感科学与技术的前沿问题

随着高分辨率、定量遥感时代的来临，遥感数据获取与信息服务能力均得到了前所未有的发展，但依然存在系列瓶颈性制约问题，海量遥感数据获取能力和数据处理、应用能力之间仍不匹配，遥感科学和技术前沿问题研究薄弱，急需加强。

1. 全球地球综合观测系统之系统

GEOSS 目标是致力于建立一个综合、协调和可持续的全球地球观测系统，涵盖天基观测、空基观测和地基观测。为了消除不同对地观测卫星的任务性能和观测结果的差异性等问题，对地观测卫星委员会提倡建立虚拟星座（virtual constellation），以建立不同空间机构之间的合作伙伴关系，通过集成分属于一个或多个机构的对地观测空间和地面系统，建立标准化任务规范，努力提升全球资源环境遥感综合监测与应用能力，星机地立体组网协同观测、全球综合观测多源遥感数据综合处理与应用等已成为国际对地观测技术的前沿发展方向。

全球综合地球观测系统应该在国家、区域和全球层次上同步推进，相互促进，共同发展，这一理念已经成为共识。在全球层次上一时无法达成一致的目标，在国家行政力量的介入下可以比较容易地在国家层次上先行实现，从而以更充足有效的可运行性资源，支持和促进综合地球观测系统在全球层次的实现，为全球变化与人类可持续发展提供技术支撑。

在 2016 ～ 2025 年的十年规划中，GEO 对 GEOSS 提出新的战略目标，即在数据共享和数据管理原则方面有新的突破；深化政策制定者对地球的科学认识，以共同应对全球和区域的挑战；应用方面聚焦于与实现联合国可持续发展目标（SDG）有关的防灾减灾、粮食安全及可持续农业、水资源管理、能源与自然资源管理、人类健康环境影响监测、生物多样性及生态系统保护、城镇发展，以及基础设施与交通管理等 8 个重点领域，向用户提供数据、信息和知识三大类产品和技术服务。GEOSS 新十年战略目标的确定及其实现途径，对于中国全球综合地球观测系统战略目标的确定具有重要的借鉴作用。

2. 高精度遥感模型与参数反演

遥感建模与参数反演是定量遥感研究的核心内容。遥感模型主要分为经验统计模型、物理模型和计算机模拟模型等类型。参数反演则是从对地探测的电磁波信号中把探测目标的属性或参数反向推演出来。

遥感物理模型是对物理过程的数学抽象，目的是从理论上阐释遥感探测电磁波信号和地表参量的状态及变化的内在机理，因而具有一定的普适性。但无论是辐射传输还是几何光学模型，都是对复杂空间异质地表的简单近似，不能很好地描述现实世界复杂的植被冠层对于光线的拦截和反射现象。于是又出现了计算机模拟模型，如蒙特卡洛模拟模型、辐射度模型、光线追踪模型等，这类真实结构计算机模拟可以精确地刻画植被冠层场景，但计算量过于庞大，限制了该模型的反演与应用。近年来空间异质性问题引起了定量遥感领域的高度关注，高分辨率卫星及激光雷达等数据的日益丰富给空间异质性建模研究提供了有力支撑。针对复杂异质性植被场景，像元内部的组分比例、三维结构、空间格局，以及端元边界处的阴影效应与散射过程等是遥感辐射传输建模过程中需要重点考虑的因素。

遥感反演经常面临模型欠定或病态问题，即往往存在遥感待反演的参数多于卫星的观测方程数；且待反演参数在迭代反演过程中往往由于观测误差和模型误差而出现发散的情况。一方面，需要通过集成地学先验知识，降低反演过程的不确定性，改善模型欠定或病态问题；反演方法中地学规律的验证知识能够提高遥感产品反演精度，但其数学建模与表达问题也往往具有很大挑战性。需要加深地学参数本身的变化规律的理解，不仅能够提高先验知识表达能力，还有利于提高遥感反演的收敛性。另一方面，利用多源数据的光谱与时空互补性提高反演精度及时空分辨率，也得到越来越多的重视。光学与微波遥感的模型协同与联合反演、地表参数的主被动协同反源、多时空分辨率遥感数据的协同反演等已成为定量遥感研究的重要前沿方向。

3. 遥感产品真实性检验与不确定性

遥感反演往往是一个非线性过程，遥感反演结果的真实性检验是定量遥感研究不可缺少的环节，也是评价遥感反演准确性、稳定性和一致性的客观标准，对于改进遥感反演方法，推广遥感产品都具有十分重要的意义。

由于地表空间异质性的普遍存在，尺度效应成为遥感产品重要的不确定性来源，并是遥感产品真实性检验的核心科学问题。另外，遥感像元空间尺度和地面观测的点尺度之间存在较大的空间差异，尤其是针对异质性地表这种差异就更加明显，遥感建模与反演验证的时空代表性问题也成为制约性因素之一。遥感产品真实性检验与不确定性评估研究中，尺度效应与尺度转换还没有成熟的理论来指导，也是受困于没有真正的多尺度数据。面对遥感尺度转换研究的困境，应结合"自上而下的演绎方法和自下而上归纳方法"，发展普适性的尺度转换方法；同时，"从数据和方法论两方面促进尺度效应和尺度转换研究"。

这一思路和当前国际上一系列多尺度观测试验的出发点是一致的。

4. 遥感数据与地球系统模式同化

地球科学面对的是大自然既宏观又复杂的问题，野外调查定位观测与遥感瞬间观测均有局限性，在时、空两个尺度上不易拓展；且遥感观测波段、空间分辨率、时间分辨率、成像模式等差异也需要借助模型方法进行波谱维、时空维的扩展。利用周期性、瞬间观测的遥感数据监测动态地球要素，数学模拟与时空扩展就显得尤为重要。遥感数据同化对于地球系统科学与全球资源环境动态监测具有越来越重要的研究意义。

遥感观测数据同化到陆面过程模式中主要有两种方式：一是把遥感反演参数结果直接引入，或者通过同化后再引入到陆面过程模式，这可能会造成反演的陆表变量与模式动力不协调，或将反演的不确定性引入后导致模式更大的误差；二是通过数据同化直接将卫星在大气上界接收到的观测信息引入陆面过程模式，使陆面过程模式和卫星观测形成融合与集成，得到与模式动力相协调的状态变量的最优估计。因此，一般采用直接同化卫星遥感观测的方式，将卫星遥感观测应用到陆面过程模式中。

5. 遥感大数据与主动服务

大数据时代，遥感信息获取能力大大加强。全球卫星数量超过千颗。遥感领域进入了以高精度、全天候信息获取和自动化快速处理为特征的新时代。成像方式的日益多样化及遥感数据获取能力的增强，导致遥感数据的多元化和海量化，这意味着遥感大数据时代已经来临。

高分辨率、高动态的遥感对地观测载荷不仅波段数量多、光谱和空间分辨率高、数据速率高、周期短，而且数据量特别大，仅 EOS-AM 和 PM 每日获取的遥感数据量就达 TB 级，全球对地观测数据已经达到 EB 级。现有的遥感影像分析和海量数据处理技术已难以满足当前遥感大数据应用的要求。而且，尽管地球系统模型在全球变化研究中得到了广泛应用，不同地球系统模式能够实现全球碳循环、能量循环、水循环及全球气候模拟，但模拟结果存在非常大的差异，以 2100 年全球增温模拟为例，几个主流陆面过程模型模拟的升温幅度为 $1.3 \sim 4.3℃$。

大数据分析是科学方法中，继实证、演绎、数字计算之后的一次新的革命，对于分析、预测复杂系统行为，包括经济行为、社会行为都有成功的实践。随着海量地球观测数据的积累，特别是遥感能够获得高分辨率、周期性观测的全球尺度观测资料，数据驱动方法可以直接基于观测资料实现地球系统各圈层模拟和预测，将给地球系统研究带来质的变化。因此，大数据分析技术对于遥感地学分析与数据驱动的地球系统模拟方面具有更为重要的意义。目前，大数据分析方法多是对成功案例的论述，还没有形成完整的大数据分析理论与技术体系。遥感大数据面临"数据密集型计算"问题与挑战，如何快速、自动地进行遥感大数据的处理和分析，进而完成空间数据产品的主动、智能的信息服务，是大数据时代对地观测领域面临的一个严峻课题，未来应该在大数据平台、智能信息处理算法和主动服务模式等方面开展创新性研究，拓展科学视野，发展新的方法论，以应对地球观测数据获取能力飞速增长对信息高效、快速服务的重大需求。

四、遥感应用服务模式与商业化展望

遥感科学与技术虽然取得了重大的成就，但遥感要更好地服务于社会可持续发展，服务于国家的全球战略，服务于国民经济建设，必须加快遥感产业化和商业化进程，将遥感应用由政府主导的模式调整为主要由政府引导，购买服务，市场主导的模式，既可以更好地为经济发展主战场服务，又可以充分利用产业和市场力量，更快地发展遥感技术和服务能力。

1. 推进卫星观测系统的商业化

遥感数据是遥感信息服务的起点，没有及时、全面的数据供应，遥感应用就无法业务化，产业就没有生存和发展的余地。产业化要求的遥感数据保障，是在分辨率、光谱段、时间覆盖和可用性（无云）等方面全面满足业务应用需求的数据采集能力，目前高分辨率的全国无云全覆盖数据每年一次尚很困难，远远满足不了大部分业务应用的基本监测周期要求，尤其南方多云多雨区的数据更加难以保证。

高分辨率卫星观测系统的商业化是未来发展的重要方向。需要制定和完善可实行的政策，鼓励民间资本投入、政府扶持、政企合作、军民融合、国家和地方合作，大力发展高分辨率商业化卫星星座和数据服务与应用服务体系。高分辨率商业卫星小、投资少、风险低、见效快，更加适合民间资本进入和社会化发展，国外比较成功的有美国 Planet Labs、Sky Box，加拿大 Urthe Cast，阿根廷 Satellogic 等企业发射运营的纯商业化遥感卫星星座。国内以企业与地方政府合作为主，目前有二十一世纪空间技术应用股份有限公司的"北京二号"系列、长光卫星技术有限公司的"吉林一号"系列、中国航天科技集团公司的"商遥"卫星等。高分辨率卫星遥感系统的商业化，将极大地加强遥感数据保障能力，降低数据服务成本。

2. 加快无人机遥感发展

在地球综合观测系统之系统构建中，天、空、地一体化的观测能力是基础。卫星遥感在全球数据获取中具有巨大的优势，但是受制于天气条件、时空分辨率、重访周期等条件制约，而有人航空遥感飞行受空域申请限制及飞行成本高，难以满足各种高时空分辨率的需求，特别是在区域和局地的突发事件检测中难以满足应用需求。

近年来，无人机由于具有机动灵活的数据采集能力、空域限制少、飞行成本低，正在成为未来遥感产业化发展的重要驱动力。无人机遥感在试验遥感、测绘制图、减灾应急、精准农业、森林病虫灾监测、环境监测评估等领域具有重要的应用前景。加快无人机遥感发展，不但有利于增强对地综合观测数据获取能力，提升遥感应用水平，也将带动无人机制造产业、无人机遥感新型载荷研制、无人机数据获取与信息服务领域的发展，催生和培育一批无人机公司和企业，促进遥感产业化发展。

3. 促进遥感应用市场化

遥感应用发展不仅受制于技术瓶颈问题，市场化程度不高更是重要的制约因素。在中国，地理信息系统技术（GIS）和导航技术（GPS）已经实现商业化，应用领域不断扩大，产业规模不断提高，政府、部门和个人都从 GIS 和 GPS 技术发展中受益。但目前遥感技术的产业化程度不高，市场化程度不够，遥感应用主体仍然是依托政府部门内部的相应机构，造成诸多问题制约遥感应用和技术发展。

一是投入高，效率低。遥感应用所需的数据、软件、设施和人力的投入大，技术复杂，步骤多，流程长。各个行业部门和地方政府都建立各自独立的应用体系，有时不仅造成投资浪费，而且导致各部门之间在数据获取到应用服务环节相互封锁，重复度高，数据使用效率低。

二是激励不足，成果转化效率低。遥感数据信息挖掘不足，缺乏将遥感数据转换为业务信息和决策知识的规模化能力，针对遥感大数据挖掘和智能化分析的研究还很薄弱，没有形成规模化持续生产能力，也没有充分实现遥感数据的增值和应用效果。

三是遥感产业链形成不力。遥感产业链的各个环节（数据采集、数据处理、信息生产、方法模型、软件系统、应用集成、解决方案、设备设施等）没有有效地衔接、支撑和协同发展，产业发展环境不很完善，企业难以专注于特定技术和服务，创新创业成本高、风险大，造成目前除了国家政府机构和有行业背景的企业外，其他遥感企业较少较弱，民间资本真正进入到这个行业仍比较困难。

遥感科学技术是一项快速发展、覆盖国民经济和社会发展各个领域的重大技术，具有很大的发展潜力。当前，遥感技术与应用面向公众服务才刚刚起步，及时更新、量身定制等服务产品还远未达到，遥感服务市场处于开放阶段，集中度很低，这也为遥感技术发展提供了大好机遇。为解决上述存在问题，有必要在深入讨论的基础上就以下方面统一认识，形成相应措施。

一是加强政府宏观管理，切实转变政府职能。制定和完善遥感技术发展规划，改善遥感企业的投资环境，推动包括社会公益性服务在内的遥感信息服务市场化、产品化，逐渐过渡到政府各部门从市场购买遥感信息服务为主的模式，解决当前重复、低效、成果转化动力不足的问题。以增加我国遥感技术应用的实力，提高应用效率，降低应用成本，加快研究成果的产业化。

二是开拓遥感新的应用领域。将遥感产品"下里巴人"化，将遥感信息再进一步处理加工变成价格反映的信息，通过价格信息，支持解决用户在一定预算约束下的消费决策，提高消费者效用。打通遥感与货币的连接，运用市场、经济规则建立市场激励机制，细分产品和服务，实现遥感数据增值，扩张市场规模。

三是要重视大数据、互联网＋等带来的新兴市场动力，跨界融合发展自己。遥感技术成为大数据产业中重要的基础支撑，跨界融合大数据、互联网＋等新兴市场，从链条的各个环节来改造自我，贯穿和重构整个产业链，从根本上带动遥感技术新的产业发展。

五、结　语

中国的遥感科学技术一定要树立服务于国家可持续发展的战略目

标，努力探索遥感技术和产业发展新思路，加强遥感前沿问题的科学研究，推进国家遥感应用的市场化进程，走出新的遥感技术创新驱动发展之路。

参 考 文 献

[1] Climate Change 2013：The Physical Science Basis. Contribution of Working Group Ⅰ to the Fifth Assessment Report of the Intergovernmental Panel on Climate Change. Cambridge：Cambridge University Press，2013.

[2] GEO StrategicPlan 2016-2025：Implementing GEOSS.www.earthobservations.org/ipwg.ph［2016-07-20］. 2014-11IPCC.

[3] Li D R，Zhang L P，Xia G S. Automatic analysis and mining of remote sensing big data. Acta Geodaetica et Cartographica Sinica，2014，43（12）：1211-1216. 中文参见：李德仁，张良培，夏桂松. 遥感大数据自动分析与数据挖掘. 测绘学报，2014，43（12）：1211-1216.

[4] Li X W，Wang Y T. Prospects on future developments of quantitative remote sensing. Acta Geographica Sinica，2013，68（9）：1163-1169. 中文参见：李小文，王祎婷. 定量遥感尺度效应刍议. 地理学报，2013，68（9）：1163-1169.

[5] Li X W, Gao F, Wang J D，et al. A priori knowledgeaccumulation and its application to linear BRDF model inversion.Journal of Geophysical Research：Atmospheres，2001，106（D11）：11925-11935.

[6] Li X W，Gao F，Wang J D，et al. Uncertainty and sensitivity matrix of parameters in inversion of physical BRDF model.Journal of Remote Sensing，1997，1（1）：5-14. 中文参见：李小文，高峰，王锦地，等. 遥感反演参数的不确定性与敏感性矩阵. 遥感学报，1997，1（1）：5-14.

［7］Liang S，Fang H，Chen M，et al. Validating MODIS land sur-face reflectance and albedo products：Methods and preliminary results. Remote Sensing of Environment，2002，83（1）：149-162.

［8］Ministry of Foreign Affairs of People's Republic of China. Transforming our world：the 2030 Agenda for Sustainable Development. 中文参见：外交部 . 变革我们的世界：2030年可持续发展议程 . http：//www.fmprc.gov.cn/web/ziliao_674904/zt_674979/dnzt_674981/ xzxzt/xpjdmgjxgsfw_684149/zl/t1331382.shtml.

［9］UN. 1992. The United Nation Framework Convention on Climate Change . 中文参见：联合国 . 1922. 联合国气候变化框架公约 .

［10］Xu G H，Ge Q S，Gong P，et al. Societal response to challenges of global change and hu-man sustainable development. Chinese Science Bulletin，2013，58：2100-2106. 中文参见：徐冠华，葛全胜，宫鹏，等 . 全球变化和人类可持续发展：挑战与对策 . 科学通报，2013，58：2100-2106.

［11］Xu G H，Ju H B，He B，et al. The development of Chinese earth science in 21st century How to based on China and thrive. Science and Technology Daily. 中文参见：徐华，鞠洪波，何斌，等 . 21世纪中国地球科学发展如何立足中国走向世界 . 科技日报，2010-08-01.

［12］Xu G H. The progress and prospect of remote sensing information science. Bulletin of the Chinese Academy of Sciences，1997，1：4-14. 中文参见：徐冠华 . 遥感信息科学的进展与展望 . 中国科学院院刊，1997，1：4-14.

创新驱动，中国GIS软件发展的必由之路[①]

（2017 年 9 月 8 日）

大家好，很高兴参加这次全国地理信息产业界的盛会，与业界曾经同甘苦、共患难的老同事、老朋友共叙旧情。参加会议的还有更多的年轻人，虽然我并不熟悉，但看起来都是意气风发，充满活力，这是中国地理信息产业的未来。

我从 20 世纪 70 年代末开始从事遥感、地理信息方面的研究工作，1994 年以后走上科技管理岗位，但始终关注着我国地理信息产业的发展。我想就此机会谈一下对地理信息软件产业发展的一些看法，请各位指正。

一、GIS软件是国家软件竞争力的重要组成部分

一个国家的竞争力由国家经济实力、企业管理和科学技术三大要

---

① 2017 年 9 月 8 日在贵阳举行的 "2017 中国地理信息产业大会" 上所做的专题报告，作者徐冠华、胥燕婴、王增宁、宋关福、李绍俊、王丹、莫洪源、蔡文文。

素构成。企业管理和科学技术两大要素是对国家经济实力要素的直接支持，体现深层的竞争实力、创新基础和发展动力。

为什么说 GIS 软件关乎国家在软件领域的竞争力？我们从三个角度来考虑。

（一）GIS软件是国家信息化建设的基础性支撑软件

人类社会生活、经济建设所涉及的信息中，80% 的信息与空间位置相关，因此这些信息的现代化管理与应用，离不开 GIS 软件。早期的 GIS 应用大多属于可视化的浅层应用，随着 GIS 技术的发展以及与其他 IT 技术和应用的融合，GIS 软件应用领域越来越广泛，涉及国土、规划、测绘、应急、军事、公安、房产、矿产、水利、环保、地震、卫生、林业、农业、交通、统计等数十个细分行业，成为各行业业务运行不可或缺的保障。

（二）GIS基础软件是GIS软件产业竞争的战略制高点

在 GIS 软件产业链中，有基础软件和应用软件。其中 GIS 基础软件向下管理地理空间数据，向上支撑着各行业应用系统开发，相当于地理信息的操作系统。

GIS 基础平台软件具有较高的技术门槛，表现为：一是开发投入大，一款优秀的 GIS 基础软件的一个升级版大约需要数百人年的研发投入；二是涉及面广，开发中要与计算机、遥感、地理、测绘测量等多门学科和技术相交叉、渗透；三是产业发展速度快、应用需求变化多，相关技术需要提前研发。这些技术门槛对企业的持续研发能力和资源投入能力提出了很高的要求。

一个国家的 GIS 基础软件技术发展水平，一定程度上代表了该国的地理信息技术创新的能力和水平，也是 GIS 软件产业竞争的战略制高点。

（三）GIS基础软件是国家安全的重要保障

空间位置一直以来都是非常重要的涉及安全的信息。在信息化时代，地理信息与国家安全的关联度也越来越大，GIS 软件不但是国家地理信息安全的重要保障，也是国防、军事指挥不可缺少的关键技术。美军攻打伊拉克的时候，美国的一家 GIS 软件公司有一批技术人员为美军做技术保障。毫无疑问，GIS 软件技术发展和创新，对国家安全有着重要的意义。

二、中国GIS软件创新发展历程与成就

（一）中国GIS软件发展历程回顾

陈述彭院士在 1977 年率先提出了开展我国地理信息系统研究的建议，我国 GIS 于 20 世纪 80 年代初期起步发展。

1987 年，北京大学遥感与地理信息系统研究所研发出中国第一套 GIS 基础软件 PURSIS。20 世纪 90 年代，一大批自主 GIS 基础软件纷纷出现，除了 PURSIS 的升级版 CityStar 外，还有武汉大学测绘学院的 GeoStar、中国地质大学的 MapGIS、中国科学院地理科学与资源研究所的 APSIS、中国林业科学研究院的 WinGIS 和超图的 SuperMap 等。

同期，MapInfo、Arc/Info、Intergraph 等美国 GIS 软件产品先后进入中国市场，推动了 GIS 软件在各个行业的应用。在早期，中国 GIS 基础软件主要在模仿和跟踪的过程中，进行细节和局部的创新，总体上处于学习和追赶阶段。

值得欣慰的是，中国 GIS 软件工作者们，没有局限于单纯地引进应用，而是下定决心，下大力气展开对引进技术的消化、吸收和再创新。近 10 年来，随着中国 GIS 基础软件企业实力提升，研发经费投入加大，中国 GIS 软件开始了独立的技术探索，加大了自主创新的力度，在技术、产品和市场上，都取得了重大突破，这是我国 GIS 软件技术发展成功的关键所在。

（二）中国GIS软件发展成就

1. 中国GIS软件产业结构不断优化

（1）中国 GIS 软件产业空间集群趋势明显。以北京、上海、广州、西安、武汉等城市为中心，总体形成了京津冀、长三角、珠三角及中西部四大产业聚集区的空间发展格局。

（2）国家启动和实施多项重大地理信息工程，带动了地理信息产业不断发展和提升。随着地理国情普查、不动产登记、农村土地确权、多规合一、地下管廊、智慧城市等的不断推进，地理信息市场得到不断拓展。

（3）中国 GIS 软件产业的民营企业迅速崛起。据中国地理信息产业协会公布的数据，2016 年中国地理信息产业百强企业中，民营企业占比接近 80%。

2. 中国GIS软件企业初具规模

近年来，我国 GIS 软件产业发展迅猛，总体规模不断壮大、产值持续增长，资本运作频繁，地理信息技术应用领域不断拓展和深化。近年来地理信息产业增长率一直高于 IT 产业的平均增长速度，GIS 软件产业在其中做出了重要贡献。

值得欣喜的是，GIS 软件企业规模也得到较大发展。根据地理信息产业协会提供的百强企业表单，GIS 基础软件企业中，超图软件 2016 年营业收入超过 8 亿元，中地数码和武大吉奥也超过 2 亿元。在以 GIS 应用软件业务为主的公司中，数字政通、天泽信息和恒华科技等企业属于地理信息领域的营业收入超过 6 亿元，厦门精图、南方数码和南京国图等产值过 2 亿元。

有 9 家以地理信息为主业的企业已经在股票市场上市。其中超图软件、数字政通、天泽信息和恒华科技 4 家 GIS 软件企业市值合计超过 300 亿元；还有以 GIS 数据为主的企业：四维图新；以 GIS 硬件为主的企业：北斗星通、合众思壮、中海达、华测导航。

3. 中国GIS软件应用领域不断扩张

中国 GIS 软件应用领域不断扩张，随着第一次全国地理国情普查全面完成，摸清了我国地理国情的基本情况；全国 170 个地市、1451 个县委市区已开始全面实施不动产登记及系统建设；农村土地承包经营权确权登记颁证试点省份已达 22 个；全国 334 个地级市和 511 个县级城市开展了数字城市地理空间框架建设，逾 500 余城市形成智慧城市建设方案；GIS 软件结合一些新技术，已经渗入到一些新的领域，如微景天下以全景和三维 GIS 为基础，将增值服务扩展到文化、旅游、新闻、教育和电视等领域。

4. 中国GIS基础软件与数据采集软件已占据国内市场的主导地位

在 2000 年左右，占领中国市场份额前几位的，还是清一色的国外 GIS 基础软件，如 ArcInfo、MapInfo、Intergraph、Bentley、Autodesk 和 SmallWorld 等。

近年来，随着自主软件的技术进步，市场份额也悄然发生变化。2009 年，据赛迪顾问发布的调查报告，中国市场 GIS 软件份额前四名中，自主品牌占两席，超图软件和中地数码分列第二、三位，第一位还是美国软件。

2015 年，中国市场 GIS 基础软件份额前四名中，自主 GIS 品牌占三席，超图软件名列第一，中地数码和武大吉奥分列第三和第四，美国软件退居第二位。

在测绘数据采集软件方面，中国的民营软件企业，包括南方数码、吉威数源、清华山维等已经占据了绝大部分市场。

经过 30 多年的努力，取得这样的成绩，我由衷地感到高兴，这标志着我国地理信息产业发展进入了一个新的阶段。在中国基础软件行业中，自主的 GIS 基础软件已经成为一面旗帜。

5. 中国GIS软件自主创新能力不断提高

中国 GIS 软件紧跟 IT 技术发展的趋势，在云 GIS、三维 GIS 方面目前已是主流应用，大数据、BIM[①]、虚拟现实／增强现实、室内 GIS 等技术已开始了部分应用，人工智能与 GIS 结合的技术研究正在开展。

（1）云 GIS 技术不断走向深入

云计算改变了传统 IT 架构，也深刻地影响了 GIS 的建设和应用。目前，国内有 GIS 平台厂商已经通过结合 GIS 与云计算技术，将云计算的技术优势用于支撑地理信息的存储、处理与空间分析等方面。基于云的弹性计算特性，大幅度提升了用户的 GIS 空间分析、处理和服务能力，并改变了传统的 GIS 应用和建设模式，拓展了 GIS 的应用范围。

（2）地理信息大数据技术全面兴起

伴随卫星遥感、车载导航、智能手机及各种智能定位设备的发展，地理信息大数据实现了快速增长。目前，国内的 GIS 基础平台软件厂商已经开始致力于地理信息大数据平台和技术的研发，通过与 Spark Scala、云 GIS、地理商业智能等的结合，加速地理信息大数据存储、高性能处理、空间可视化表达、空间分析与挖掘等技术创新。

（3）BIM+GIS 实现跨界融合

"BIM+ 三维 GIS" 是 BIM 新时代应用的一个重要方向。借助 GIS 提供的专业空间查询分析能力及宏观地理环境基础，可进一步挖掘

---

① 即建筑信息模型（Building Information Modeling）。

BIM 深层次应用价值。

通过 BIM 与三维 GIS 融合方案，目前业界已解决多种 BIM 格式快速导入的难题，并已打破高密度 BIM 模型的性能瓶颈，将三维 GIS 应用从宏观场景拓展到微观场景，在建筑设计、能源基础设施管理、电站及高铁安全监测等领域实现了应用。

对于新建的大型建筑，其在建造阶段的 BIM 模型可直接导入 GIS 软件中应用，对于没有 BIM 数据的老建筑，也可以采用移动测量车扫描激光点云的方式进行建筑物内部建模。例如华泰天宇等企业运用机器人领域的 SLAM[①] 技术来解决没有卫星定位信号情况下的室内 / 地下空间 / 以及室外遮挡环境的精确定位问题。

（4）虚拟现实和增强现实引领三维 GIS 新方向

虚拟现实是新一代三维 GIS 发展的一个重要方向。通过虚拟现实（VR）技术与地理信息系统的结合，新一代三维 GIS 可实现对地理区域的真实表达。目前，业界 GIS 平台厂商已实现对 Facebook Oculus、HTC Vive 等主流 VR 设备的支持，用户可以沉浸的方式体验三维 GIS。

（5）室内 GIS 发展迅速

室内导航、定位和室内位置服务的技术不断发展，室内 GIS 逐渐在公共安全、应急指挥、资产管理和商业智能等领域快速普及。

（6）AI+GIS 相关技术正在开展

谷歌公司的 AlphaGo 战胜世界围棋冠军，引发了人工智能（AI）的研究热潮，与各个领域相结合的技术相继开展，深度学习可能大幅

---

① 即同时定位与地图构建（simultaneous localization and mapping）。

提高影像识别的准确度，AI与GIS相结合的技术研究工作正在开展。

6.中国成为参与国际GIS软件技术竞争的强大力量

经过多年激烈市场竞争的洗礼，中国GIS软件创新能力大幅增强，技术水平大幅提升。与10年前相比，中国GIS基础软件企业技术人员规模和研发投入都大幅度增加。例如，武大吉奥和中地数码都已经超1000人规模，每年研发投入数千万元；超图软件员工规模超3000人，2016年研发投入达1.6亿元，占年营业收入的20%。

长期的创新积累，加上持续的研发投入，中国GIS基础软件技术取得了快速发展，在国际上已经占有重要的地位。世界上中美两国总体上并驾齐驱各有所长的格局已经形成。在面向科研和制图领域，美国软件积累更丰富，占有一定优势；在面向生产的GIS新技术发展方向上，如云GIS和大数据GIS，中美两国软件各有优势；在三维GIS技术和跨平台GIS技术方面，中国软件则更有优势。取得这些成就，除了企业自身的努力外，也与中国大量推广使用包括三维在内的新技术有关。领先的需求创造领先的产品，同时也离不开管理部门的推动，比如跨平台GIS技术，就是在"十五"期间一个"863计划"项目推动下研发出来的。

三、中国GIS软件发展存在的问题

中国GIS软件产业在政策鼓励、需求牵引和科技创新的驱动下，已经形成了一定的规模，取得了长足的进步，但还存在若干亟待解决的问题。

（一）多数GIS软件企业创新能力有待提高

目前 GIS 软件企业虽然数量多，但多数 GIS 软件企业创新能力有待提高。除少数大企业能坚持千万元甚至上亿元级别的研发投入进行自主创新之外，多数企业因市场竞争激烈、生存压力大、人才培养和激励机制不完善等原因，很难保证对创新的持续投入，企业吸收先进技术（如人工智能、深度学习、时空数据分析与挖掘等）的能力不足。

我们认为，规模较大的企业仍旧需要以加强创新能力为基点，继续加强研发投入，调整支持研发的方式，提高研发效率。在市场竞争中大企业同样面临激烈的竞争，也不能保证永久的繁荣；大量的小企业经受着市场竞争的压力，创新也同样是唯一的出路。历史上，在市场经济的环境下，绝大多数大企业都是经大浪淘沙，从小企业发展起来的，小企业一定要在困难当中看到希望、看到光明，开拓一切可能的创新机会，这是未来发展的根本途径。

（二）中国GIS软件产业市场秩序有待规范

总的来说，当前市场上对 GIS 应用软件的价值认知不足，这导致了低价竞标、低价中标等不规范竞争现象时有发生。软件不像硬件，规格各方面要求比较明确，如服务器的 CPU、内存和存储容量等规格指标都能明确，不同硬件之间的可比性也强。而软件的伸缩余地比较大，尤其是定制类的软件项目，如一个数字城市项目，几千万、几百万元可以做，几十万元也可以做。当然，投入差别大，完成的效果差别肯定也很大。低价中标的机制，既让企业做不好投资者的项目，不能很好地为投资者服务，同时也有损企业的商业信誉，不利于企业乃至整个产业的可持续发展。

（三）人才培养尚不适应GIS软件产业发展的需要

目前我国共有 170 多所高校开设了 GIS 本科专业，但是由于不同院校的 GIS 师资力量和教学条件差异较大，制定的培养方案也参差不齐，不少院校培养的 GIS 人才质量不尽如人意。国内 GIS 专业设置较为单一，缺乏针对不同目标和社会需求的 GIS 人才培养方式，特别是缺乏兼具工程技术知识和经营管理知识的复合型人才。一些高校在 GIS 课程设置方面重理论轻实践，与市场脱节，培养的学生开发能力偏弱，导致学生毕业后真正有意愿从事软件开发工作所占的比例不高。随着"互联网 +"的兴起，很多领域对优秀 GIS 人才的需求急剧增加，GIS 人才储备有待加强。

（四）中国GIS软件国际化进展缓慢

近年来我国 GIS 企业在开拓国际市场方面做出了努力，通过开展国际合作、参加国际展会、寻找国际代理商、与国内的国际化大企业合作等策略开拓国际市场，已初见成效。

总的来讲，中国 GIS 软件国际化地位与我国的 GIS 软件技术水平和产业化水平，与国际市场，特别是发展中国家和新兴国家巨大的市场潜力相比，还有很大的差距。原因有几个：一是中国市场大，多数企业仅满足于国内市场的开拓；二是国际市场开拓代价大，品牌建立过程漫长，一些企业望而却步，浅尝辄止；三是 GIS 基础软件在信息系统建设中属于底层软件，越是底层的软件，品牌替换的代价越大，因为一旦替换，上层的应用系统都可能要重新开发，客观上给中国 GIS 基础软件国际化推进带来了困难。

四、发展我国GIS软件的几点建议

（一）发展中国GIS软件,要继续坚持创新驱动,走自主创新之路

习近平主席在中国科学院第十七次院士大会、中国工程院第十二次院士大会讲话中强调，实施创新驱动发展战略，最根本的是要增强自主创新能力，最紧迫的是要破除体制机制障碍，最大限度解放和激发科技作为第一生产力所蕴藏的巨大潜能。要坚定不移走中国特色自主创新道路。坚持自主创新、重点跨越、支撑发展、引领未来的方针，加快创新型国家建设步伐。

自主创新包括三个维度：原始创新，引进、消化吸收再创新，集成创新。中国 GIS 软件从国外引进开始，但没有止步于单纯的应用，而是大力推动创新，一方面加强消化吸收和再创新，一方面加强原始创新。通过多年不懈的努力，我们不仅在云 GIS 和大数据 GIS 方面形成了自己的特色，而且在三维 GIS 技术和跨平台 GIS 技术方面取得重要突破，形成了自主品牌。从早期的跟踪创新，到后期的探索创新，我国 GIS 软件的进步是自主创新的成功。

科学技术的发展有其规律性。GIS 技术的发展同样也有自身的特点，认识和把握 GIS 技术的发展趋势，对于我国地理信息技术的创新

和市场应用具有重要意义。当前，GIS 正在与云计算、大数据、人工智能、深度学习等先进技术不断融合。我相信，GIS 即将进入一个新的技术发展阶段，走向多维化、智能化和动态化，产业形态也将发生重大变化，基于 GIS 的服务业也将占有越来越重要的地位，创新服务模式、提供优质服务、扩大服务范围将成为 GIS 的主流业务，这将极大地满足我国新型信息化建设的需求。

GIS 软件企业是 GIS 技术研究开发的主体，也是研发投入的主体。企业要通过融资、税收抵扣等多种方式增加研发投入，探索研发模式、服务模式和商业模式的创新。在研发模式方面，如中地从技术上实现了 GIS 软件云生态环境的构建，尝试将 GIS 软件的需求、研发、购买等全部放到云端和线上，解除了软件研发人员、地理位置等多种限制，改变了软件研发的模式。这样的案例有借鉴意义。

加强自主创新离不开政府的支持。希望政府管理部门进一步加强对 GIS 软件知识产权的保护；加大国产 GIS 基础软件替代进程，协助构建良好的产业环境；设置基金资助基础软件底层开发；大力加强 GIS 软件技术中涉及基础研究和前沿技术研究的投入，为未来新的突破奠定基础。

加强自主创新，人才是决定性因素。行业人才本科阶段以在学校面向企业需求进行定制化培养为主；研究生阶段以在企业实践中进行培养为主；企业可以通过期权或股权激励等手段留住人才，不拘一格选拔行业领军型人才。

（二）加快拓展GIS软件服务业发展

GIS 软件产业不仅包括基础软件产品和工具软件，还包括 GIS 软件服务业，这也是我国信息技术服务业的重要组成部分。GIS 软件服务业企业多，产业总规模也远远大于 GIS 基础软件和工具软件。我国有大量的软件和地理信息系统人才资源，要充分利用人力资源优势，大力发展 GIS 软件服务业务。鼓励从事 GIS 服务业的企业，聚焦核心业务，积累技术和业务经验，规范管理，增强企业核心竞争力，也鼓励企业通过资本手段并购整合，优势互补，快速做大做强。

1.要持续巩固面向政府的地理信息应用服务

要结合国家重大战略规划，创新在资源环境监测、信息化建设等方面的服务模式，形成从需求、设计、建设到运营全过程的地理信息应用服务体系。在一些重点领域，例如智慧城市建设、地理国情普查、综合应急服务、环境污染监测等方面，增强智能化管理和控制能力，提升地理信息服务政府决策水平。

2.稳步推进地理信息社会化应用

地理信息的应用服务潜能巨大，就我所知，在电子商务、智能交通、现代物流、企业资源管理以及商业决策等方面，地理信息技术都能发挥重大的作用。例如，不久前，知名电商巨头亚马逊斥 137 亿美元巨资收购了全食超市（Whole Foods Market）。全食超市近几年的业绩不佳，很多人也没有想到买家竟然是电商巨头亚马逊。原来亚马逊通过地图和地理信息空间分析发现，全食超市在美国的 460 家门店非常巧妙地涵盖了所有美国的大都市区域，这些门店是未来亚马逊实现更加快捷的送货上门服务的中转站，将成为它和沃尔玛等对手竞争的重要武器。这方面的例子其实很多，也说明了地理信息在应用服务方面要走的路很长，很宽广。

3. 加强软件商业模式的创新

除了技术创新，商业模式创新也非常值得产业单位重视。特别是"互联网+"商业模式创新，很容易引发整个行业的颠覆。我们看到，淘宝和京东的出现，极大地变革了商品流通的方式，大量实体商店受到冲击，甚至关门。

在软件领域，Salesfore 通过在线云服务方式，变革了 CRM 软件的交付方式，从用户购买软件并安装部署，改变为在线租用服务，方便了用户升级维护，也减少了企业的初始投入，这给了我们很好的启示。在 GIS 软件领域，能不能借鉴这个模式，从卖软件产品转变成为提供在线服务，业内已经有一批企业做了探索。

超图把 GIS 基础软件搬到公有云上，提供了 SuperMap Online，开发商开发的系统直接部署在上面，让用户通过互联网租用，降低了采购 GIS 基础软件的初始成本；同时还基于这个平台，投资成立了地图慧公司，为海尔、美的、OFO、万科、棒约翰和龙邦物流等企业提供在线 GIS 服务，并为社会公众提供在线制图服务。

南方数码投资成立在那儿公司，开展智能定位终端面向企业的探索，为共享电动单车和哈药业务员提供定位装置和后台管理服务。

四维图新改变传统图商的简单销售数据商业方式，采用芯片＋软件＋数据一体化的模式，进军车联网和智能交通领域，并为未来进军自动驾驶做准备。

此外，PPP[①]作为一种新的项目运作模式，也在进入 GIS 软件相关领域，正元、数字政通等企业已采用 PPP 模式开拓智慧城市相关业务。

这些前期的探索很有价值，虽然目前规模还比较小，但值得继续加强投入，完善产品，培育客户，发展市场。我建议更多 GIS 软件企业，结合 GIS 的优势和特点，积极探索新的商业模式，实现转型升级。

4.努力探索大数据应用模式

在诸多信息科学技术中，面对 GIS 未来的发展，大数据尤为重要，我也特别看好。大数据是科学方法的革命，是继实验、演绎和计算以后新的科学方法的突破。

与大数据的结合，不仅为 GIS 软件带来突破性发展的创新机会，对整个科学技术的发展都有重要意义。大数据是最重要的资源，其中绝大部分大数据都带有或者隐含空间位置信息，结合 GIS 特有的空间统计与空间分析能力，新一代的 GIS 软件能让大数据发挥更大价值，能为经济问题、社会问题提供一些有效的预测分析，这个领域空间广阔，需要我们共同探索。

---

① PPP（Public-Private Partnership），又称 PPP 模式，即政府和社会资本合作，是公共基础设施中的一种项目运作模式。

比如，重庆交通规划院基于浮动车实时位置，可以动态计算实时路况图；基于浮动车和手机信令数据进行交通起止点分析（OD 分析）[①]，可以发现每个居住区的人都去哪里上班，每个工作区上班的人都来自哪些区域。基于这些分析结果，指导城市道路规划与设计。

当然，空间大数据的挖掘和应用到目前还处于起步阶段，要加强基础理论研究和案例的分析，相信未来几年一定会取得新的进展。

（三）加强数据开放，规范行业发展市场秩序

目前，GIS 数据开放程度不够，信息化建设不流畅，严重制约了地理信息产业的发展。建议：①在行业协会或者企业联盟主持下，遵循市场机制，购买和积累各行业数据，供相关企业有偿使用。②管理部门在严格执行测绘法的前提下，探索使用涉密数据如地理国情普查数据的途径，制定使用涉密数据加工后的成果和脱密数据的政策。

规范 GIS 产业市场秩序也是促进 GIS 产业发展的重要问题。与硬件不同，软件有其特殊性，交付功能指标复杂而难以全部明确和量化，伸缩余地很大。政府招标要尽量避免单纯拼价格的机制，注意综合评估供应商的方案和实力。要做到这一点，除完善规则外，更要强调招标负责人的担当精神。

企业也要加强自律，要珍惜和爱护赖以生存的市场环境，避免恶性竞争。在这方面，行业协会可以发挥重要作用，例如中国地理信息

[①] "O" 来源于英文 ORIGIN，指出行的出发地点，"D" 来源于英文 DESTINATION，指出行的目的地。

产业协会成立了专门的行业自律委员会，拟定了行业自律公约，推动企业自律。

（四）加快中国GIS软件进军国际市场步伐

在国际化方面，中国 GIS 软件企业大有可为。在国内，因为有自主 GIS 基础软件参与激烈竞争，国外品牌在中国的价格相对合理。但在其他国家，大型商业 GIS 基础软件只有美国的可选，而美国品牌一家独大，缺乏充分竞争，没有第二选择，软件价格高。德国一所前三甲的大学，当学生上机实习 GIS 软件的期间，要通知教师们停止使用该软件，因为美国 GIS 基础软件价格太贵，租用的许可数量有限。相比而言，中国的高校要解决这个问题就容易得多。

这说明，中国 GIS 基础软件企业在海外有极大的机会和发展空间。中国 GIS 走出去，不仅可以赢得更大的市场空间，发展业务，壮大企业规模，同时，也为其他国家的用户提供更多选择，也是造福于这些国家的用户。

目前在市场充分竞争中，中国的 GIS 企业已逐步壮大起来，中国 GIS 基础软件已经具备走出去的实力，相关企业要坚定信心，以"一带一路"为契机，加大国际市场开拓力度，逐步塑造国际品牌。除了 GIS 基础软件企业，提供应用解决方案的企业也应该重视国际市场。

建议：

（1）管理部门或者行业协会，要把系统性规划、引导，提升中国软件的整体形象作为重要任务，通过宣传、广告、赠送软件产品、开展培训服务等多种方式，树立中国 GIS 软件产品品牌形象。建议行业协会，面向 GIS 圈，组织中国 GIS 软件企业联合走出去，有助于加快提升中国 GIS 软件品牌影响力。

（2）建议企业紧跟国家的政策导向，积极参与"一带一路"项目；加强 GIS 软件企业之间的联合，发挥各自优势，共同承担风险，积极寻找 GIS 产品升级换代的机会，联合走出去，以新兴经济体市场为突破口，加快国际市场开拓。

（3）发挥中国 GIS 软件产品的技术特色和价格优势，打破国外 GIS 软件在国际市场的垄断地位。中国企业在当前应集中关注新兴经济体，他们有较强烈的发展需求，同时 GIS 应用软件基础薄弱，新的软件进入市场相对容易，应大力开拓。

五、总　　结

中国 GIS 软件除已具备良好的技术基础、人力资源储备和对市场需求的理解等有利条件外，还具有得天独厚的有利条件，即三个国家优势：一是我国有广阔的、多层次的、多元化的市场资源，是其他国家无可比拟的战略资源，有利于形成大批量生产和低流通的成本优势，进而获得技术路线和技术标准的主导地位；二是中国具备高智力劳动密集的比较优势，促成了"低成本研发"和"低成本复杂制造"这两种新的国家竞争优势；三是我国具备集国家力量发展战略性产业和战略技术的组织优势及其技术溢出的能力等。

我们有理由相信，中国 GIS 软件已经具备良好的发展基础，也具有无可替代的国家优势，中国 GIS 产业将会迎来更加蓬勃的发展，取得更加辉煌的成就。我们期待并且相信：在"十三五"规划期间，我们一定可以打造出国际知名的中国 GIS 软件品牌，并全面支持在涉及国家国防、经济安全和战略的关键领域实现 GIS 软件自主可控；"十四五"规划末期，中国 GIS 软件产业整体规模跻身世界前列。

20 世纪 90 年代初，我曾经参观了印度班加罗尔科研和软件研发中心。当时，雄心壮志的印度科技人员们把"IT"含义解释为"India Tomorrow"，引起了我内心的强烈震撼。我们一定要痛下决心，把中国的软件发展起来，不仅仅是论文，不仅仅是专利，更重要、更关键的是要走遍全世界，经受应用和市场的考验。

我们要树立这样的信心：无论在国内还是国际，一定要把中国 GIS 软件打造成中国软件的一面旗帜，为增强我们国家的核心竞争力做出我们应有的贡献！

中国梦、软件梦、GIS 梦，唯有我们依靠自己、持续奋斗才能实现。我国地理信息软件产业已经开始腾飞，我相信，尽管前进道路上还有不少困难，但这些困难一定能够克服。让我们共同努力，为实现这些目标、为实现几代人的梦想而携手奋斗！

下篇　全球变化

构筑"数字地球"，促进可持续发展^①

（1999 年 1 月—1999 年 11 月）

在迎接 21 世纪的历史时刻，我们来自世界五大洲的科学家、工程师和管理专家亲切聚会，共同展示"数字地球"相关领域已经取得的丰硕成果，探讨 21 世纪人类社会面临的机遇与挑战，交流对"数字地球"理论、技术、应用等各个方面的认识，展望"数字地球"的前景。

"数字地球"是地球科学技术与空间科学技术、信息科学技术等现代科学技术交融的前沿领域，更是科学技术与社会发展及社会科学紧密结合的结晶。"数字地球"是世界各国可持续发展的依托，是新的经济建设增长点，是科学技术、经济、政治、社会、历史发展和结

---

① 本文由徐冠华于 1999 年 1 月发表在《科学新闻》（周刊）第 1 期的文章《全社会要高度关注"数字地球"》，徐冠华、孙枢、陈运泰和吴忠良发表在《遥感学报》1999 年第 3 卷第 2 期的文章《迎接"数字地球"的挑战》，徐冠华 1999 年 11 月 29 日在"99 数字地球"ISDE 国际会议上的讲话《构筑"数字地球"，促进可持续发展》（发表在《中国图象图形学报》1999 年第 12 期和《中国航天》2000 年第 1 期）整理而成。

合的必然产物。

当然，我们需要从"数字地球"的战略定位上，在全球、国家和区域的层次上，长远地规划地球表层信息的获取、处理、应用等方面的相关工作，从系统论和一体化的角度来整合已有的或者正在发展的与"数字地球"相关的理论、技术、数据、应用和能力；同时，我们应当建立多比例尺、多应用层面的数字化地球、数字化地区或数字化城市，从而更广泛、深入地为社会提供服务。

中国有关部门和各界人士高度重视"数字地球"的作用，在推动"数字地球"建设过程中实行"需求牵引、统筹规划、阶段发展、择优支持、共建共享"的方针，争取实现"跨越式"的发展。并且，将努力加强与全球各国的合作，为建设"数字地球"做出自己的积极贡献。

一、从国家战略的高度看"数字地球"问题的必要性和紧迫性

中国作为世界最大的发展中国家，在全球可持续发展中承担着重要的责任，中国实现可持续发展将是对全球可持续发展的重大贡献。中国当前和未来巨大的社会需求是发展"数字地球"的驱动力。无论是维持社会的可持续发展，还是提高人们的生活质量；无论是促进当前科学与技术的发展，还是开拓未来知识经济的新天地，都对"数字地球"有着巨大的需求。

1. 国家可持续发展的需要

人口众多、土地资源有限、自然灾害频发都是中国的基本国情。

加强对土地资源、水资源和环境的监测和保护,发展精细农业,逐步实现农业产业化,加强对自然灾害、主要是洪涝灾害的监测、预测和防御,都是当前中国面临的迫切任务。中国的自然资源相对不足,耕地面积在减少,荒漠化过程在加剧,地质矿产和油气资源的勘探开发,森林、草原的调查和监测,海洋的保护和利用,也需要现代化手段的支持。这些都是重要且亟待解决的问题。现在对这些问题往往是个别地做出反应,在某种程度上是头痛医头、脚痛医脚。有的部门提出要搞灾害评估系统,有的部门提出要搞耕地的监测系统,有的部门提出要搞农作物估产系统……但每个系统都有结构和功能的局限性,而且也存在大量重复性工作,浪费了国家有限的人力、财力、物力资源,影响可持续发展。所以,必须要从更宏观的角度来考虑这些问题,在这方面,"数字地球"为我们提供了一个新的思路。它一方面立足于支持国家整体的可持续发展,另一方面和全球变化、资源、环境研究的一体化及国际经济一体化过程紧密地联系起来。从这个意义上讲,这项工作早晚得做,晚做就会浪费更多的资源,早做可以取得更多的主动。

2. 国家经济发展和提高人民生活质量的需要

我国先后搞了几个"金字"工程,这些带"金"字的工程很多都和空间数据密切相关。据我所知,人类生活中涉及的数据有80%和空间数据有关。所以,如果全球的、国家的信息系统不能提供地理空间有关的信息,那么这个信息系统一定是不完善的。回过头来看,美国在1993年提出国家信息基础设施建设,在1994年提出国家空间信息基础设施建设，在 1998 年又提出"数字地球"的概念，有必然的联系，是从经济、社会和可持续发展各方面考虑做出的重大决策。所以，我们应当从战略上对这个问题的必要性和紧迫性有所认识。

在经济发展中，劳动力、资金、生产、市场的空间分布、动态变化和合理布局具有重要意义，而通过"数字地球"促进的经济信息化进程，将有力地推动中国社会主义市场经济的发展。

城市发展如何避免某些第三世界国家和一些发达国家走过的弯路，是中国面临的一个紧迫的社会问题。其中管理、监测和规划具有关键性的意义，"数字地球"作为地理信息系统的一个发展，可以在城市规划、管网管理、社区管理，以及城市灾害、紧急事务动态管理方面发挥巨大的作用。

"数字地球"直接影响到中国居民未来的生活。网上商场、电子银行、电子商务等都涉及地理信息。在"数字地球"的支持下，提供丰富的地理信息使人们可以方便、轻松地进行虚拟旅游，访问世界各地的数字图书馆、数字博物馆、数字美术馆，这是我们未来的目标。

3. 科学与技术发展的需要

在空间科学技术领域，中国在"数字地球"的框架下，将根据可持续发展的需要，实现对地观测系统的合理布局；进一步促进高光谱分辨率、高空间分辨率、高时间分辨率的传感器的研制；提高对地观测卫星技术、星载数据处理、星—机—地数据接收技术、地面台站及人文、经济等数据的获取技术及一体化集成技术的发展。

在信息科学技术领域，需要研究新一代大规模并行处理器、高宽带网络、基于网络的分布式计算操作系统；高密度、高速率的海量空间数据储存、压缩、处理技术；多比例尺多时相多源数据集成技术；图像信息智能提取技术等，从而为"数字地球"提供强有力的技术支持。

在地球科学领域，需要进行多学科的综合研究。科学技术发展到今天，事实上只有空间对地观测技术才能提供全球性、重复性、连续性和多样性的地球表面动态数据。这类海量数据有助于把地球系统作为一个整体来研究，也可以模拟从前不可能观察到的现象，同时能更准确地理解所观察到的数据。建模与模拟给了我们一个深入理解正在收集的有关地球的各种数据的新天地。"数字地球"将有力地促进云、水和能量循环、海洋、大气、陆地表面、生态系统、冰川与极地冰盖及固体地球等方面的研究，从而促进地球系统科学的发展。

在社会科学领域，在"数字地球"的支持下，人与地耦合，人与自然的关系及在空间尺度上分析社会发展等方面的研究将会出现一个新的局面。

总之，建设"数字地球"的过程将极大地促进中国信息科学技术、空间科学技术、环境科学技术和地球科学的发展。"数字地球"所提供的巨大市场在中国经济发展中具有重要意义。"数字地球"创意中的很多思路，如数据共享、大型仪器设备共享、跨学科合作等，是我们早已进行过许多探讨，但尚未有效实施的思路。"数字地球"创意中的很多工作，如建立统一的地学数据库、依靠信息技术实现地学数据的集成和一体化等，是我们很久以来就一直在做，但却做得不够理想的工作。"数字地球"的提出给我们提供了一个从更高层次上整合的机会，会促进中国科学创新体系的形成和发展。

二、实现中国"数字地球"计划的可能性

"数字地球"概念的提出是第二次世界大战以来，特别是 20 世纪 70 年代以来"新技术革命"自然发展的结果。地球科学能够推动解决资源问题、环境问题、自然灾害问题，在社会的发展中具有重要意义。以地球信息为突破口发展新一代信息技术，是历史的必然。而无论是否提出"数字地球"的概念，无论是谁和以何种方式提出"数字地球"的概念，与地球信息的集成和整体化有关的工作都是目前地球科学和信息技术发展的一个重要趋势。

科学、经济和社会的发展具有非线性特征。"跨越式"发展方式不仅是可能的和现实的，而且几乎是一个国家迅速发展、成为世界强国的必由之路。在这种"跨越式"的发展中，抓住新的科技成果和新的生产力所提供的历史性的机遇是一个重要的因素。历史上，英国的崛起是蒸汽机所引发的工业革命的直接结果，德国的迅速发展有赖于钢铁工业和合成化学工业，美国的发展则直接得益于电力和内燃机工业。现在，信息产业的发展提供了新的历史机遇，这一点已毋庸置疑。由此而出现的新市场成为国际经济竞争的焦点。新中国自成立以来，经济的发展令世人瞩目。在工业化并不十分充分的条件下，按照自己的发展道路，中国完全有条件在信息化方面实现"跨越式"的发展。与"数字地球"本身相联系的悬而未决的科学和技术问题（如海量数据的动态获取与存储问题、系统复杂性问题、信息系统安全性问

题等），为"跨越式"发展提供了机遇。这些问题中任何一个的解决都意味着科学技术上的一次突破。

中国政府十分重视地球科学技术和信息技术的发展。近几年来，在国务院领导下，中国在地球信息技术及其应用领域的法规建设、空间数据信息收集、传输和处理的基础设施建设、通信网络建设、国产计算机硬件软件开发等方面，做了大量的工作。国家有关部委和中国科学院在"八五""九五"计划中所设立的一些重大科技攻关项目都与建设"数字地球"直接相关。

中国的信息高速公路经过十多年的建设已经取得了显著的进步。中国的国家信息基础设施计划到 2020 年建成。"九五"期间，主要建设了"八金工程"。中国四大计算机网络已成为完善的信息传输基础平台，主要包括数据网、光纤骨干网、异步传输模式（ATM）网、同步数字系列（SDH）网和光纤接入网。各地信息服务网和数据库的发展已成为本地电子信息资源的集散地。到 1999 年 6 月底，光缆总长度达到 100 万千米，计算机社会拥有量已经超过 1200 万台，因特网用户也已达到 400 万户，WWW 站点数约 9906 个，国际线路总容量为 241Mb/s 的国家公用信息网络已经覆盖全国 239 个城市；政府上网工程迅速推进，网上大学、网上图书馆开始出现；国家信息化发展战略、数字化产品发展战略、电子商务框架等都在研究、制定过程中。

中国地球科学界、空间科学技术界和信息科学技术界及其相应的应用领域的同仁经过近 20 年的共同努力，已具备或正在发展建立"数字地球"所需的各种技术和能力，这包括各类标准、规范、面向对象技术、空间数据库技术、虚拟现实技术、神经网络、专家系统、图像自动解译、多源数据融合等。

　　中国有关部委、中国科学院，以及各省、市、县在近 20 年间，已经积累了大量建立"数字地球"所需的原始数字化数据和相应的资料，这包括无以数计的各类数字化地理基础图、专题图、城市地籍图等。中国基本地形图系列有多种比例尺，从 1:10 000 起，到 1:25 000、1:50 000、1:100 000、1:250 000、1:500 000 和 1:1 000 000。目前，全国范围的 1:250 000 和 1:1 000 000 的基本地形图已经数字化完毕。下一步将进行 1:50 000 比例尺的地形图数字化工作。由于地形图几何精度比较高，所以常被用于其他专题地图制作的基础底图。国家有关部委、中国科学院在"八五""九五"计划中所设立的一些重大攻关项目为"数字地球"在农业、资源、环境、灾害、人口以及可持续发展决策、全球变化方面的应用积累了丰富的经验。我国许多城市利用航空摄影测量绘制 1:500 至 1:2000 的地形图。管线图、地籍图、房产图则主要是使用地面测绘，少数城市也使用地面测绘 1:500 地形图。

　　我国已经发射了 68 颗卫星，其中科学技术卫星 10 颗、气象卫星 5 颗、1 颗资源卫星、17 颗返回式遥感卫星，获取了高分辨率的全景摄影图像，建立了多个遥感卫星地面接收站，能够接收和处理陆地卫星专题制图仪（TM）、斯波特卫星和雷达卫星等卫星图像数据；建立了许多气象卫星接收台站，接收和处理 NOAA 及静止气象卫星等数据；建立了中、低空高效机载对地观测组合平台和大量的地面观测台站。

目前，在国家、省、市、县不同层次上，我国有一大批经验丰富的专家学者和专门技术人员从事与"数字地球"相关的工作。

三、中国发展"数字地球"的战略

中国政府高度重视"数字地球"的作用，在推动"数字地球"建设过程中实行"需求牵引、统筹规划、阶段发展、择优支持、共建共享"方针，争取实现跨越式发展。

1. 需求牵引

中国以应用和需求来促进"数字地球"建设，做好需求分析，选好应用切入点。全国性的土地资源监测、灾害监测与预测预警、各区域性产业带、城市管理、精细农业等都是可能的切入点；全球性的环境、资源问题的国际合作也是应予优先考虑的领域，要扎根应用领域，以效益促发展。

2. 统筹规划

"数字地球"首先是一种政府行为。国家领导层的超前决策、立法、规范，对避免低级重复和资源浪费至关重要。为此，建议成立国家级的"数字地球"工作协调委员会，由两部分代表组成：一是国家有关综合部门和空间信息专业部门的负责人；二是具有较高学术水平的科学家。其任务是研究中国"数字地球"的发展战略、设计国家行为、制定中长期发展规划、制定相关政策法规、协调各项计划、推进国际合作，避免重复浪费和走弯路。

我们希望，国家有关部门在制定和实施国家发展规划时应当考虑"数字地球"有关问题，加强有关综合部门和专业部门的协调与联合，从不同的角度支持和参与中国"数字地球"的工作，并在积极参与国际合作的基础上最终实现世界各国共享的"数字地球"，为全球性问题的研究和解决做出自己的贡献。

3. 阶段发展

在发展中国"数字地球"方面，要做的事很多，本着"有所为，有所不为"的原则，按轻、重、缓、急实施。当前，首要的任务是制定统一的标准和规范，为数据共享创造条件。对地观测系统建设要根据需要，按计划分步实施。国家自然科学基金委员会和国家重点基础研究发展计划（973计划）应当资助对"数字地球"相关基础科学问题的研究；国家高技术研究发展计划（863计划）应当支持开展"数字地球"的关键技术研究；国家科技"十五"攻关计划中应当安排和支持国家空间数据基础设施和"数字地球"典型应用系统的建设。

4. 择优支持

中国正处于经济体制转轨过程之中。为了充分利用有限的资源，建立竞争机制具有突出重要的意义。中国"数字地球"的建设将贯彻"择优支持"的方针。要通过公平、合理的竞争将项目集中在有条件从事研究开发工作的机构，提高经费的使用效率，杜绝"大锅饭"的倾向。

5.共建共享

应调动各方面积极性,充分利用各部门现有工作基础,整合现有数据。为此,要根据统一的规范标准,将大量、分散的地球科学数据归一、整编、数字化,形成包括国内外数据在内的"数字地球"大框架。应通过国家大项目牵引和引导,实现数据"共建共享",尽快研究和建立符合我国国情的空间信息共享机制,制定相应的政策、法规,包括明确规定不同部门和单位对地理信息维护、提供和索取的权利、职责和义务;地理信息开放度的规定和开放等级划分;信息与数据的产权界定和保护政策;信息共享中的价值补偿政策。

四、加强"数字地球"建设中的国际合作

建设"数字地球"这样一个人类历史上最大的信息系统,必须通过各国政府、有关部门、民间组织和各界人士的共同努力才能实现,因而,广泛的国际合作将是"数字地球"成功的基础。各国在标准规范的制定、信息基础设施、应用系统建设、信息资源共享等诸多方面应当加强交流和合作,这将会大幅度提高现有和未来各分系统的兼容性和互补性。

国际合作伙伴的财力和人力集中起来不仅可以减少费用,而且还可以使参加国获得利用大多数共同成果的机会。地球系统科学和全球变化研究需要全球性努力和不断的国际参与,任何单一机构或国家都不可能提供了解所有地球系统科学所必需的全面系统。对于"数字地

球"这样人类共同的巨大工程更应当走相互流通、互惠互利的发展道路，利用世界各国的资金、技术、人力资源、市场来共同推动，与国际市场接轨。要用国际标准、规范去开发利用国际信息资源，尊重国际上有关规章、制度和知识产权，按国际惯例办事。发达国家在"数字地球"建设中应当承担更多的责任，这不只是因为当前的全球性问题多数由于现代工业、农业的无序发展和经济社会发展的不平衡所引发的，实际上发展中国家也很难提供必需的人力、物力和财力。我们呼吁发达国家在这方面采取有力措施，促进"数字地球"的建设和在各国的应用。

五、当前应当采取的措施

1. 首先要动员社会关注"数字地球"的问题

"数字地球"是涉及国家发展的重大战略问题，须由最高领导做出决策。领导人做出决策的依据是来自于各种渠道的信息，一个渠道是从各部门反映上去的；另一个渠道是从社会各界反映上去的，包括舆论、宣传媒介，也包括个人渠道。现在看来，社会渠道往往发挥着重要的作用。所以，这项工作要取得领导人的理解和支持，必须首先得到社会的理解和支持，这是今后工作很重要的一个方面，为此建议：

（1）中国科学院联合有关单位举办"数字地球"论坛；

（2）今年在中国召开一次"数字地球"的国际研讨会；

（3）建立"数字地球"的系列科技论坛，有关研究所轮流主办。

2. 把"中国数字地球计划"或"数字中国计划"作为国家的战略计划提上日程

我所说的"提上日程"不是现在立项,而且这也不仅仅是立项能解决的问题。这个问题的重要性在于它是实施科教兴国战略和可持续发展战略的一项重大基础设施,是信息时代不可缺少的组成部分。它不仅是科学研究问题,也是工程问题,还是政策问题,涉及方方面面。这不是科技部或中国科学院能解决的问题,需要国务院做出决策。包括以下几个方面。

(1)数据的获取。如何从"数字地球"的角度来布局对地观测卫星发展计划,需要很好的考虑。

(2)数据的共享。现在数据共享不能实现的原因之一是提供数据的部门靠事业费用不能维持业务运行,不得不卖数据。这样做的结果是很多单位(如高校、研究所)因为没有钱而不能使用数据。还有个别部门因为是独家经营,抬高数据价格。实际上,购买数据的经费渠道都来自政府,只是拐了一个弯,从国家转到部门后再转到提供数据的部门。如果下决心把政府的钱直接提供给生产数据的部门,让它们向高校、研究所和其他从事社会公益的部门无偿提供数据,一样是用国家经费,问题可以解决。这个问题不解决,让其他部门共享数据很困难,所以需要政府做出决策。

(3)网络建设问题。现在三网合一的问题没有解决,通信网、广播电视网、数字网三网各自运行。但中国处在目前这种发展阶段,是不是还有必要搞几个网并行?需要研究解决。总之,"数字地球"应当首先是一个想法，有一个目标，然后采取各种措施推动，让这个计划尽早提到日程，这对于国家经济建设、国家安全和可持续发展都有重要意义。

（4）数据库建设。"数字地球"的基础是数据库的建设，数据的采集、处理、使用，一定要强调规范化、标准化，这是实现数据共享的基础。与此同时，随着国产地理信息系统基础软件的逐步成熟，还要考虑数据获取系统、地理信息系统和全球定位系统软件的国产化和产业化问题。

用知识和理性缔造美好未来①

（2002 年 4 月 15 日）

当今世界，以信息技术、生物技术、新材料技术为标志的高新技术已成为科技发展的亮点。科学技术的迅猛发展，加深了人类对自然现象及规律的认识，开拓了全新的生存与发展空间。在资源与环境领域，技术进步大大提高了资源综合利用的效率和水平，为缓解资源短缺、抑制环境恶化、改善人类健康状况、实现社会经济可持续发展提供了有效支撑。在全球范围里，人类正在积极建立可持续的循环经济体系，发展以环境友好技术为基础的生产模式。

正确处理环境与发展问题，走可持续发展道路，已经成为世界各国的共识。特别是 1992 年联合国制定《21 世纪议程》以来，世界各国都在采取行动，促进可持续发展战略的实施。为保证人与自然的协调发展，维护生态平衡，改善人类生存环境，缓解人口增长的压力，

---

① 2002 年 4 月 15 日在联合国新兴技术与可持续发展商业与科学论坛上的讲话，后发表于《科技和产业》2002 年第 2 卷第 4 期。

提高人民的生活质量，满足经济、社会发展对资源的需求，世界各国都把发展新兴技术作为刻不容缓的重大战略选择。

中国作为人口众多的发展中国家，区域发展很不平衡，特别是占全国陆地面积 70.1% 的西部地区，贫困仍是困扰其发展的首要问题。资源短缺、利用效率低、管理效能不足的问题依然存在，环境和发展之间的矛盾日趋突出。在今后相当长的时间内，为持续改善人民的生活水平，中国经济需保持一定的增长速度，资源开发的强度和环境压力也会继续增大。因此，在中国要实现可持续发展，需要长期、大量的资金和技术及管理等方面的投入，特别是新兴技术的开发与利用，需要社会各界的参与，需要科研和企业的结合，需要全面的国际合作。我们与联合国共同举办这次新兴技术与可持续发展论坛，就是旨在通过汇聚学术界、科学界、专业机构、商业界和政府的高层人士，探讨国际商业与科学伙伴关系，运用潜在新兴技术推动技术合作和寻求增强地方能力建设的途径、方法与手段。

多年来，中国政府在协调环境与发展的关系问题上做出了不懈的努力。在通过科技进步推进煤炭清洁高效利用，利用信息技术提高国土资源综合治理，利用清洁能源降低汽车排污、净化大气环境等方面，我们已经取得了显著成就。1981～1999 年，我国国内生产总值（GDP）万元产值能耗下降了 60%，年均节能率接近 5%；能源效率已由 1980 年的 25% 上升到目前的 34%。在中国国家科技攻关计划、国家高技术研究发展计划（863 计划）中，我们设立了一批有关人口、资源、环境等领域的重大技术项目，开发了有关人口控制与健康、资源开发利用与保护、洁净能源与新能源、清洁生产技术、信息技术、生物技术、环境污染控制与生态环境整治、灾害监测预报、生产安全与社会安全、城镇建设与居住环境、文化体育事业等方面的技术，解决了一些可持续发展中存在的重大问题，提高了可持续发展的技术能力。

保护全球环境，是人类的共同责任，实现可持续发展需要国际社会的共同努力。尽管各国在实施《21 世纪议程》中取得了进展，但我们仍然看到，全球环境恶化的趋势并没有从根本上得到扭转。在经济全球化进程进一步加快的同时，大多数发展中国家仍被环境质量恶化、自然资源损耗、贫困人口增加、资金严重不足等问题所困扰。贫困问题及资金、信息和技术的缺乏，仍然严重阻碍着发展中国家实施可持续发展的进程。

更加值得关注的是，1992 年联合国环境与发展大会所倡导的合作与全球伙伴关系还远未实现。大多数发达国家所承诺的官方发展援助占 GDP 0.7% 的目标不但没有实现，还有逐步减少的趋势。关于向发展中国家优惠转移清洁和环境无害化技术，特别是与全球环境问题有关的技术，也都因所谓的市场机制等种种借口而无法实现。近年来，随着高新技术的迅猛发展，国与国之间的知识鸿沟、技术鸿沟也呈现出不断扩大的趋势，发展中国家寻求既能够获得新兴技术，又能够应用这些技术途径的难度有增无减。这无疑严重影响了实现全球可持续发展的进程，也成为促进全球可持续发展领域的重要议题。

但是，我们仍然有理由对未来充满乐观。在人类社会发展的历史进程中，面对无数的困惑与迷茫，人类的理性之光最终都能驱散各种短视与蒙昧。越来越多的政治家和科学家已经认识到，地球是全人类共同的家园，我们这个世界绝不可能在极端富裕和极端贫困并存的情形下实现可持续发展。尽管未来的道路可能会比人们的预期更加漫长而曲折，但我对此始终充满信心。

我们面对的是一个充满机遇和挑战的时代。作为对人类文明进程做出过杰出贡献的伟大民族，中国人民和中国政府愿意承担起对于新世纪和全人类应尽的责任。让我们携起手来，共同创造美好的世界。

积极参与国际合作，促进我国生态环境保护①

（2005 年 3 月 30 日）

今天召开千年生态系统评估（The Millennium Ecosystem Assessment，MA）成果发布会暨中国西部生态系统综合评估项目成果发布会。我借此机会，向专程出席此次发布会的联合国环境规划署、国际自然与自然资源保护联盟的贵宾、国际组织代表，以及出席今天会议的各部门领导和专家表示衷心的感谢。

千年生态系统评估是全球范围内第一个针对生态系统变化对人类影响进行的科学评估计划。自 2001 年 6 月 5 日由联合国秘书长安南先生宣布正式启动以来，该项目得到了联合国环境规划署、开发计划署、粮农组织和教科文组织等国际机构、各国政府和广大科学家的支持。来自全球 95 个国家的上千位科学家参加了这一为期四年的国际合作项目。

---

① 2005 年 3 月 30 日在"千年生态系统评估（MA）成果发布会暨中国西部生态系统综合评估项目成果发布会"上的讲话。

千年生态系统评估的主要目的是为决策者提供有关生态系统变化与人类福祉之间关系的科学信息。四年来，围绕着收集、整合各种生态学资料和数据，预测生态系统在未来几十年内可能产生的变化及对人类发展的影响，开展了全球、亚全球、区域和国家等不同尺度的大量评估工作，力求全面、系统地为全球社会经济的可持续发展提供服务。

中国政府对生态环境保护和建设工作给予了高度重视，制定了《全国生态环境建设规划》和《全国生态环境保护纲要》，并纳入国民经济和社会发展计划，主要在以下几个方面开展工作：①加快重点区域的水土流失治理，实施野生动植物保护、自然保护区建设工程和濒危物种拯救工程；②制定和实施一系列节约能源的法规和技术经济政策，积极推广清洁能源利用和综合利用技术，开发利用可再生能源和新能源；③加强水、土地、森林、草原、海洋等资源的开发利用和保护管理；④进行水、大气等区域性污染的综合控制，开展城市环境综合整治和固体废弃物的处理与管理；⑤统筹区域发展，消除贫困、控制人口数量，提高居民的受教育程度和健康保障水平等。

尽管中国政府做出了巨大努力，但中国生态系统退化的状况仍未得到根本改善，我们还面临着生态环境保护和建设的艰巨任务。如何在经济发展的同时，提高资源利用效率，改善生态环境，促进人与自然的和谐共存，是中国全面建设小康社会的迫切需要，也是我们面临的严峻挑战。通过在千年生态系统评估框架下的合作，开展综合自然和社会因素的生态系统评估和案例研究，建立适用于中国不同地区实际问题的生态系统评估模型和综合评估方法，可以有效地提高我国生态系统管理和决策水平，加强生态评估方面的能力建设，改善生态系统功能，逐步形成可持续的生态系统。

中国幅员辽阔，气候类型、植被类型和土地利用类型多样，生态区划分异明显，具有鲜明的地域特征和代表性，在全球生态系统中发挥着重要作用。在中国开展千年生态系统评估工作，将会丰富和验证千年生态系统评估的技术方法和模型，这将是中国对千年生态系统评估的重要贡献。

为配合国际千年生态系统评估计划的实施，2001 年 5 月，科技部与国家环保总局决定，组织中国科学院、农业部、水利部、国土资源部、国家环保总局和国家林业局的有关科研单位和专家，正式启动中国西部生态系统综合评估项目，并以此为切入点，分步骤逐步启动全国范围的生态系统评估研究计划。中国西部生态系统综合评估研究项目也被千年生态系统评估正式确定为首批启动的五个亚全球区域评估项目之一。

中国西部生态系统综合评估参照千年生态系统评估框架，采用系统模拟和地球信息科学方法体系，对中国西部生态系统及其服务功能的现状、演变规律和未来情景进行了全面的评估。通过综合集成有关数据和研究成果，形成了相对完备的数据基础、分析工具和决策支持能力，增强了对西部生态系统进行连续滚动评估的能力。为中国西部大开发中的生态系统保护、管理与生态建设提供了科学依据。

中国西部生态评估在具体实施过程中，选择了多个典型区域进行深入研究和评估工作，揭示了不同生态地带和生态系统中生态系统服务功能和人类福祉的可能冲突，归纳总结了一些人与生态系统关系的优化模式，为保障西部生态系统的可持续性提供了范例。在此项研究中，通过强化与西部各省份地方政府的密切合作，使研究成果得到了有效的应用。这也为我们继续开展不同区域、不同尺度的生态系统评估奠定了基础。

今天我们在此发布千年生态系统评估成果，并不意味着生态评估工作的结束，而恰恰预示着人类对生态系统及其服务功能的认识正在逐步深入。我们正在制定中国中长期科技发展规划。加强生态建设和环境保护，推动循环经济的形成和发展，是我们在未来五到十年工作的重要内容，我们将充分吸收我国生态系统评估的研究成果，借鉴国际先进的生态系统管理经验与模式，逐步完善我国生态系统管理，统筹生态功能受益地区和生态功能保护地区的协调发展，确保生态系统的可持续利用，实现全社会的和谐稳定、富足安康。

我国全球环境变化研究的思考^①

（2005 年 4 月 28 日）

应对全球环境变化，促进人与自然的和谐共存，实现经济社会的可持续发展，已经成为国际社会共同关注的热点问题。20 世纪 80 年代以来，国际上相继推出了"世界气候研究计划"（WCRP）、"国际地圈－生物圈计划"（IGBP）、"国际全球环境变化人文因素研究计划"（IHDP）、"国际生物多样性计划"（DIVERSITAS）等四大全球环境变化国际研究计划，并以此为基础建立了"地球系统科学联盟"（ESSP）。这些科学研究计划不但推动了全球环境领域的科学发展，也为国际社会从根本上解决环境恶化问题提供了科技支持。一系列为遏制全球环境变化的国际多边条约，如《联合国气候变化框架公约》《京都议定书》《生物多样性公约》《卡塔赫纳生物安全议定书》等先后出台并生效实施。

我国目前处于经济社会发展的关键阶段，面临着经济发展与资源

---

① 2005 年 4 月 28 日在香山科学会议第 252 次会议上的讲话。

短缺及区域环境恶化的突出矛盾。全球环境变化及其带来的政治、外交和经济冲突，将会使我国的经济和社会发展面临更加错综复杂的局面。我们必须未雨绸缪，早做部署。

一、当前全球环境变化研究的重要动向

1. 全国环境变化问题已引起各国高度关注

环境恶化负面影响波及全球，保护全球环境需要全世界的共同努力和协同行动，最有效的全球协调行动方式就是制定全球范围的多边条约。为此，主要国家和国际机构开展的全球环境科学研究活动推动了环境外交和多边环境条约谈判的进程。例如，联合国政府间气候变化专门委员会（IPCC）于 1990 年推出的第一次"气候变化科学评估报告"催生《联合国气候变化框架公约》；IPCC 于 1997 年发布的第二次"气候变化科学评估报告"对制定《京都议定书》发挥了重要的科技支撑作用。《生物多样性公约》《卡塔赫纳生物安全议定书》《保护臭氧层维也纳公约》等环境公约的制定与生效，无不与相应的科学研究密切相关。

对我国而言，任何国际环境公约都会是一把"双刃剑"。一方面，国际条约的有关条款为我国经济和社会的可持续发展创造一定的有利环境；另一方面，履行国际条约要承担相应的国际义务，处理不好可能会成为我国经济和社会发展的负担甚至成为制约因素。我们必须对此给予高度重视。

目前，以温室气体减排为核心的气候变化谈判已成为当今国际环境外交斗争的热点问题。我国的二氧化碳（CO_2）排放量已位居全球第二位，并且很可能在不久的将来超过美国成为全球第一排放国。2005 年 2 月 16 日，旨在抑制全球变暖，减少温室气体排放的《京都议定书》正式生效。尽管在《京都议定书》中我国不需要承担温室气体减排任务，但发达国家要求我国承担温室气体减排的压力与日俱增。目前就《京都议定书》以后的国际减排温室气体义务的谈判即将启动，发达国家立场一致：必须把以中国、印度、巴西等为首的发展中国家纳入承担减缓温室气体排放义务的行列。2005 年的八国集团首脑会议，将重点讨论气候变化和非洲问题，八国集团的轮值主席英国首相布莱尔已经邀请胡锦涛同志，以及巴西、印度、南非和墨西哥的国家元首或政府首脑参加会议，意图非常明显。可以预计，我国在下一阶段的减缓温室气体的谈判中将面临更大的压力，我国在该领域也需要付出更多的努力。

我国全球环境变化研究工作者需要增强忧患意识和责任感。我们不仅要在国际条约的谈判中维护国家和民族的发展利益，保证我国长期发展战略的顺利实施，也要积极地参与到国际大家庭中，为保护全球环境做出与自己国情和国力相适应的贡献，这是一个负责任的大国应有的姿态和形象。为了在环境外交中争取主动，我国的全球环境变化研究必须为我国参与环境多边谈判，尤其是关于全球气候变化的国际谈判提供坚实的科学支撑，为在新一轮谈判中确定各国合理的国际义务、维护我国的发展权益提供决策依据。因此，全球环境变化研究既是一个科学研究的课题，也是维护国家发展权益、争取更有利的发展机会的重大命题。

2. 政府主导、组织全球环境变化研究计划

全球环境变化直接或间接地与人类活动和经济社会发展相互关联、交叉渗透，并与各国的经济利益密切相关，甚至将上升到国家安全的高度。因此，全球环境变化研究主体上由各国政府或政府间组织主导。例如，"世界气候研究计划"就是由世界气象组织发起和组织的；1990 年，美国总统布什倡议成立全球环境变化国际组织，随后在美洲成立美洲全球变化研究网；美国最近推出的全球变化研究新十年战略，研究重点由综合性科学问题转向综合政策和综合科学问题相结合；日本在国家层面上给予高度重视，全面配合美国的研究策略，并在亚洲和太平洋区域发起成立亚太全球变化研究网，其研究重点放在全球变化的预测和模拟研究上，并突出海洋和亚洲全球变化的研究；德国制定了国家全球研究战略，由国家全面协调全球环境变化事务。

目前，我国由科技部、国家发展和改革委员会、国家自然科学基金委员会、中国科学院等部门组织开展了一系列以全球变化为核心的科学研究活动，并取得了一批科学研究成果。我国参加《联合国气候变化框架公约》《生物多样性公约》等多边条约谈判得到了我国科技界的有力支持，主要来自我国政府部门组织开展的科学研究计划。我国先后有 50 多人次作为联合国政府间气候变化专门委员会组织开展的气候变化科学评估报告的主要作者，科技部、中国气象局和中国科学院共同组织的《中国气候变化国家评估报告》也即将完成。此

外，我国还先后成立了与全球环境变化研究四大计划相对应的中国委员会，这些委员会对推动我国的全球环境变化科学研究发挥了重要的作用。

为进一步加强我国在这一领域的工作，使我国的全球环境变化科学研究更好地服务于国家利益，我国有必要进一步加强对这一领域的科学研究的组织和协调。

3. 重大科学计划注重交叉、综合和集成

过去 10 余年间出台的一系列重大的全球环境变化科学研究计划，越来越强调综合集成，倡导开展跨学科交叉研究。随着地球系统科学联盟（ESSP）的建立和一系列全新的全球环境变化研究核心计划的组织实施，国际全球环境变化研究正进入一个新的发展时期，交叉集成的特点更为显著。2005 年 2 月在我国召开的第 20 次 IGBP 科学委员会（SC-IGBP）会议期间，IGBP 科学委员会主席 Guy Brasseur 再次强调把项目作为联系各学科的结合点，进一步打破学科和国家间的科学界限，把地球作为整体来研究。

我国在组织全球环境变化研究方面也取得了一些成功的经验，尤其是由政府部门出面组织的国家项目，突出了科学性，强化了国家目标，也非常重视自然科学和社会科学的结合、科学研究和政策研究的综合。当然，我们也非常需要借鉴国际上的成功经验，进一步整合我国全球环境变化研究的资源和各方面的研究力量，联合集中攻关。同时，应有选择地参与到国际交叉科学计划和国际联合行动中去，开展

对我国有重大影响的国际合作研究。

4.以地球系统整体观指导研究工作

地球系统的整体观是全球环境变化研究的科学精髓。研究全球环境变化，特别是区域层面的研究，全球的视野和地球系统的概念是不可或缺的。全球环境变化研究取得重大突破和进展有赖于广泛的国际合作和各国协同的大型科学试验。全球环境变化研究强国，如美国、德国、日本等的全球环境变化研究战略均突出了从全球视角进行组织和协调的特点。

我国全球环境变化研究关注更多的是，在全球尺度下，我国可能出现的全球环境变化情景及全球环境变化对我国的影响，对在全球尺度上通盘研究全球环境变化问题还非常欠缺。例如，全球气候变化问题，无论其成因、影响，还是解决该问题所涉及的外交、经济和贸易问题，都是全球性问题，甚至与全球的能源和资源供求关系密切相关。为此，我国需要扩大视野，把全球环境变化研究的舞台扩大到相邻地区乃至全球，把研究视角延伸至全球范围，寻求研究的新进展，以至于新的突破，提升我国在全球环境变化研究中的国际地位。

二、我国全球环境变化研究的几点考虑

目前，世界各国，特别是发达国家在以全球气候变化为核心的全球环境变化研究中，投入了巨大的资金资源。其目的，一方面是为应

对全球环境变化的实际活动服务，如了解全球气候变化可能带来的影响及应采取的适应行动；另一方面，还有更深层次的考虑，即发达国家普遍将其作为 20 ～ 30 年后在国际上进行新一轮竞争的重要手段，体现在与全球环境变化相关的国际产业分工、贸易、服务甚至发展空间分配上。因为越来越严格的保护全球气候的国际行动必然会对全球产业、贸易、金融、服务带来深刻的影响，以致调整国际竞争关系。因此，全球环境变化科学研究已不仅仅局限于一般的科学研究范畴。

经过十多年的努力，我国已形成了相当规模的全球环境变化研究能力，在国际全球环境变化研究中也占有一定的位置。这些人才和知识的积累为今后我国更好地开展全球环境变化领域的科学研究活动奠定了基础。面对复杂的全球环境变化问题尤其是全球气候变化问题的新挑战，以及日新月异的科技发展，我们在全球环境变化的科学研究上必须用创新的思想统领全局，以一个负责任的发展中大国的姿态参与全球环境变化事务，开创工作新局面。全球环境变化问题的最终解决，唯有依靠科学和技术的进步。我们必须把全球环境问题的科学研究，提升到增强国家实力、提高国家在新时期的国际竞争力这样的战略高度，做出系统安排和科学部署，以把握住战略主动权。为此，我提出以下几点意见。

1. 制定国家全球环境变化科学研究工作纲要和政策，发挥科技政策的引导作用

要根据《国家中长期科学与技术发展规划纲要（2006—2020 年）》

提出的指导思想，围绕以全球气候变化问题为核心的我国未来面临的重大全球环境变化问题，制定全球环境变化科技工作纲要，以政策统领和指导我国全球环境变化的整体科技工作。同时，其他与全球环境变化密切相关的领域，如能源、交通、化工、冶金、农业等领域的科技政策，也要将全球环境变化问题纳入其中，加以重视。

2. 重点提炼关键科学问题，组织多学科联合攻关

全球环境变化的科学研究工作要与国家重大需求相结合，提炼出重大科学问题，组织协同攻关。全球环境变化涉及的领域非常宽泛，在国家层面上，不可能面面俱到、全面展开研究工作，必须集中力量对有限的若干涉及国家重大利益的关键问题组织开展研究。同时要强化科学研究与政策研究相结合、自然科学与社会科学相结合。在科学研究组织工作中，要加强原始性创新研究，提升技术集成创新研究能力。

3. 加强我国科技机构和队伍的能力建设

我国目前在全球环境变化科学研究方面虽然有了一定规模的组织体系和专家队伍，但是与我国在该领域应用发挥的作用和国际地位还很不相称。我们需要下力气，通过科技项目带动，提高我国全球环境变化科技机构和专家队伍的能力，培养一支国际一流的、同时具有明确和坚定的政治立场的从事全球环境变化研究的科技队伍。值此机会，我想强调全球环境变化研究，很多方面与国际的重大政治和经济利益密切相关。从事这些研究的科技工作者，必须始终坚

持把国家利益摆在第一位。2005 年 1 月 25 日，科技部研究决定成立"科学技术部全球环境办公室"，以加强协调科技部内外在全球环境领域的科学研究工作，制定全球环境问题的国家统一的科技政策，并负责组织开展全球环境方面的国际科技合作与谈判等。我们还应该研究如何加强我国全球环境变化各研究计划及相应机构的交流、协调和配合，加强各部门、地方在该领域的交流和合作，以形成统一协调、工作高效、朝气蓬勃、富有活力的全球环境变化科学研究工作新局面。

4. 要进一步加强国际合作

全球环境变化的科学研究要立足于全球环境变化的大系统，与相关国家和国际组织开展相应的全球环境变化合作研究，以多种方式参与国际科技合作与国家科技活动。目前，我国在全球环境变化领域的国际合作研究总体上取得了很好的进展，在国际前沿也活跃着一批专家，但是，从人员的数量到层次上都还不够，我们必须进一步拓展对外交流，开展多层次、多方位的国际合作。重点要提高国际合作的层次和水平，尤其是要重视并参与国际法规的制定，既为保护全球环境做出贡献，又能从制定制度的源头上维护我国权益。另外，我国也应在参与制定全球环境变化国际科学计划时，努力为相关国际组织和机构在我国设立总部或分支机构创造条件。

2005 年是我国全面完成"十五"任务、筹划启动"十一五"的关键一年。党中央和国务院还将正式发布《国家中长期科学和技术发展规划纲要（2006—2020 年）》，明确未来中国科技发展的指导方针和奋斗目标，对科技发展的重点任务进行全面部署。本次香山科学会议的召开很及时、很重要。过去三天，我国全球环境变化研究领域的学者和科技工作者，就中国全球环境变化研究方面的问题畅所欲言。希望本次香山科学会议能为开创我国的全球环境变化研究新局面献计献策，为国家的科技发展和维护国家利益做出贡献。

在"环境变化、全球变化及公共健康"
青年科学家论坛上的讲话①

（2006 年 7 月 31 日）

很荣幸参加国际华人地理信息科学协会（CPGIS）组织的"环境变化、全球变化及公共健康"论坛。我和 CPGIS 是有感情的，站在这里就回忆起 1992 年在布法罗（Buffalo）参加的 CPGIS 成立大会。那次会议给我留下了深刻的印象，我看到了海外学子对祖国的一片赤诚之心，不仅有心，而且付诸了行动。这个行动，不是一句话、一次会议，而是从那以后直到今天，14 年连续不断，CPGIS 每年都在国内组织论坛，在国外或国内召开年会。CPGIS 的雪球越滚越大，今天已有 700 多名会员，成为一个有影响的中国留学生学术团体。我要对 CPGIS 协会的同志们表示敬意。中国历经劫难，总能复兴。中华民族之所以不垮，就是因为有民族的脊梁支撑着国家。所以，我相信中国

---

① 2006 年 7 月 31 日在 CPGIS 组织的"环境变化、全球变化及公共健康"论坛上的讲话，收入本书时对部分内容作了补充。

一定能够繁荣，中国一定能够富强。

大家对国内的情况很关心，今天我向大家介绍《国家中长期科学和技术发展规划纲要（2006—2020年）》（下文简称《规划纲要》）制定的情况，同时也介绍国家对 RS、GIS 和 GPS 科学技术的需求，请各位批评指正。

《规划纲要》已经在 2006 年年初公布。1 月 9 日，中央召开了全国科学技术大会。这次大会意义重大，会前不少媒体评价这次会议是一次"里程碑式"的会议，我有点紧张，一再嘱咐科技部办公厅和新闻处的同志，要准确把握口径，不要说过头。现在半年过去了，看来"里程碑式会议"这个估计是准确的，因为它不仅将对中国科学技术的发展，也将对中国经济社会的发展产生重大影响。这次会议后，变化最大的是各个省市，印象最深的是"自主创新、建设创新型国家"不再仅仅是一句口号，而是真正成为行动指南。务实，是这次会议的最大特点。各省市在会后无一例外地召开了科技大会，修订地方科技发展规划，落实科技改革政策及大幅度增加了科技投入。湖南、广东、山东等一些大省科技投入都比上年增加了一倍，深圳市提出要把今后五年政府的科技投入总量增加到 100 亿元，全社会的科技投入五年要达到 1000 亿元，这在一两年前是不可想象的。当然，中国的科技发展，也还存在资金不足的问题，但我更多的担忧是这么多钱怎么用好。另外，各个省市都制定了鼓励科技发展的政策，包括税收政策、金融政策、政府采购政策、反倾销政策等。中央也制定了《规划纲要》配套的六十条政策，正在拟定细则，估计年底前将会颁布。国有大型企业、中小型企业，还有民营企业，都有了很大的进步。国务院国有资产监督管理委员会召开了国有大企业科技工作会议，制定了一系列鼓励自主创新政策。包括把企业对于自主创新的支持和科学技术在国有企业未来增长的贡献作为企业领导人的考核标准。这是重大变化。中央各部委也都根据各自的行业特点制定了政策。现在可以说，我国正处于科学技术蓬勃大发展的时期。尽管在科技工作中还有很多困难，存在诸方面的问题，但是一定会在前进的过程中逐步得到解决。今天在座的有些是从国外回来的科学家，也有国内培养的中青年科学家，我希望大家共同承担起历史的责任，为中华民族的复兴做出自己的贡献。

同志们希望我概括说明《规划纲要》的特点，我强调以下几个方面的内容。

第一，自主创新方针贯彻规划的始终。自主创新包括三方面的含义。

一是原始性创新。原始性创新是科学技术的源泉，是重大科学技术革命的先导。原始性创新能力已经成为国家间科技乃至经济竞争成败的分水岭，成为决定国际产业分工地位的基础条件。一方面，原始性创新往往带来技术的重大突破，带来新兴产业的崛起和经济结构的变革，带来无限发展和超越的机会。另一方面，今天的产业竞争正在加速由生产阶段前移到研究开发阶段，具有竞争优势的高技术产品和产业主要来自原始性创新成果。长期以来，我国的基础研究、前沿高科技研究的质量不够高，国际先进水平的成果比较少；发明专利占有量和发达国家相比，仍然偏低。原始性创新如不能赶上发达国家，将严重制约中国当前和未来科技的发展。

二是集成性创新。集成性创新指的是以新产品、新兴产业为中心，实现各种技术的集成。全球化进程促使集成创新成为当代技术开发、转移、应用的重要方式。随着知识、技术的国际化，发展中国家可以利用知识的外部性、研发的外溢效果，以及技术扩散和人才的流动，加速自身的知识积累和提高局部的科技实力，其中集成创新是有效的途径。长期以来，我们着重发展单项技术，缺乏和产品、市场的有效连接，因而一项研究往往鉴定之日就是结束之时。现在不仅要注重单项技术的突破，更要注重以产品和产业为中心，把创新的单项技术同已有的，包括从市场上购买的技术集成起来，集成形成新产品和新产业。

三是在引进技术的基础上，对引进技术消化、吸收和再创新。有的同志认为自主创新是不要开放，不要引进技术，是要重新封闭，这种观点不对。我们谈自主创新，不是"自己创新"，更不是"关起门来创新"。改革开放以来，中国通过引进技术，引进资金，促进了中国的经济社会发展，这是事实。在引进过程中，我们也存在对消化、吸收、再创新严重不足的问题，这也是事实。随着劳动力成本不断提高，随着资源和环境的恶化，我国的比较优势不断弱化，市场竞争力面临越来越大的挑战。举个例子，韩国和日本在经济爬升时期，引进和消化吸收的投入之比是 1：10 到 1：15，也就是，他们引进 1 元钱的技术，用于消化吸收的投入是 10 ～ 15 元。中国在 2004 年引进和消化吸收投入之比是 1：0.15 到 1：0.18。也就是，引进 1 元钱的技术，用于消化吸收的投入是 1 角 5 分到 1 角 8 分钱。相比之下，差距非常之大。因此，在一些工业领域就出现了引进、落后，再引进、再落后的尴尬局面。技术和技术能力是有本质区别的概念。技术可以引进，但技术创新能力不可能引进。实践证明，技术创新能力是内生的，需要通过有组织的学习和产品开发实践才能获得。我国的产业体系要消化、吸收国外先进技术并使之转化为自主的知识资产，就必须建立自主开发的平台，培养锻炼自己的技术开发队伍，进行技术创新的实践。

第二，提出技术创新要以企业为主体，以市场为导向，产学研相结合的方针。这个方针对于落实《规划纲要》、贯彻自主创新方针和建设创新型国家的目标，都具有决定性意义。为什么这个方针如此重要？因为它是改革开放 20 多年成功经验和失败教训的总结。20 多年来，我国在推动科技进步方面，科技系统和经济系统都做了巨大的努力，取得了明显的进展。在科技系统内，在改革方面，从 1984 年减拨事业费，到 1999 年应用研究院所向企业化转制，在科技与经济结合方面迈出了一大步；在发展方面，国家大幅度增加科技的投入，实施了一系列重大科技发展计划，设立了国家自然科学基金，组建了国家重点实验室、国家工程中心等，也取得了很大的成绩。在经济系统内，面对生产需求，从国外引进技术，产业装备水平有了很大的提高，支撑了经济增长。但是还要看到，科技和经济两个系统的科技进步都是在各自相对封闭的系统内部完成的，形成了两条并行线，缺乏交汇点。两个系统独立运行的结果，一方面是产业技术进步主要依靠从国外引进技术，许多重要产业没有形成自己的创新能力，一些重要领域甚至形成对国外技术的依赖，在国际竞争中经常陷入被动局面。另一方面，虽然大学、科研机构在面向市场的研究开发方面做了大量工作，但由于自身特点所决定，大学和科研机构往往对市场需求缺乏深刻的了解，研究目标常常表现为先进的技术指标，注重技术上的突破。在很多情况下，研究开发成果的技术水平虽高，但其偏高的成本往往不具备市场竞争力；或者技术水平高却不具备产业化生产能力，这是多年来科技成果转化率不高的重要原因。

所以，《规划纲要》提出要建设以企业为主体、产学研相结合的技术创新体系，从体制上根本解决两个方面不足的问题。为什么技术创新体系要以企业为主体？我们认为，技术创新首先是一个经济活动过程，它是技术、管理、金融、市场等各方面创新的有机结合。企业熟悉市场需求，有实现技术成果产业化的基础条件，可以为持续的技术创新提供资金保证，能够形成创新与产业化的良性循环。只有以企业为主体，才有可能坚持技术创新的市场导向，迅速实现科技成果的产业化应用，真正提高市场竞争能力。因此，以建设企业为主体的技术创新体系作为突破口，就抓住了进一步深化科技体制改革的主线，就可以形成科技发展的战略安排和科技资源配置的新框架，一些多年未能解决的体制和机制问题就有可能理顺，从而得到解决。但这里我要特别强调，把企业作为技术创新的主体，并不是要削弱甚至抹杀大学、科研机构的作用，因为大学和科研机构是原始创新的主要源泉，充分发挥大学和科研机构在技术创新体系中的作用，是必须长期坚持的方针。因此，以企业为主体，产学研相结合应是一个紧密的整体。新的技术创新体系，既要突出企业的主体地位，又必须坚持产学研的结合，两者同样重要，都要从政策上给予支持。当然，国家创新体系不仅是一个技术创新体系，还包括科学研究和高等教育紧密结合的知识创新体系；军民结合、寓军于民的国防科技创新体系；社会化的科技中介服务体系；体现各自特色和优势的区域创新体系等。

第三，实施一批重大科技专项。中国的国力不足，资金不充裕，人才也有限，应当发挥社会主义制度的优良传统，集中力量办大事。《规划纲要》确定实施 16 个重大专项，受到社会各方面的广泛关注。国际经验表明，重大战略产品和工程事关国家的长远和战略利益。美国在第二次世界大战后为保持科技领先地位和制造业的竞争力，规划并实施了多项重大工程，如"曼哈顿计划""星球大战计划""信息高速公路计划"等。这些工程的实施，为美国实现其战略意图提供了有力支撑。目前正在实施的还有"国家纳米计划"、"氢能源计划"、"美国竞争力计划"（ACI）等十几项重大计划。此外，俄罗斯、日本、韩国、印度、新加坡、欧盟等国家和地区也都定期发布和实施重大科技项目或计划。

我们过去也曾有过通过重大科技专项实现局部突破和国家目标的成功经验。新中国成立以来，我国先后通过"两弹一星"、载人航天、杂交水稻等重大项目的实施，实现了科技发展的跨越，带动了新兴战略产业的成长，培养了一批世界级的战略科学家和科学技术领军人物。

所以，从中国的国情出发，同时吸收美国和其他发达国家的经验，面对重大的战略性、前瞻性问题，我们必须发挥强有力的政府优势，探索和总结在社会主义市场经济条件下，集中国力实施突破的经验。这次《规划纲要》确定实施的 16 个重大专项，目标就是要力争在若干重大战略产品、关键共性技术和重大工程上取得突破，填补国家战略空白，以科技发展的局部跃升，带动生产力的跨越发展。

第四，提出科技发展的方针"自主创新、重点跨越、支撑发展、引领未来"。我前面谈了"自主创新"和"重点跨越"，但"支撑发展"和"引领未来"同样重要。这里强调引领未来，也是《规划纲要》的一个闪光点。引领未来要大力加强基础研究、前沿高新技术研究和社会公益研究，大幅度加强基础研究等的支持力度。前面提到以企业为主体，并不意味着把大部分政府科研经费放到企业，这是不对的，也是不可能做到的。要建立以企业为主体的技术创新体系，企业不仅要成为技术创新的主体，而且也要成为研究投入的主体。政府研究经费主要还是投入到高校和研究机构。面向市场的技术创新研究，以企业为主体，强化研究的市场化应用能力；基础研究和前沿技术研究，则主要靠大学，靠研究机构完成。过去，在谈科技和经济结合时，往往有一种形式主义的倾向，就是要求每一个项目都要从基础研究、前沿技术研究做起直到产业化为止，每一项研究都要有应用的成果，相关部门必须出具成果收益的报告。这不符合科学研究探索性和不确定性的规律，实际上是让研究人员做做不到的事，会导致浮躁和学术造假。因此，在科技管理中必须把基础研究、前沿技术研究和面向市场的应用研究区别开来，把市场性科技活动与公益性科技活动区别开来。针对基础研究和前沿技术研究的特点，建立一个鼓励探索、宽容失败的评价和激励机制；创造一个更加开放的、促进交流与合作的科研环境，提供更加宽裕的经费，为科学技术面向未来培育肥沃的土壤。

各位都是遥感、地理信息系统方向的科技工作者，顺便我再谈一谈国家对遥感、地理信息系统技术的需求。从"六五"计划以来，遥感技术及应用一直被列为国家重大科技项目，这十分罕见，体现了国家对遥感技术服务于国家的重视和期望。

"十一五"期间，国家对遥感和地理信息系统研究的期望仍旧是要紧密结合国家的重大需求。国家的需求是什么？中长期科技发展规划纲要提出，主要包括以下几个方面。

（1）把发展能源、水资源和环境保护技术放在优先位置，下决心解决制约国民经济发展的重大瓶颈问题。

（2）以获取自主知识产权为中心，抢占信息技术的战略制高点，大幅度提高我国信息产业的国际竞争力。

（3）大幅度增加对生物技术研究开发和应用的支持力度，为保障食物安全、优化农产品结构、提高人民健康水平提供科技支撑。

（4）以信息技术、新材料技术和先进制造技术的集成创新为核心，大幅度提高重大装备和产品制造的自主创新能力。

（5）加快发展空天技术和海洋技术，拓展未来发展空间，保障国防安全，维护国家战略利益。

（6）加强多种技术的综合集成，提高人民的生活质量，保证公共安全。

遥感技术研究如何面对国家需求？举几个例子。

案例1：广东省委书记告诉我，2006年4号台风"碧利斯"轨迹异常，到了福建拐了90°角，直接南下导致广东、湖南大水，百年一遇。我请教气象局的一位领导，他告诉我台风路径能够预测，但因为缺乏对云层的准确估计，雨量超出预判，为此迫切需要发展微波遥感技术。这就是中国迫切的需要，也是传感器研制的一大挑战。前天，两位海外专家又告诉我，美国已经做出了世界第一个微波传感器。中

253

国能否做到世界第二呢?

　　案例2：中国的农耕地被蚕食，农耕地面积缩小，国家有关部门急需新技术手段，解决瞒报耕地被占问题。有的专家告诉我，"北京一号"小卫星，可以监测耕地变化。而且卫星制造和发射、接收价格低廉，把小卫星应用和我国土地动态的监测结合起来，也可以做成大事。

　　案例3：环境问题。这已经是全球性的重大问题。其中全球变暖问题已经远远地超出了科学的范畴，演变成政治问题。全球变暖研究与国家民族的重大利益密切相关，而遥感是研究全球变暖的最佳手段之一。

　　案例4：海洋研究。海洋对环境及全球变化研究有战略意义，海洋资源特别是专属经济区外的深海资源，对中国和人类未来生存和发展意义重大。我们的国力有限，调查船不多，如何利用遥感技术？要从国家目标出发，从国家紧迫的战略需求出发，布局我国海洋遥感研究，带动包括遥感数据的接收、应用，传感器的研制直到卫星的研制等领域。

　　当然，我们还要注重国际科技前沿，对地观测的前沿在哪里？从理论、技术各个方面，我们还缺乏深入的讨论，我们了解得不多，了解得不够，我们急需坐下来讨论这些问题。在海外的同志们在这方面应当说是有优势的，希望听取你们的意见。

全球变化及其影响和对策[①]

（2008 年 11 月）

  2007 年，我卸任科技部部长的职务以后，就在考虑如何规划下一步人生。我原本做空间对地观测研究，这些年这一领域已经得到快速发展，从中央到地方，各个部门都组建了遥感与地理信息系统研究和应用机构、配备了专业技术人员、提供了优良的工作条件。近年来，全球变化越来越成为科技界关注的重大问题，我在科技管理工作中也深切体会到环境变化和可持续发展问题巨大的挑战性。经反复思考后，我决定用更多的精力和时间参与中国全球变化研究。从 2008 年开始，先后召开了六次全国性的有关全球变化研究的专家讨论会和香山会议，在中国全球变化研究的重点、方向，应当采取的措施等方面

[①] 本文基于 2008 年 1 月 27 日、2 月 1 日、2 月 19 日、3 月 16 日、3 月 29 日、6 月 11 日等多次会议和 7 月 7～9 日召开的香山科学会议第 325 次会议等全国性研讨会的成果，并自 2008 年 11 月起在我国十多所院校和研究单位作报告，报告过程中又不断做了修订。参与报告编写工作的人员包括宫鹏、邵立勤、林海、戴永久、王斌、潘耀忠、程晓等。

取得了一致的意见，我也成为全球变化研究积极的推动者和参与者。今天，我利用这个机会，谈一谈全球变化及其影响和对策的看法，不妥和错误之处请指正。

一、对全球变化的认识

大约 150 亿年以前，宇宙开始形成。在宇宙当中，有超过 1000 亿个像银河系这样的星系。在银河系中，有 2000 亿颗恒星，而太阳是众多恒星中的一员。我们人类就生活在太阳系的地球上。地球在 46 亿年前形成，有可能在 60 亿年之后毁灭。6 亿年来，随着大陆的漂移，地球板块分分合合，出现过多次冰川过程，但是地球也经历了空前的繁荣，大量生命开始繁衍。

地球的平均温度，一直在 12 ～ 22℃摆动，说明地球有一个相当稳定的调控机制。在漫长的时期内，保持了一个相对稳定的环境，有利于生物繁衍。但是，由于地球温度分布不均匀，即使平均温度 1℃的变化也是巨大的变化。自从 6500 万年前恐龙灭绝以后，地球一直处在寒冷期，当前地球的两极都有冰盖可能是地球演变史中少有的独特的时期。

在这独特的气候时期中的最后几百万年，地球上出现了人类。现代人类起源于非洲，百万年来，人类一次次从非洲向其他的大陆迁移。到 5 万年以前，人类的足迹已经遍布了五大洲。

地球经历了这么长的演变，又有了这么长的人类活动历程，显然经历过一次次翻天覆地的变化。那么，我们当前所说的全球变化指的是什么？全球变化是指由自然和人文因素引起的地球系统功能的全球尺度的变化，包括大气与海洋循环、水循环、生物地球化学循环、资源、土地利用、城市化、经济发展等的变化。所以，我们研究全球变化问题，研究的对象是地球，相比浩瀚的宇宙，它如同一粒尘埃；而所谓全球变化，只是宇宙在漫漫的时间长河中的一瞬间，但这一粒尘埃的一瞬间对人类却极为重要。

人类历史经历了一个发生、发展的过程，人类的文明，在过去的历史时代也经历了兴兴衰衰。人类的文明发源于 5000 ~ 6000 年前，先后在两河流域、印度、中国、希腊、美洲等地创造出独特文明。在人类文明发展过程中，有些曾经经历过空前的繁荣，但是之后逐渐地消亡了。例如，古埃及的文明、中美洲的玛雅文明、印加文明，还有柬埔寨的吴哥文明等，都曾经一度非常辉煌。但现在却只留下一些残石断壁的历史遗迹。

为什么很多古代文明消失了？历史学家做了分析，主要有环境的变化、气候的变迁及战争等外部和内部的原因，特别是外部环境的变化通过内部的矛盾起了作用，使这些古老文明最后毁灭。

看到历史上这些曾经繁荣一时的文明消失了，令人不禁想到，当前的人类文明会走向何方？历史上消失的文明，都是区域性的文明，但是今天人类面临的却是全球性的问题——全球变化问题。

我们要怎么样面对当前全球变化给人类带来的挑战？首先看看最近几十年观测到的有关全球变化的事实。

最基本事实是全球变暖。2007 年，联合国政府间气候变化专门委员会（IPCC）公布了它的第四次评估报告。这个报告是一个权威性的报告。它列出了一些基本数据：在过去 100 年，全球地表平均温度升高了 0.74℃，海平面升高了 0.17 米。它进一步预测，按照目前的形势发展下去，到 21 世纪末全球的地表温度可能会升高 1.1～6.4℃，海平面有可能升高 0.18～0.59 米。与此相应，在 21 世纪高温、热浪、强降水的频率都有可能增加。有关百年来全球变暖的现象是世界科技界的共识。

地表的平均温度升高、海平面上升和积雪范围退缩等数据都强有力地支持了全球变暖的判断。IPCC 报告认为 20 世纪是人类在过去2000 年当中最温暖的 100 年。历史气候数据表明全球绝大部分地区冬季温度在不断地升高，有些地方升高得非常明显。同时，全球降水的空间格局也有改变，在中高纬度的大陆地区，降水明显增加，而在非洲的降水明显减少。

和全球变暖相对应，温带和寒温带的人们广泛感受到暖冬现象，植被生长季也不断延长。物候期也因为全球变暖而变化明显。鸟类迁徙对温度的变化最敏感，全球变暖使得鸟类春季活动变得更早。昆虫活动也有相应的变化，欧洲和北美洲的蝴蝶，已经把它们的活动范围向北移动了 200 多千米。水温的升高威胁到很多鱼类的生存，海水过暖造成有些鱼类不能产卵，例如鳕鱼，它的种群数量就大大减少。

北冰洋的海冰，也明显减少，春季海冰的厚度减少了 40%。一些国家担心，一旦北极的冰全部融化，导致海平面升高，这些国家大面积土地会被淹没。冰川和雪盖正在消融，许多湖泊面积也大幅度下降。袭击全球的热浪频繁发生，台风、暴雨造成重大生命和财产损失。

所有观测到的事实都表明，全球变化已经给全球环境带来了巨大的变化，当然也对中国的环境造成了巨大的影响。近 50 年中国的增温速率表明中国东北、西北和华北地区气候变暖最为明显。而在降水方面，过去 50 年中国华北降雨明显减少，但西北地区降水增加。海平面上升有加速的趋势。过去 50 年来，海平面平均上升速率是每年 2.6 毫米，最近几年它的上升速率逐渐加快。湖泊水位下降，面积萎缩，青海湖最近 100 年水位下降了 12 米，最近 30 年湖面缩小了 670 平方千米。

随着全球增温，我国极端天气事件不断出现。各位可能对最近这些年极端天气事件发生的状况记忆犹新。2006 年 4 月，北京一夜降尘总量 33 万吨。同年 8 月，百年一遇的超强台风"桑美"登陆中国，最大风速达到每秒 60 米，风力达 17 级。2007 年，新疆大风肆虐造成列车脱轨。同年，我国东北地区出现了 50 年来最强的降雪，局部降雪超过 1 米，造成交通瘫痪；重庆遭遇了 115 年以来最强烈的暴雨袭击。

2008 年 1～2 月，我国南方地区遭受 50 年不遇的雨雪冰冻天气。5 月罕见的 8 级大地震，6 月大范围强降雨和洪灾，7 月青岛海域大范围浒苔。2009 年 9 月，中国西南地区发生罕见干旱，一直持续到 2010 年 4 月。2010 年 1～4 月，低温暴雪大风袭击北半球。同年 6～7 月，高温、热浪袭击全球。

这些年间，中国遭遇的灾害频度和强度百年难遇。其实，这不仅仅是中国的现象，在世界范围内灾害的频率和危害程度都在增加，损失严重。

总结过去 50 年，大部分陆地区域的强降水的发生频率上升。热昼、热夜、热浪更加频繁。干旱在更大范围内出现、强度更强且持续时间更长。热带气旋包括台风和飓风的强度不断增大。展望未来，如果照此发展下去，这些情景会更加严重。

二、人类活动和全球变化的关系

全球变化问题如此尖锐，那么全球变化和人类活动有什么关系？特别是全球变暖和人类活动有没有关系？这是人们非常关注的问题。我们从二氧化碳排放和全球变暖的关系、气溶胶在全球变化中扮演的角色，以及土地利用变化对全球变化的影响三个方面介绍当前的研究进展。

首先是人类活动和全球变暖的关系问题，有两种看法。第一种看法：人类活动是全球变暖的始作俑者。这是科学界占主导地位的看法。

IPCC 作为联合国政府间气候变化的专门委员会，在这方面有权威性，也为各国政府所接受。它明确无误地表达了全球变暖主要是人类活动引起的观点。这个判断非常重要，是导致世界各国一系列减缓全球变暖政策出台的原因。《京都议定书》《巴厘岛路线图》都是基于这样一个判断。从 IPCC 的四次评估报告可以看出，它对人类活动在全球变暖中作用的认识也在不断深化。IPCC 第一次评估报告是 1990 年发布，它提出近百年的气候变化可能是自然波动或人类活动或者是由两者共同影响所造成的。1995 年发布的 IPCC 第二次评估报告提出，越来越多的事实表明，人类活动对全球变化存在影响。2001 年发布的 IPCC 第三次报告提出，新的更有说服力的证据表明，过去 50 年观测到的大部分增温，有 66% 的可能性归因于人类活动。2007 年的第四次评估报告则几乎是肯定性的结论，就是有90%以上的可能性证明人类活动是全球变暖的主要原因。四次评估报告的认识不断深化，越来越多的证据表明，人类的活动是全球变暖的主因。

为什么认为人类活动是全球变暖的主因？这要从温室效应和温室气体谈起。首先看一看地球的能量平衡。地球系统的温度是由入射的太阳短波辐射和地球发射的长波辐射之间的平衡决定的。如果不考虑大气中的云、水汽和二氧化碳的影响，地球的理论平均温度是 -19℃，而地球的实际平均温度是 14℃，要比地球理论平均温度高得多。

为什么地球的实际温度比理论温度要高得多？原因是大气中的云、水汽、二氧化碳等既吸收辐射，也重新反射辐射，这些重新反射的辐射有一部分返回大气层和地表，使地球表面平均温度上升。这就是"温室效应"，而水汽、二氧化碳等就被称为温室气体，这就像温室的玻璃一样，对地表和大气增温起着重要作用。

为什么当前地球实际平均温度还在不断地增加呢？也就是为什么全球仍在变暖？研究表明，全球变暖和二氧化碳等温室气体的增加有明显相关性。全球大气中二氧化碳的浓度，过去10年平均每年以 1.8ppm[①] 的速率增长，而过去50年的平均速率仅仅是每年 1.0ppm。自 1958 年起，夏威夷观象台一直测量大气中二氧化碳浓度的变化，从 20 世纪 60 年代的 310ppm，上升到 2004 年的 381ppm。中国气象局的大气本底站测得的二氧化碳浓度也显示类似的结果。

增加的二氧化碳来自何处？人类燃烧化石燃料是个重要的原

---

① ppm：浓度单位，是用溶质质量占全部溶液质量的百万分比来表示浓度，也称百万分比浓度。

因。2006 年，人类燃烧化石燃料的碳排放达到 84 亿吨，从 1990 年到 1999 年每年递增 1.3%。但是 21 世纪以来却猛增到 3.3%。土地利用变化，特别是森林砍伐、森林大火，也是造成碳排放的一个重要原因。每年土地利用变化造成的碳排放大约为 15 亿吨，而且总体上有增加的趋势。

人类碳排放的驱动力在哪里？数据表明，碳排放量从 20 世纪 80 年代到 21 世纪不断增加，和人口的增加正相关，也和财富的增加非常吻合。虽然每单位 GDP 的碳排放量有一定的降低，但是并不能阻止碳排放总量增大的趋势。

但是必须指出关于人类活动和全球变暖的这种相关性，也有不同的声音。第二种看法是：人类活动是全球变暖的始作俑者吗？后面加了一个问号说明有科学家反对或者质疑人类活动是全球变暖主要原因的看法。

一些西方科学家制作了一部长达 1 小时 10 分钟的电视片，对 IPCC 关于人类活动引起全球变暖的结论提出了严重的质疑。这些科学家认为，全球变暖已经成为一些西方发达国家为了阻止发展中国家工业化进程而编造的气候灾难故事。"全球变暖是由于人类活动引起"的说法，似乎已经变成一种信仰，不赞成这个观点的人就成为"异教徒"。

这些科学家质疑的一个根据是从古环境研究获得的数据，即自然历史中的某个阶段，大气中二氧化碳的变化和大气温度的变化并不总是正相关。比如，高温和低二氧化碳浓度组合。二氧化碳浓度在 3000 万年前后，降到 1000ppm 以下，在 2400 万年前降到工业革命前的水平。但是，在 2400 万年前到 1500 万年前之间，全球的温度要比现在高很多，当时南极的冰盖很小，而北极没有冰盖，这是全球高温和低二氧化碳浓度组合的一个实例。

另一个例子是低温和高二氧化碳浓度的组合。南极冰芯记录了 80 万年来温度和二氧化碳浓度的变化。记录表明，现在的平均温度比 40 万年前低 3℃左右，而二氧化碳浓度比 40 万年前高 100ppm。

至于自然史中地球温度变化的原因，有的科学家认为是由于地球轨道参数周期性变化，引起到达地球的太阳辐射量的变化，最终驱动地球上冰期和间冰期，现在是新一轮温暖期的开始。我们认为，这些不同观点需要重视。在多数人取得共识的同时，要给不同的观点一个空间，因为这就是科学发展的动力。只有研究各种不同的观点，才能在这个基础上深化认识，统一思想。

人类活动和全球变化关系的第二个典型问题是：气溶胶在全球变暖中扮演什么角色？什么是气溶胶？气溶胶是空气当中直径介于 0.01 ~ 10 微米的除雨滴以外的固体颗粒和液体颗粒的总称，包括灰尘、烟尘、沙尘、火山灰等各种颗粒物。

二氧化碳对全球变化的影响是一个长期才能看得见、感觉得到的过程。但是，气溶胶对环境恶化及人类生活质量的影响却和我们的生活日日相伴。人类活动是气溶胶增加的主要原因。人为气溶胶主要有化石燃料燃烧和工业活动产生的碳硫化合物，以及人为改变地面状况而产生的尘埃。人们常关心的大气污染、沙尘暴、酸雨等环境问题都与气溶胶密切相关。

但是，气溶胶对全球变暖有什么影响？多数科学家认为，气溶胶的气候效应与温室气体效应正好相反，即气溶胶浓度的增加将降低地面温度。但科学家也承认，气溶胶的作用和温室效应相比要复杂得多，而且时空变化极大。IPCC 报告也表明，到目前为止，全球气溶胶气候效应估算的不确定性远远大于估算值本身。

从 2000 ～ 2006 年全球的气溶胶空间分布趋势看，中国，包括东南亚是一个气溶胶污染相对集中的地区。中国华北平原气溶胶浓度尤强。气溶胶主要由人类活动造成，在全球变化中扮演着重要角色，而且许多机制还不清楚，因此加强气溶胶研究意义重大。

人类活动和全球变化的第三个典型问题是：土地利用对全球变暖的影响。土地利用和土地覆盖的变化直接反映人类的经济活动过程。土地利用／土地覆盖的变化研究是连接全球变化中自然过程和人为过程的纽带，是自然科学和社会科学学科交叉的焦点。

1960 年以来，土地利用变化造成全球碳排放量的变化。土地利用变化包括热带森林砍伐、森林大火、湿地减少、荒漠化、农业用地扩张、城市化等。它们对全球变暖的影响深刻。土地利用／覆盖的变化还直接导致地表反射率的变化，现在估计土地利用／覆盖变化是温室气体排放所造成辐射量变化的 1/5。1960 年以来，全球超过 1/5 的热带森林被毁，森林砍伐燃烧所排放的二氧化碳占人类每年向大气碳排放量的 7% ～ 30%。

人类活动，如种植面积扩大、工业用地扩张、居民地建设，也都引起土地利用、土地覆盖的变化等，总的判断就是地表变化的累计效应会引起地球圈层间的相互作用和物质能量交换的巨大改变，从而对全球变化产生重大影响。

目前，土地利用／覆盖变化的数据存在很大的不确定性，准确观测和预测土地变化是全球变化研究不可缺少的重要部分。

三、人类对自然界认识的新飞跃

全球变化对人类及其未来的影响如此巨大，众多科学家又认为全球变暖和人类活动密切相关。因此，全球变化问题成为人类关注的焦点。概括起来，全球变化问题已经成为媒体炒作的对象、政治家演讲的新宠、老百姓关注的焦点和科学家研究的新课题。

看过美国《后天》这部科幻电影的人一定对气候变化及其可能的后果印象深刻。《后天》讲述了一位研究全球变化的科学家，做出温室效应将造成气温剧降，地球将再次进入冰河时期的预言。此时，人类陷入了空前的浩劫。这部电影和其他陆续出版的有关全球变化的作品在全世界造成了广泛影响。

美国前副总统戈尔，把呼吁解决全球变化问题作为他的事业。虽然竞选总统失败，但是他获得了诺贝尔和平奖。五角大楼曾向布什总统提交报告，提出气候变化将摧毁美国。我们知道，美国政府经常宣传的是恐怖主义会摧毁美国，而这份报告发出气候变化将要摧毁美国的声音。

各国政府也对全球变化问题高度关注。1992 年，联合国政府间气候变化委员会签署《联合国气候变化框架公约》，有 141 个国家和地区签署了议定书。1997 年缔约方通过了《京都议定书》，确定了从2008 年到 2012 年，主要工业发达国家减少二氧化碳等温室气体排放的义务。但是，美国考虑到自身利益，拒绝签字。

2007 年，为期两周的联合国气候变化大会又在印度尼西亚的巴厘岛展开激烈的讨论和争论，形成了《巴厘岛路线图》。该路线图指出要在 2009 年底之前，达成接替《京都议定书》的旨在减缓全球变暖的新协议。

2009 年 12 月 7～18 日在丹麦首都哥本哈根召开联合国气候变化大会，会议形成的《哥本哈根协议》，是继《京都议定书》后又一具有划时代意义的全球气候协议书，毫无疑问，对地球今后的气候变化走向将产生决定性的影响。这是一次被喻为"拯救人类的最后一次机会"的会议。《哥本哈根协议》维护了"共同但有区别的责任"原则，在发达国家强制减排和发展中国家采取自主减缓行动方面迈出了新的步伐，并在一系列焦点问题上达成广泛共识。

所有这些事实概括起来说明，全球变化问题已经超越国界，成为全世界共同关注的问题，这是人类对自然界认识的新飞跃。为什么人类能在 21 世纪初出现这种认识上的飞跃？我们可以从三个方面分析它诞生的历史背景：自然的逻辑、经济的发展和科学技术的进步。

第一，自然的逻辑。我们每个人都很关心自己的家园，也向往田园诗般的生活，但是，这种生活能维持多久？旱灾、冰冻灾、暴雨、洪水、地震，接踵而来，我们面对的全球变暖、环境污染、油价高升、粮食危机等现象，对每个人都产生了越来越深刻的影响，每个人都逐渐把视野从自己的家园扩展到一个地区、一个国家，乃至整个地球。

最近几十年的发展加速了全球化的进程，也逐步开阔了人们的眼界。因而世界上更多的人把自己的关注从局部转到区域以至转到全球。地球村就是把整个地球作为人类的家园整体考虑和解决面临的问题，这是自然的逻辑。

第二，经济的发展。人类在过去一个世纪，经历了翻天覆地的变化。可以说这一个世纪的变化，比人类几千年发展历史上的变化要广泛得多，要深刻得多。动力就是人类向往美好生活的愿望和科学技术的进步。但是，科学技术进步是一把"双刃剑"：一方面，我们的生活有了极大的改善，人类的寿命有了很大的延长；另一方面，科学技术进步、经济的发展，也带来一系列我们不得不面对的越来越严重的环境问题、资源问题及社会问题。

第三，科学技术的进步。现在研究全球变化，除了有需求之外，科学技术的进步使之成为可能。从以下四个方面来看：一是对地观测技术进步大大开阔了人类的视野，过去只能站在高处看到自身的家园；现在通过卫星照片，可以看到整个国家和全球，发现了我们很多从前不知道的现象。例如，卫星影像的出现，发现了横跨大陆的大断裂带、沙漠的扩张、冰雪的消融，大大地增加了人们对地球在宏观尺度上的认识。二是仪器设备的突破，推动了众多的科学从定性描述向定量分析的转变。这种转变是历史性的转变，在地学表现得尤为明显，使它从一门多数为描述性的科学逐渐转变成定量分析和定性分析相结合的科学。三是数学模型和计算机、计算技术的发展，使众多学科不仅可以描述现状，也可以在三维空间描述和预测未来。四是在自然科学的学科之间、科学和技术之间、自然科学和社会科学之间的渗透和交叉，促使现代科学从单学科的思维向多学科的综合分析转变。可以说，现代科学的一些重大的发现，大多数出现在学科交叉的领域，全球变化研究正是在这样宏观的背景下诞生和迅速发展的。

四、应对全球变化的挑战

全球变化的问题引起我国政府和全社会的高度关注，我们必须采取行动，应对全球变化的挑战。下面我从三个方面谈应对全球变化挑战的重大举措。

（一）发展低碳经济是应对全球变化挑战的根本途径

低碳经济是在全球气候变暖对人类生存和发展带来严峻挑战的大背景下提出的经济发展模式，是以低能耗、低污染、低排放为基础的新型发展模式，目标是减少温室气体（主要是二氧化碳）排放，主要内容包括清洁能源开发、能源高效利用、产业清洁生产等，实现的根本途径是能源技术和减排技术创新、产业结构和制度创新及人类生存发展观念的根本性转变。

发展低碳经济是我国的必然选择。2009 年，我国温室气体排放总量已经超过美国，成为第一排放大国，虽然现在人均排放量不到美国的 1/4，历史排放量不到美国 1/16，但作为负责任的大国，为了履行国际义务，大幅度降低温室气体排放强度，发展低碳经济，已是大势所趋，不可避免。

随着科技进步和国际契约的达成，应对气候变化和发展低碳经济必然引起经济结构、产业结构、消费结构的转型，必将催生新的技术革命。因此，在目前国际大背景下，应对气候变化和发展低碳经济实际上已成为一个国家和民族对发展空间的扩展和争夺，是挑战，也是机遇。

中国发展低碳经济的现实途径是什么？胡锦涛同志指出："气候变化既是环境问题，也是发展问题，但归根到底是发展问题。"生存权和发展权是最基本的人权。目前，国家应对气候变化和发展低碳经济的基本态度是：按照发展是第一要务和承担"共同但有区别的责任"的原则，以我为主，乘势而为，积极应对气候变化，发展低碳经济。

研究表明，一个国家或地区的二氧化碳排放量取决于人口规模、人均 GDP、能源强度和能源结构四个要素。走低碳经济的途径包括控制人口、提高能源效率、优化能源结构、发展可再生能源、调整经济结构、增加碳汇、合理消费等。据此理论，未来中国要在不影响经济社会发展目标的前提下实现低碳经济，其可能的途径包括调整经济结构、节能减排、应用新能源，以及发展循环经济，减少温室气体排放。

1. 调整经济结构

努力形成"低投入、低消耗、低排放、高效率"的经济发展方式。加快服务业发展、做大做强高技术产业，关停小火电机组，加快淘汰落后炼铁、炼钢、水泥产能，关闭污染严重的化工、印染企业，遏制高耗能、高排放行业过快增长。

2. 节能减排

减少能源浪费和降低废气排放。燃煤发电行业、钢铁工业、有色金属行业、化工行业、建筑行业、交通行业等都是高耗能行业，通过管理和技术提升，可以有效地减少能源消耗及生产过程中的污染物的排放。

3. 应用新能源

新近才被人类开发利用、有待于进一步研究发展的能量资源被称为新能源。新能源包括太阳能、风能、核能、生物质能、海洋能和地热能等。

太阳能一般指太阳光的辐射能量。太阳能的主要利用形式有太阳能的光热转换、光电转换及光化学转换三种。

与其他能源相比，风能具有明显的优势，它蕴藏量大，是水能的 10 倍，分布广泛，永不枯竭，对交通不便、远离主干电网的岛屿及边远地区尤为重要。

核能是通过转化其质量从原子核释放的能量，核能的释放主要有三种形式：核裂变能、核聚变能、核衰变。核能是清洁能源，没有二氧化碳等温室气体的排放，也没有大气和水的污染，随着核安全技术水平的提高，核辐射泄漏的危险很小。当前，我国要大力发展新型核电站，包括高温气冷堆核电站、快堆核电站，以及在 21 世纪中叶可达到产业化水平的可控核聚变电站，以应对全球变暖的挑战。

生物质能来源于生物质，也是太阳能以化学能形式贮存于生物中的一种能量形式，它直接或间接地来源于植物的光合作用。生物质能是贮存的太阳能，更是一种唯一可再生的碳源。地球每年经光合作用产生的物质有 1730 亿吨，其中蕴含的能量相当于全世界能源消耗总量的 10～20 倍，但目前的利用率不到 3%。

海洋能指蕴藏于海水中的各种可再生能源，包括潮汐能、波浪能、海流能、海水温差能、海水盐度差能等。这些能源都具有可再生性和不污染环境等优点，也是一项亟待开发利用的具有战略意义的新能源。

地热能是地球内部热源，可来自重力分异、潮汐摩擦、化学反应和放射性元素衰变释放的能量等。放射性热能是地球主要热源。我国地热资源丰富，分布广泛，已有 5500 处地热点，地热田 45 个，地热资源总量约 320 万兆瓦。

新能源的应用政策是什么？概括起来，中国应从战略高度看待新能源发展的历史性机遇，勇于和发达国家站在同一起跑线，主动参与竞争，不要被动等待技术转让；中国应该迅速制定清洁能源动力战略，跟踪世界能源动力方面的最新技术成果，实现高起点跨越式发展清洁能源，包括：大规模开发使用太阳能、风能、生物质能和水电等可再生能源，同时发展洁净煤技术、燃料电池技术和核电技术。

4. 发展循环经济，减少温室气体排放

循环经济倡导的是一种与环境和谐的经济发展模式。它要求把经济活动组织成一个"资源—产品—再生资源"的反馈式流程，从而推进资源利用减量化、再利用、资源化，从源头和生产过程减少温室气

体排放。所有的物质和能源要能在这个不断进行的经济循环中得到合理和持久的利用，以把经济活动对自然环境的影响降低到尽可能小的程度。近年来，循环经济从理念变为行动，在全国范围内得到迅速发展。

（二）加强国际合作，共同面对挑战

全球变化的对策，一是适应，二是减缓，都应该是国家行为，也是国际社会的共同行动。我国已经参加的国际协议和国际计划包括：《京都议定书》《亚太清洁发展和气候新伙伴计划》，以及中欧、中加、中日、中美等双边和多边合作计划与合作机制。

在目前全球变暖的国际经济合作中，议论较多的是"碳补偿"和"碳贸易"。一方面，碳补偿就是用别处相当数量的二氧化碳"节约"来平衡（或者说转移）本处的排放，希望达到"碳中和"。另一方面，在"碳贸易"的体系中，国家和特定工业部门的企业设立排放目标，超过自身目标就需要从其他人手中购买"配额"（即以吨为单位的碳排放权利或二氧化碳当量）。反过来，那些排放低于规定水平的单位可以把"多余"的配额卖给别人。据碳监测机构统计，2008 年上半年全球碳交易总计为 1.8 吉吨，价值 590 亿美元，而 2007 年全年为 630 亿美元。

国际上炒得很热的另一个话题是碳封存技术（carbon sequestration）。碳封存技术指的是以捕获碳并安全存储的方式来取代直接向大气中排放二氧化碳的技术。碳封存研究开始于 1977 年，但只是到了最近才有迅速的发展。这一设想包括：一是将人类活动产生的碳排放物捕获、收集并存储到安全的碳库中；二是直接从大气中分离出二氧化碳并安全存储。由此，人们将不再仅仅是通过二氧化碳减排，还可以通过碳封存的方法，达到减缓大气二氧化碳浓度增长的目标。碳封存技术成本很高，美国的目标是将碳封存的所需费用从目前的100～300美元/吨减少到2015年的10美元/吨以下。

（三）全面开展我国全球变化科学研究

根据全球变化战略研究的结果，初步归纳四个方面急需加强研究的科学问题：人类活动和全球变化的相互作用、地球系统模拟、地球观测数据在全球变化研究中的应用、有关全球变化的经济学。下面逐一介绍。

1. 人类活动和全球变化的相互作用

前面谈到，科技界的主流看法是人类活动是全球变暖的主要原因。但是，仍有一些科学家持不同看法。因此，我们要继续深入研究大气中温室气体的浓度变化对全球大气温度的影响机制，分清温室气体和导致全球温度变化的其他自然波动因素的贡献率。

过去10万年来，地球发生了一系列全球性事件。近千年来，人类对地球系统产生了越来越大的影响，包括人口总量的变化、全球生产总值、土地类型比例、温度、二氧化碳含量的变化，这些全球性事件因果关系仍然不十分清晰。

深入研究不同地球历史时期中温暖期的气候驱动机制，搞清地球历史上大气温室气体含量与地球大气温度的关系，这将有助于自然因素和人文因素对当今全球变暖贡献份额的研究。

特别是加强地质史上第四纪的研究，尤其是近 1 万年、2000 年高分辨率地质生物，包括树轮、石笋、珊瑚、冰芯、黄土历史记录和数值模拟检验的集成研究，查明自然和人文因素对全球和区域气候变化的影响程度。这将十分有利于统一关于人类在全球变化中作用的认识。

另外，碳循环过程及其不确定性有待深入研究。碳源汇在哪里？人们发现：过去 50 年中人类向大气排放的碳有 45% 留在大气当中，其余 55% 被海洋和陆地生物圈所吸收。

陆地生态系统是全球变化研究中的一个主要的不确定性因素。人们认为大气和海洋二氧化碳吸收的情况比较清楚，而陆地生态系统碳汇分布不清楚。在陆地生态系统中，人们在扣除热带和寒带碳汇的能力之后，确认中纬度地区吸收了大量的二氧化碳。但当前尚不清楚到底北半球中纬度地区陆地生态系统是如何将巨量的二氧化碳吸收掉。

2. 地球系统模拟

地球系统模拟是研究人类活动和全球变化相互作用机制的强有力的工具，地球系统模拟研究也是中国全球变化研究的一个薄弱环节。主要开展三个方面的研究：一是地球系统模式研究；二是有关高性能科学计算理论与方法研究；三是超级计算机支撑软件系统研究开发。

什么是地球系统模式？我们给出一个定义：地球系统模式是综合

描述地球系统动力、物理、化学和生物过程的数学方程组，模拟地球系统各个部分，包括大气圈、水圈、冰雪圈、岩石圈和生物圈之间的相互作用，构成地球系统的数学物理模型，并通过计算机大型综合软件用数值方法进行求解，从而模拟整个地球系统复杂行为的科学工具。

中国建立自己的地球系统模式具有战略意义。第一，全球变暖正严重影响着人类的生产活动与生活环境，这是各国政府与科学家必须面对的重大问题。耦合地球各圈层的地球系统模式是全球变化研究的最重要的、不可替代的研究工具之一。第二，地球系统模拟是实验技术的一场革命。它把地球系统这样大空间尺度的问题，把千年以至万年的长时间过程、把大气圈、水圈、生物圈、岩石圈之间复杂的相互作用转移到实验室，这是地球科学向整体、综合、定量化发展的重要标志。第三，地球系统数值模拟属于典型的大规模高性能科学计算问题，计算机的存储能力和计算速度面临严峻的挑战，这无疑将促进中国计算机技术的发展。第四，地球系统模式涉及的学科领域非常广泛。地球系统模拟研究将带动众多自然科学和工程技术科学的发展，在一定程度上还体现着国家的综合科学技术能力。

地球系统模式的发展经历了从物理气候系统模式发展到地球气候系统模式，再到地球系统模式的过程。

我们提出了我国地球系统模式发展计划参考时间表。近期目标是完善和更新物理气候系统模式。物理气候系统模式包括大气、海洋、冰雪和陆面模式，各个模式之间通过耦合器相互作用。中期目标是发展地球气候系统模式，实现生物地球化学和生态动力学过程与物理气候系统模式的耦合。地球气候系统模式是在原有的物理气候系统模式基础上，增加了大气化学、陆面生物、海洋生物和水文等过程。远期目标是发展地球系统模式。地球系统模式是在原有的地球气候系统模式基础上，考虑了固体地球和空间天气的作用，地球系统模拟进入最系统、最完整的阶段。

地球系统模式的研究还包括地球系统模式中的高性能科学计算理论与方法的研究。地球系统及其各圈层的理论建模、数值求解及软件实现是一个典型和复杂的高性能科学计算问题，是地球系统模式发展的前提基础和技术保障。

我国在用于地球系统模拟的高性能计算机的软硬件开发方面跟国际同行有较大的差距，如日本的"地球模拟器"、美国的"蓝色基因"等。加强地球系统模式的研究，要努力做好超级计算机支撑软件系统的研究开发。

3. 地球观测数据在全球变化研究中的应用

我国面向全球变化研究的地球观测需要着重解决四个方面的问题：目前大多数观测研究和数据积累仅限于国内；国内地球观测产品很少考虑地球系统模式的需求；遥感产品的时间和空间尺度与地球系统模式的时空尺度不一致；对地观测数据和模型的同化和共享平台建设十分薄弱。

基于以上几方面问题，地球观测数据同化与应用主要开展以下几方面的研究：第一，面向全球变化的地球观测数据信息提取与同化；第二，地球系统观测与模拟数据共享平台建设；第三，地球观测数据在全球变化研究中的应用。

4.有关全球变化的经济学

全球变化经济学以自然科学与经济学相结合的新概念、新理论及新方法研究全球变化问题。概括地说，就是基于全球变暖的经济学。

全球变化经济学重点研究的内容包括四个方面：全球变化的经济社会影响及适应性评价；不同经济发展模式对全球变化影响的技术和经济评估；经济全球化对全球变化的影响、后果及应对措施；国际减排协议的经济、社会和环境评价。

我国全球变化研究急需加强的几个问题^①

（2010 年 1 月）

　　全球变化是指由自然和人文因素引起的地球系统功能的全球尺度的变化，包括大气与海洋循环、水循环、生物地球化学循环、资源、土地利用、城市化、经济发展等的变化。国际上越来越多的学者、研究团体、决策机构关注全球变化，主要是担心人类的生存环境遭到不可逆转的破坏，因此了解全球变化的基本事实，探讨全球变化的客观规律，预测全球环境演变的未来趋势，从而促进人类与地球的可持续发展是当今最重大的研究课题之一。

一、我国全球变化研究的现状

1. 研究历程

　　中国全球变化研究经历了三个阶段，在 20 世纪 80 年代是全球变

---

①　本文基于 2008 年 1 月 27 日、2 月 1 日、2 月 19 日、3 月 16 日、3 月 29 日、6 月 11 日、8 月 9 ～ 11 日数次会议和 7 月 7 ～ 9 日召开的香山科学会议第 325 次会议等全国性研讨会的成果，采用了许多参会人员的资料和数据。刊载于 2010 年《全球变化研究评论》（第一辑），主编宫鹏，高等教育出版社出版。本文作者为徐冠华、宫鹏、邵立勤、林海、戴永久、王斌、潘耀忠、程晓。

化研究的酝酿，形成的起步阶段。在起步阶段，中国的学者包括像叶笃正、刘东生等对于全球变化研究的思想和认识和国际上保持同步。以中国科学院全球变化预研究和我国第一批国家自然科学基金重大项目为代表，围绕"国际地圈－生物圈计划"（IGBP）开展了科学研究。

20 世纪 90 年代是以 IGBP 为主的全球变化全面实施的阶段，开始出现一个蓬勃发展的局面。并且建立了我国自行设计的气候系统动力模式；提出了气候和生态过渡带的概念及其在全球变化中敏感性；提出了季风驱动的生态系统新概念；分析了中国地区大气臭氧柱总量并估算了对流层臭氧总量；开展了大量古气候和古环境的研究。

21 世纪也就是最近的 8 年是以地球系统科学联盟（ESSP）为标志的全球变化纵深发展时期。我国在《国家中长期科学和技术发展规划纲要（2006—2020 年）》中把全球变化研究列为优先支持的领域，在"十一五"规划中，设立了一批有关的重大项目。

2. 总体判断

我国初步具备了全球变化的研究能力，一些科学家、多个国家和部门重点实验室参与或涉及过全球变化的研究工作，有多个数据库和相关的研究网络来支持这项研究，和世界上许多国家也建立了合作关系。

中国的全球变化研究和中国的特色相结合，提升了在这一领域研究的国际地位。包括在典型区域（黄土高原、青藏高原、中国东部）的古环境重建，季风亚洲区域集成研究，全球变化陆地样带研究，陆－气通量观测研究，大洋钻探研究，全球变化的人类有序适应研究，以及气候系统模拟研究等都取得了重要成果。

3. 主要不足

我们在看到取得重要进展的同时，也要看到中国全球变化研究的不足。

第一，原始创新不足，缺乏突破性的基础性研究成果。总体上在这方面的科学积累不够，还没有形成一个战略体系，而且从国家层面上有关的战略规划，机制协调和顶层的设计都显不足。在新的科学概念和新的科学领域的提出、科学成果的最终总结上，我国科学家的贡献较少。

第二，中国缺乏全球尺度的研究。全球变化引起的全球环境问题的成因、影响和解决方案都应该是全球性的，但中国的研究主要关注国内。显然，用全球的视角、方法来解决我们面对的全球性问题非常重要。我国的经济发展与环境外交，面临全球环境问题引发的诸多挑战，需要我国自身为全球变化问题提供科学支撑。

第三，全球观测模拟系统的能力不足。我们虽然有一定的对地观测能力，并且还在逐步加强，但是从原始数据提取服务于地球系统模拟的有用信息产品方面十分薄弱。我国地球系统的模拟能力还未形成。

第四，自然科学和社会科学，科学和政策的交叉不够。我们各个学科，首先是地学的各个学科的交叉研究比较薄弱，和国外相比是一个很突出的薄弱环节。大气、海洋、陆地通力协作的体制尚未建立。其他领域的参与，包括计算机科学、物理数学、经济学的参与，也刚刚开始。其次，我国从事全球变化的科研人员中社会科学研究者明显不足。对全球变化中的经济学问题重视不够。但是全球变化涉及一系列国家的重大经济环境和社会政策、国际合作、承担国际义务等重大问题，我们在这方面结合得不够。

在分析了我国科学家在全球变化研究领域取得的进步、存在的问题、国家的需求和全球变化科学整体的发展趋势之后，我们提出在中国全球变化研究中急需加强的几个问题。

二、我国全球变化研究急需加强的几个问题

基于发挥中国的特点和优势、突出科学前沿与学科交叉、突出中国经济社会发展中的重大问题和各国共同关注的问题，以及注重当前全球变化研究中的薄弱环节的原则考虑，我们提出全球变化研究中急需加强而又密切相关的四个方面的问题。

（一）人类活动和全球变化相互影响的机制

人类活动通过改变大气和水的组成成分、土地利用、资源、物种等的时空分布来影响全球变化，在提高人类福祉的同时造成了环境污染、资源短缺、气候变化、生物入侵和生态系统服务功能退化及传染病暴发等负面影响。而这些负面影响又反作用于人类，影响人类的生产、生活和健康状况。人类活动与全球变化之间的相互作用关系错综复杂。过去，这方面的研究偏重于单因子、单学科、区域性研究，限制了我们对人类活动与全球变化在全球尺度上相互作用机制的理解。对人类活动和全球变化之间相互作用的全面、系统的定量

化研究是科学界一个十分薄弱的环节,存在着许多不确定性,是全球变化研究的难点,同时是在地球系统模式中纳入人类活动因素的瓶颈。

例如,人类温室气体排放到底如何影响全球变化特别是全球变暖过程?人类排放的二氧化碳等温室气体在陆地生态系统中到底被哪些子系统所吸收?土地利用变化到底如何影响大气和水圈的化学成分改变,并进而影响气候变化和生物多样性?中国是世界上人口最多,土地利用活动持续时间最长,强度最高,经济增长最快的国家,我国科学家在回答以上问题过程中可以发挥着不可替代的作用。经过充分讨论,综合考虑了过去这方面的研究内容和薄弱环节,在突出多学科交叉、多圈层交互作用研究的基础上,确定重点研究以下四个问题。

1. 人类活动与全球变暖的关系问题

2007 年,联合国政府间气候变化专门委员会(IPCC)的第四次评估报告中指出有 90% 以上的可能性证明人类活动所造成的温室气体排放增加是全球变暖的主要原因。但是,一些科学家和古环境研究者认为二氧化碳和甲烷等温室气体增加和大气温度并不总是呈正相关的,因此有关结论的不确定性很大。因此,必须深入研究大气中温室气体浓度变化对全球大气温度的影响机制,分清温室气体和导致全球温度变化的其他因素的贡献率。深入研究地球历史时期大气温室气体含量与地球大气温度的关系。研究全球变暖对温室气体排放的回馈机制并对上述问题进行定量化模拟。

2. 碳循环过程及其不确定性问题

目前，我国还没有全面展开对碳循环的研究，因此亟待加强对碳问题的观测，研究人类活动引起的碳排放与全球土地覆盖/利用变化对碳循环过程的影响，陆地生态系统和海洋生态系统的碳循环机理，确定不同地带、不同类型的生态系统对温室气体源汇强度，揭示陆地生态系统中的碳循环过程不确定性。开展海－陆－气相互耦合的碳循环过程定量化综合研究。

3. 大气气溶胶对全球变化的影响问题

我国工业和大城市污染严重，气溶胶问题十分突出。要重点研究气溶胶的时空分布；气溶胶的辐射效应；气溶胶的直接和间接的气候效应；大气污染对生态系统的影响；人类/自然气溶胶对气候和大气环流的影响等。

4. 海洋陆地间的物质和能量交换问题

海洋对气候系统的影响很大，厄尔尼诺和拉尼娜现象就是突出的例子。另外，全球变化过程也反映在海洋的变化及海陆相互作用的变化，因此研究海洋陆地间的物质和能量交换问题十分必要，以揭示人类活动对边缘海和海陆过渡带、海洋生物地球物理/化学循环和海洋食物网的影响。研究受气候和人文驱动的海洋生物地球化学过程对可持续海洋生态系统（结构、功能、多样性、稳定性和生产力）的影响。

（二）地球系统模式

把地球系统模式的研究作为当前的一个重点既是中国在过去研究中的一个薄弱环节又是全球变化研究的迫切需要。地球系统模式是实验技术的一场革命。把地球系统这样大空间尺度的问题，把成百上千年长的时间过程，以及其中的各种时空尺度的过程转移到实验室通过计算机来研究是地球科学向定量化发展、高性能计算技术进步的必然趋势。目前对地球系统模式的研究，各个国家都处于起步阶段，但是英国、美国、德国和日本处于前列。我国需要做出重大努力。地球系统模式的发展主要包含三个方面的内容：完善与更新物理气候系统模式，发展地球气候系统模式，发展地球系统模式。

通过上述三个方面的研究，将不同学科的认识集成到地球系统模式当中。通过对模型的不断检验与校准，提高我们对全球变化的动力机制的理解，特别是为回答人类活动与全球变化的关系问题提供支撑。同时，深化对碳排放和气候的相互作用、气溶胶与气候的相互作用、土地利用和气候的相互作用、大气化学与气候之间的相互作用、生物地球化学和生态动力学研究、气候突变和气候变率根源的研究、在长时间尺度上气候对太阳辐射的响应，以及地质构造时间尺度上（百万年至千万年）极端暖事件等问题的理解。

具体研究内容包括以下几个方面。

1. 完善与更新物理气候系统模式

发展高分辨率大气环流模式和海洋环流模式，在评估和理解的基础上改进或更新参数化方案。开发我国自主的海冰模式，改进耦合模式对海冰动力学与热力学的模拟，发展自主的陆面模式。研发我国自己的耦合器技术，在具备二维界面耦合功能的基础上，增加其在关键区域双向嵌套全球模式与高分辨率区域模式的功能，向三维界面耦合扩展。开展模式应用，改善我们对温室气体与全球变暖的相互关系的理解。研究亚洲季风区环境和季风气候对全球变化的响应及其机制。揭示大陆水循环格局与海－陆－气的相互作用，认识全球变化与高强度的人类活动影响下的陆地水循环机理及人类活动（特别是跨流域调水）对大陆水循环的影响。

2. 发展地球气候系统模式

地球气候系统模式以物理气候系统模式与生物地球化学过程模块的耦合为核心，具备对碳、氮循环和气溶胶间接效应的模拟能力。研制和评估生物地球化学过程模块，包括开发与其相互作用的人文过程模块，实现物理气候系统模式与生物地球化学过程模块和人文过程模块的耦合，支撑碳循环过程及其不确定性研究，为模拟人类－环境系统的相互作用过程、研究人类如何有序应对这种演变提供先进的手段。

3. 研发地球系统模式

在地球气候系统模式的基础上，进一步考虑与固体地球和空间天气的相互作用，研发地球系统模式，为预测地球系统未来演变，研究古环境定量化模式及模拟地质历史时期特征时段气候环境变化提供更客观的工具。这种大的历史时间尺度和几十年的时间尺度的整合过程，对全球变暖不同看法的验证极为重要。

从地球系统各圈层相互作用的角度出发，发展具有中国特色和国际影响的地球系统模式。应用地球系统模式，模拟研究人类活动和全球变化的相互作用过程及其机理，再现地球历史上不同发展时期地球系统的总体演化过程并预测整个地球系统未来的变化趋势，设计不同的人类－环境系统相互作用情景，研究不同情景下地球系统的演变并预估人类生存环境的变化，定量评估不同情景下人类获得的经济、社会和环境三大效益及人类社会需要付出的代价，设计面对全球变化人类最优的应对方案。

4. 地球系统模式中的高性能科学计算理论与方法

地球系统及其各圈层的理论建模、数值求解及软件实现是一个非常典型和非常复杂的高性能科学计算问题。我国在数值求解方面有很好的基础，并取得了有自己特色的工作，但在理论建模和软件实现方面仍然是我国的薄弱环节，而这些环节正是地球系统模式发展的前提基础和技术保障。因此，加强对地球系统模式中的高性能科学计算理论与方法的研究是十分必要和迫切的。

在重点关注上述三个主要研究内容的同时，必须加强全球变化研究中的高性能科学计算理论和方法的研究。要吸引各个方面的科学家，参与到地球系统模拟的工作当中，形成多学科交叉的优势，争取新的突破。此外，还需要发展全球变化研究中的仿真模拟与时空统计分析以及全球变化研究中的新的数学、物理和系统科学方法。

5.用于地球系统模式的超级计算机支撑软件系统研究开发

地球系统模拟必须要做海量的数值计算和数据处理，依赖高性能计算机和相应的软件支撑系统，其中包括计算机系统体系结构、硬件组成、软件环境、编程模式、管理维护、可视化技术、复杂数据管理等。所以，必须构建能够满足地球系统模拟运算的最优化高性能计算机的体系结构，包括处理器之间的网络连接，内存共享方式，开发地球系统模拟系统的软件环境、编程模式、管理维护、可视化技术、复杂数据管理系统。

（三）全球变化研究中的地球观测数据同化与应用

全球变化研究建立在完整的对地观测技术的基础上。可以说，没有完整的对地观测数据，就没有全球变化研究。我国地球观测已经取得了较大的进步，但是面向全球变化研究还存在以下四方面的问题。

（1）我国目前大多数观测研究和数据积累仅限于国内，对于周边和全球变化敏感区域的关注不够，显然不适应全球变化研究的需求。

（2）国内地球观测的主要目的是为了解决各部门各行业的应用需要，但是对于建立地球系统模式及模式所需的产品很少考虑。例如，对于地球系统模式所需的30余种陆地/大气/海洋参数，大多是地球观测能够提供的，但是目前仅叶面积指数、土地覆盖和地形等为数很少的几种采用了遥感提供的产品。

（3）遥感产品的时间和空间尺度与地球系统模式的时空尺度不一致，如何进行同化还没有得到很好的解决。例如，地球系统模式需要

1～50千米不同分辨率的长时间序列参数产品，而遥感参数产品依赖于不同的观测传感器和观测天气条件，空间分辨率各不相同，时间不连续，如何实现遥感观测与地球系统模式的时空尺度同化，已成为亟待解决的关键科学问题。

（4）缺乏相关的能力建设，包括对地观测数据和模型的同化平台建设、数据共享平台的建设。

因此，必须把全球变化研究中的地球观测数据同化与应用作为重点。主要研究如下问题。

（1）面向全球变化的地球观测数据信息提取与同化。对全球变化所需的地球观测数据的精度、时空尺度和时间序列进行全面论证。扩大我国卫星数据获取范围（亚洲及全球），并通过国际合作获取相应数据。针对目前卫星数据海量增长，而数据分散储存、标准不一、共享难的现状，要建立数据集成的标准，推动数据的综合集成，加强地球系统模式所需产品的不确定性评价和真实性检验。围绕全球变化研究的核心内容建设基于无线通信网络的数据获取与处理技术，特别是满足生态和环境监测的无线传感器网络技术。在对现有算法进行评估与改进的同时，加强基于多种传感器数据的单一信息产品的生产和精度改进算法研究。建立从亚洲到全球尺度的地球观测数据同化系统和平台。

（2）地球系统观测与模拟数据共享平台建设。研究合理的共享机制和政策，实现地球系统观测和模拟数据、信息产品及相关知识和模型的分布式、多部门共享。研究地球观测与模拟数据及信息产品的可视化分析方法。建设地球系统观测与模拟数据共享平台，满足科学研究和社会的需要。

（3）地球观测数据在全球变化研究中的应用。我国在地球观测方面获取的数据还没有很好地运用于全球变化研究。因此，要有计划地加强地球观测数据及相关产品的工作。充分运用在人类活动与全球变化相互作用、地球系统模式不同发展阶段和全球变化经济学研究中的数据进行空间分布的参数及不确定性信息的比对、效验。重点研究如何改善地表能量与物质循环过程的数据精度。

（四）全球变化经济学

全球变化经济学以自然科学与经济学相结合的新概念、新理论及新方法研究全球变化问题，以多学科交叉的思路和综合评估方法对全球变化决策提供技术与经济依据。

全球变化对人类的经济、社会产生显著的、多方面的和深刻的影响，而经济社会不同发展模式对全球变化也会产生直接影响。应对全球变化的决策需要建立在对这种相互影响的系统的技术经济评估的基础上。可以说没有系统的全球变化经济学的研究，就不可能有科学的全球变化决策。我国在全球变化经济学方面已经开展过一系列的研究，但是仍存在以下几方面的问题。

（1）全球变化的研究在当前主要是侧重在自然科学领域内探索全球变化机制并对未来做出预测，但从经济层面和技术层面进行技术和经济的综合评估研究不足，迫切需要解决与全球变化相关的技术和经济的综合评估问题。

（2）对全球变化的技术和经济的综合评估需要用强有力的数学工具和经济学模型来支撑，但相对于我国当前面临的全球变化决策需求来说，国内在技术经济评估的定量研究方面还缺乏结合中国具体国情和特点的理论、方法和模拟工具。

（3）全球变化是一个全球性问题，经济全球化加剧了全球变化对中国的影响。因此，与全球变化有关的技术和经济的综合评估应当在全球化的总体框架下从全球的视角来研究。我国目前在这方面的研究较为薄弱，急需加强。

（4）全球变化问题的不断升级，对中国的经济发展模式提出了严峻的挑战。我国如何应对该挑战，需要从全球变化的角度，从中国国情出发，对经济发展模式进行系统研究，为重大决策提供科学依据。

（5）针对气候变化框架公约及其议定书的谈判及履约，迫切需要深入研究一系列有关的重大技术经济问题，提供科学支撑和对策，维护我国的根本利益，促进国民经济的可持续发展。

因此，全球变化经济学研究具有重大的科学意义，以多学科交叉的思路和综合评估的方法来改进对全球变化的评价及决策研究。重点研究的内容包括以下四方面。

（1）全球变化的经济社会影响及适应性评价。研究全球变化所造成的海平面上升、温度变化、降雨变化和突发性的灾害事件的经济评估理论与方法；研究全球和区域气候变化对区域农业生产、水资源和自然生态系统的影响；研究全球气候变化与流行病爆发危险性的关系及对全球变化引起的流行病的预测预警；开展区域应对全球气候变化措施及全球变化适应对策的经济分析。

（2）不同经济发展模式和经济社会发展重大决策对全球变化影响的技术和经济评估。循环经济、产品替代、重大工程和区域发展的环境和经济评估；新能源的综合技术和经济评价；经济政策对节能、温室气体排放和增加碳汇的影响。

（3）经济全球化对全球变化的影响、后果及应对措施。研究经济全球化背景下各种生产要素的全球优化配置，生产国和消费国的分离与有机结合，高能耗、高排放产业由发达国家/地区向发展中国家/地区转移的环境后果及其经济评价，估算转移排放、奢侈排放和基本生存排放，以及发达国家和发展中国家减排义务等问题。

（4）国际减排协议的经济、社会、环境评价。主要内容包括巴厘岛路线图及其影响，UNFCCC[①]/IPCC 谈判、碳市场与清洁发展机制（CDM），国际碳减排协作的经济分析及中国在减排协议谈判中的建设性作用。

三、建　议

1. 设立中国全球变化研究专项

针对中国全球变化研究原始性创新不足、科学积累不够、基础设施薄弱、相关领域研究分离、综合性人才缺乏等状况，迫切需要在科技计划中设立研究专项，集成各方面的力量，争取短时间内在全球变化研究中有重要突破，以促进我国全球变化研究的发展和维护国家的重大利益。

2. 构建全球变化研究公共支撑系统

通过研究制定地球观测数据共享标准，按照共享标准收集、储

---

① UNFCCC，即《联合国气候变化框架公约》。

存、整理和加工地球观测数据，以及研究建设地球观测数据库和共享
网络系统，建立健全分布式、网络化的地球观测数据共享服务平台，
切实解决全球变化研究中地球观测数据共享的核心问题，为我国全球
变化和地球系统研究提供数据支撑；通过完善物理气候系统模式、发
展地球气候系统模式和研究探索地球系统模式，努力构建跨部门、跨
行业、跨学科、相对独立的地球系统综合模拟技术平台，为全球变化
和地球系统研究提供技术支撑。这是一个巨大的系统工程，国际上大
多数都是由国家甚至多个国家联合（如欧盟）支持一个庞大研究计划
发展地球系统模式。因此，中国应当毫不迟疑地把地球观测数据共享
服务平台和地球系统综合模拟技术平台纳入科技基础条件平台的建设
日程，尽快启动实施。

3.建立全球变化研究中心和网络

研究中心应体现多学科交叉的优势，把从事人类活动与全球变化
相互影响机制研究、地球系统的模拟研究、地球观测数据的同化与应
用研究，以及经济学研究各方面的人才聚集起来；形成自然科学、技
术科学、社会科学相互渗透、有创新活力、高度开放的研究团队；以
研究中心为基础，建设全国性和国际性的全球变化研究网络。

在清华大学全球变化研究院成立大会上的讲话①

（2010 年 1 月 18 日）

我怀着十分兴奋的心情参加清华大学全球变化研究院成立大会。我对能够受聘为研究院第一届科学指导委员会成员深感荣幸。我谨代表全体委员会成员，向清华大学表示热烈的祝贺，并向来自各部委、各兄弟院校的嘉宾表示衷心的感谢。

2010 年冬天北半球遭遇了罕见的寒冷天气，各位都感同身受。与此同时，南半球澳大利亚却出现了罕见的高温天气。世界各地极端天气近些年频繁出现，使我们更加清醒地认识到，我们当前所面对的气候变化问题是一个全球性问题。

全球变化，既包括气候变化，也包括地球多圈层相互作用引起的环境变化，已经引起了国际科技界、经济界、政界及整个国际社会的广泛关注。全球变化问题已经不仅仅是科学技术问题和环境保护问题，而且也涉及人类可持续发展问题。全球变化政策制定涉及世界各

---

① 2010 年 1 月 18 日在清华大学全球变化研究院成立大会上的讲话（有删改）。

国经济社会发展模式的重大调整，涉及世界各国的根本利益。

中国政府高度重视全球气候变化及应对和适应的问题，把全球变化问题作为当前必须应对的严峻挑战和促进未来发展的重大机遇。《国家中长期科学和技术发展规划纲要（2006—2020年）》把全球变化研究列为优先支持的领域，最近两年在原有国家支持的基础上，大幅度增加了与全球变化研究有关的基础设施建设、科技队伍的组织和调整，以及研究经费的支持力度。中国全球变化研究有着美好的发展前景。

清华大学是我国著名的高等学府，具有高等院校科学与技术、自然科学和社会科学大跨度交叉的优势。清华大学对涉及全球变化研究的学科领域进行优化重组，成立全球变化研究院，充分体现了全球变化研究学科高度综合交叉的特点，不仅有利于清华大学发展地学的长期布局，也有利于清华大学现有学科的创新与发展。我相信清华大学全球变化研究院能够充分利用本校的潜力和优势，做好与国内外全球变化研究部门的合作，在加强全球观测数据整合与集成和提高高性能计算能力的基础上，以地球系统模拟和全球变化经济学问题为重点，为全球变化研究领域做出贡献。

我希望清华大学全球变化研究院作为从事基础和前沿高技术研究的机构，能够为深化科技体制改革做出新的探索。全球变化研究院要充分依靠具有国际水平的科学指导委员会在学科发展、科学评价方面的指导作用，充分尊重科学指导委员会的决策建议；充分尊重科学家的首创精神，坚持真理面前人人平等，打破论资排辈现象；尽一切努力为科学家提供长期和稳定的支持，改善科学家的工作条件和生活待遇；进一步扩大开放和交流。全球变化的研究，涉及多学科问题，没有大跨度多学科深入讨论和交流不可能有创造性的突破。同样，全球变化的研究，涉及全球性问题，没有全球科学家的共同努力也不可能成功。

我相信有清华大学领导层的高度重视和广大师生发展全球变化研究的决心，清华大学一定能够成为有国际影响的全球变化研究中心，一定能够为世界和中国全球变化研究做出贡献。

过去是认识现在和未来的钥匙①

（2010 年 7 月 30 日）

　　2010 年启动的全球变化研究国家重大科学研究计划，是落实《国家中长期科学和技术发展规划纲要（2006—2020 年）》、《应对气候变化国家方案》和《中国应对气候变化科技专项行动》的重要举措。在计划中设立"过去 2000 年全球典型暖期的形成机制及其影响研究"项目，主要基于以下考虑：过去 2000 年一直是全球变化研究的重点时段之一，它既包括工业革命前的气候"纯"自然变化时段，又包括工业革命以来在自然变化基础上因人为影响而导致的气候变化时段。研究过去 2000 年的气候变化，不仅对揭示年代至百年尺度的地球系统动力学机制至关重要，而且对深入理解人类响应环境变化的机制意义重大。同时，过去 2000 年的气候变化，是我国有望为国际全球变化研究做出重大贡献的研究领域之一。

---

① 2010 年 7 月 30 日在全球变化研究国家重大科学研究计划"过去 2000 年全球典型暖期的形成机制及其影响研究"项目启动会上的讲话，发表于《科学时报》，作者徐冠华、葛全胜。

作为世界四大文明古国之一，中国的人类活动与人地相互作用历史悠久，在浩如烟海的历史文献中，不仅记录了丰富的气候变化信息，而且对历史上频繁发生的重大气候事件，及其对社会经济发展的剧烈影响也有详细记载，加之丰富的树轮、石笋、冰芯、湖泊沉积、珊瑚等各类自然代用资料，使得我国的历史气候环境变化及其影响与适应研究在国际上具有独特的优势，形成了丰厚的科学积累和鲜明的区域特色。

早在 20 世纪 70 ～ 80 年代，竺可桢先生就发表了《中国近五千年来气候变迁的初步研究》揭示了中国过去 5000 年冷暖变化的基本轮廓；中央气象局编制了《中国近五百年来旱涝分布图集》。这些成果在国际上影响很大。近年，中国学者又重建了数条高分辨率的区域温度与季风等变化序列，提出一些独特的认识，对国际主流观点构成了挑战，并逐步得到国际同行的认可。这为我们深入开展本领域研究奠定了重要基础。

到目前为止，人类采用仪器进行气象观测的时间最长不过 300 年，并且在大多数地区不足百年，过去 2000 年气候变化研究只能利用代用资料，如历史文献记载、树轮、冰芯、石笋、湖泊沉积物、珊瑚等。这些代用资料终归不及气象观测资料规范，记录也往往不连续，还混杂许多非气候信息。因此，相对于研究气象观测时期的气候变化而言，研究过去 2000 年气候变化的难度更高，不确定性也更大。这种不确定性是国际全球变化研究共同面临的挑战。中国因其独特的资料优势和长期的研究基础，完全可能在减少不确定性等方面取得突破。

开展过去 2000 年气候变化研究，首先要在真实地揭示历史暖期气候时空协同特征的基础上，认识年代至百年尺度的地球系统动力学机制，以期减少对 20 世纪气候增暖幅度、速率、归因和影响等科学认识的不确定性。

尽管近 20 年，对过去 2000 年气候变化研究已取得许多重要进展，但应当看到，目前国际科学界对过去 2000 年气候变化的认识仍非常有限，很多研究结论还存在很大分歧。例如，IPCC 给出的 11 条北半球过去千年温度变化重建曲线中，温度变幅最大者与最小者相差超过 0.5℃，达序列方差的 1 倍以上；同一时段上，温度估计值最高者与最低者的差异甚至达到了 2.0℃，相当于各个序列方差的 4 倍左右。特别是对 20 世纪是不是过去 2000 年最暖的世纪、过去 2000 年是否存在其他明显温暖期，存在更大分歧。

对这些问题的研究，关系到气候变化的自然与人为驱动贡献的检测与分离，并同 20 世纪全球增暖的归因和全球二氧化碳减排国际谈判紧密相关，意义非常重大，需要作更深入细致的分析，特别是需要中国学者对相关问题提出独立的看法。

扩大代用资料的空间覆盖度、改进代用资料的信息提取技术与方法，是降低气候重建结果不确定性的基础；从动力学机制上认识全球气候变化的原因，则需要气候重建、数据分析和数值模拟的结合。

开展过去 2000 年气候变化研究，还要从历史上气候变化的影响和人类的响应行为中，提炼出人类科学应对环境变化的响应机制与积极适应措施，为应对未来气候变化的影响提供历史借鉴。

大量事实表明，气候变化在历史上从来没有间断过，它深刻地影响了区域的发展，甚至文明的兴衰。但人类社会的发展并未因气候变化的影响而停滞，这说明人类具有积极应对环境变化的能力。

随着气候环境的不断变化、社会经济的不断发展和人类响应与适应能力的不断增强，过去气候环境变化对社会经济影响的"史实"可能不会再完全重现，但过去的"史实"确实为人类社会适应未来气候环境变化提供了重要的相似型及适应过程与应对机制方面的参考。因此，在当今人类有可能再次面临重大环境变化时，从历史上寻找答案不仅是必然的选择，也是一条最为现实的途径。

"过去 2000 年全球典型暖期的形成机制及其影响研究"项目面向年代至百年尺度气候变化的科学前沿问题进行设计，与当今举世瞩目的"全球变暖"问题紧密相关，对科学问题和国家需求都把握得很准确。希望项目组继承我国历史气候变化研究的优良传统，充分发挥我国的独特优势，将这个项目完成好，在高精度的气候变化序列、暖期气候的形成机制、影响与适应，以及 20 世纪增暖的历史地位等方面取得一批具有突破性的成果。

立足中国，走向世界[①]

——中国地球科学未来的发展

（2010 年 8 月 1 日）

科学技术是当代人类社会发展的第一推动力。进入 21 世纪，世界各国都在思考和部署新的经济和社会发展战略。在新的形势下，我国科学技术事业的发展正面临着新的挑战和机遇，地球科学也不例外。

新中国成立以来，中国地球科学得到了长足发展，取得了许多重大成就。李四光等提出的"陆相生油"理论打破了西方的"中国贫油论"，甩掉了中国贫油的帽子；中国科学家对珠穆朗玛峰地区和青藏高原的综合科学考察，成为人类科学了解"地球第三极"地质环境的基础；确立的黄土风成学说，使中国黄土与海洋沉积、冰芯一起，成为全球环境变化国际对比的三大标准；提出了大气长波频散理论，对动力气象学发展做出了重要贡献，其中"夏季高原为热源"和"大气

---

① 本文于 2010 年 8 月 1 日刊载于《科技日报》第 2 版"软科学"，作者为徐冠华、鞠洪波、何斌、程晓、徐冰。

环流有季节性变化"的理论已成为大气科学方面的经典。我国科学家在云南澄江发现大批动物群化石，揭示了生物进化的突发性，并将动物起源时间向前推进了 5000 万年。经过半个世纪的努力，中国地球科学不仅在地理学、地质学、气象学等传统地球科学分支学科研究中不断深入，在一些交叉学科如地球物理、地球化学、海洋学等领域也都取得了重要突破。

回顾 20 世纪的历史，我们为我国地球科学立足于中国这片广阔的土地，在发展科学和服务国家建设两方面所取得的成就感到自豪。进入 21 世纪，面对人类社会发展的新格局和中国经济社会发展的新需求，中国地球科学必须做出积极回应。

一、21世纪人类社会发展的新特点

过去一个世纪，人类社会发生了翻天覆地的变化，这个变化比过去人类一两千年的变化还要广泛、深刻。它不仅影响到人类自身生活，也导致了人类生存环境的剧烈改变。在快速发展的 21 世纪，这种影响会变得更加明显。21 世纪人类社会的发展将呈现出以下显著的特点。

1. 知识经济的发展

纵观历史，人类社会发展史就是一部生存斗争史。在封建社会，土地是最重要的资源，也是最主要的生产要素，争夺土地的战争，是民族、国家之间斗争最基本的内容。随着工业经济的兴起和发展，人类进入资本主义社会，对资源和市场的追求成为最重要的内容，资本积累、资源和市场争夺是各国竞争的主要形式，这在 19 世纪表现得尤为明显。在 20 世纪后半叶，随着科学技术的高速发展，知识经济逐渐居于主导地位，科学技术进步在国家和民族竞争中扮演着越来越重要的角色，并最终发挥决定性的作用。因此，对知识的创造、获取、积累和传播，是当前人类社会发展的基础。

2. 全球化进程

人类社会发展到今天，生产的发展、科学技术的进步，特别是现代信息技术、通信技术和交通运输技术的发展，使得国家之间经济、科技、文化等方面信息和物质交流越来越普遍，形成跨越国界的信息流和物流网络；组织生产也已经远远超过了国家、区域的范围，逐渐形成全球范围各种生产要素的优化组合。全球化进程对于科学技术的影响也非常深刻，伴随着经济全球化，科学技术全球化的进程也正在加速推进。网络技术的发展，拓展了学术交流的广度和深度；虚拟实验室这一新兴组织形式，越来越得到各国科学家的青睐，从而可在世界范围内实现科技资源的优化配置。总体上看，世界已经成为一个地球村，中国科学技术的发展必须置于全球化的视角之下考虑。

3. 可持续发展的理念和实践

科学技术是一把"双刃剑"：一方面，科技的发展给人类带来了巨大的便利，改善了人类的生活，延长了人类的寿命，创造了更好的生活；另一方面，科技成果在应用过程中也带来了一系列的问题，如环境污染、全球气候变化与灾变、科学伦理等问题，这些都在人类社会引起了强烈关注和巨大反响。地球系统是个非线性系统，其中某些参数的微小变化，有可能引发整个系统巨大的、不可逆的改变。因此，人类的利益和命运与地球环境越来越紧密地联系在一起，也促使人类更多地思考自身的发展问题，形成了可持续发展的理念。

21世纪，人类社会的这些新特点和科学技术的进步紧密相连。以知识创新和积累为基础的发展方式、全球化及可持续发展理念都是科学技术进步的结果，反过来又对科学技术的发展产生深刻的影响。知识经济是全球化范畴下的经济形态，知识和其他物质财富的创造与流动必须在全球化的框架下布局。可持续发展的核心是资源和环境问题，包括全球气候变化问题，又对科学技术进步，特别是对地球科学的进步，提出了新的需求，为地球科学的大发展创造了重大机遇。全球化的格局使人类有可能也必须以全球视角来研究和解决面临的问题。所有这些都对地球科学的发展提出了新的要求，也为地球科学的发展指明了方向。

二、中国经济、社会发展对地球科学发展的紧迫需求

21世纪，人类社会发展的新特点，为中国地球科学发展提供了新的机遇；面对21世纪中国经济、社会发展的新格局，以及面临的新矛盾、新问题，中国地球科学必须准确把握。

1.资源短缺问题

中国石油储量不足，石油供应越来越依赖进口，石油对外依存度

已经高达 51%。随着经济的发展，石油供应成为极为紧迫的问题；中国黑色金属、有色金属也越来越不能满足经济发展的需求，不得不付出巨大的代价，从外国进口矿石，被迫带动一系列相关产品的价格大幅提升；水资源的国际分享和利用问题日益突出。在全球化背景下，资源和能源的全球供应合作与结构优化是世界各国都必须关注的重大问题。我国过去在资源问题基本上以自给自足为主，随着我国经济和科技的发展，这种方式日益突显出其局限性。全球化进程必然会导致全球范围内资源市场结构的进一步调整。中国在将自己的资源提供给全世界分享的同时，也面临着对世界资源越来越严重的依赖。从中国自身的发展和促进全球共同发展的角度，都要求我们对全球的能源、资源布局有全面、深入的了解，如何实现资源的优势互补是中国地球科学需要研究的重大问题之一。

2. 气候变化问题

全球气候变化问题，是对中国的巨大挑战。中国以煤为主的能源结构在支撑经济发展中发挥了重要的作用，但是，燃煤所带来的碳排放已不仅仅是中国，也是全世界关注的问题。当前，中国二氧化碳排放量已超越美国，成为世界第一排放国。碳排放问题已经影响到中国经济发展的全局。

中国在解决全球变化问题中，虽然承担着与发达国家不同的责任，但也扮演着重要的角色。然而，我们对全球变化的研究不够，了解甚少。联合国政府间气候变化专门委员会（IPCC）报告源于发达国家地球系统模拟研究的结果，在这背后是数千人的科学家队伍，以及数十亿美元的投入。而我国只有几十人通过几个二级课题做一些基础性的工作。我们既缺乏高质量的全球对地观测数据和产品，又缺乏全球变化各要素物理过程的深入研究和理论，更缺乏开展地球系统模拟所需的超级计算机软件、硬件，特别是软件的支撑。同时，全球变化研究突显了多学科交叉、融合的极端重要性，而这方面恰恰是当前我国科学技术发展中突出的薄弱环节。

3. 生态与环境问题

生态与环境问题已经超越国界，成为制约人类社会进一步发展的主要因素之一。水污染和大气污染都是目前世界上最为紧迫的生态危机，其影响范围早已超越国界。一些专门从事全球用水状况和大气环境研究的科学家惊呼，水污染和大气污染问题已经成为"世界性的灾难"。沙尘暴问题早已国际化，中国是个沙尘暴多发国家，既有源自我国境内的，亦有40%源自境外。而源自本土的沙尘暴，往往也被周边受影响的国家所诟病。生物入侵已成为全球威胁，入侵物种每年给全球造成1.4万亿美元的损失。中国是遭受生物入侵最严重的国家之一，入侵中国的外来生物已达500多个物种，形势十分严峻。苏联切尔诺贝利核污染影响波及相邻国家，并且遗祸于下一代。土壤大规模酸化和退化、森林减少、水土流失和有毒化学物质传播等环境问题都影响着中国乃至全人类的生存和发展。环境污染问题、生物入侵等问题具有世界性的特点，其影响早已超越国界，其源头和扩散过程也是一个众说纷纭、亟待阐明的全球性问题。

4. 海洋开发问题

中国既是一个陆地大国，也是一个海洋大国，拥有 300 多万平方千米的领海。广阔的海洋不仅对地球环境有重大的影响，同时也蕴藏着丰富的自然资源，是人类发展和生存的新空间。但是，历史上的闭关锁国政策扼杀了中国人对海洋的探索，我们对近海资源环境了解甚少，对深海、极地的研究更是严重不足。目前，中国的海洋船队越来越活跃于世界各地，但却缺乏对相应海域的了解。中国要实施"走出去"的战略，就必须对全球海洋状况有全面的、深入的了解。

以上这些问题都对地球科学的发展提出了新的、重大的需求，也表明中国的地球科学研究已不能再局限于国内。中国地球科学必须下决心开阔视野，走向世界，为保护人类生存和发展的地球环境、为解决中国经济和社会的可持续发展面临的问题，为国家安全、世界和平做出应有的贡献。

三、中国地球科学在新的形势下应当关注的几个重大问题

1. 地球科学研究的全球视野

当前国家经济、社会可持续发展对地球科学的紧迫需求，以及当代科技的发展，都要求中国地球科学在继续关注国内或区域性问题的同时，把研究的视野扩展到全球。21 世纪的新特点，包括知识经济、全球化和可持续发展等，其共同的基点就是全球视野。面对中国经济、社会发展对地球科学的巨大需求，包括解决资源短缺、环境污

染、海洋开发、气候变化等问题时，也要求我们必须具备全球视野。所以，中国地球科学必须大力加强全球性问题的研究。

最近几十年来，科学技术的高速发展，为中国地球科学开拓全球视野创造了条件。对地观测技术的发展大大开阔了人类的视野，过去不出门只能看到自己的家园，现在通过卫星影像，可以看到整个国家甚至整个世界；地球物理仪器装备、海洋探测仪器装备的进步，使人类获得地球深部和海洋深部的信息成为可能，从而揭示了众多未知的现象，大大增加了人类对地球在宏观尺度上的认识。

在加强地球科学全球性问题研究的同时，仍要继续重视地球科学在国家和区域性方面问题的研究，这同样是我国经济、社会发展的紧迫需求。全球性问题的研究要充分利用我国地学多年研究成果的积累，认真做好对我国地球科学多年研究的继承和发展。

2. 地球科学与其他学科的交叉、渗透和融合

中国地球科学要进一步发展，要获得更多的创造性成果，就必须改变内部各细分学科分割、外部地球科学和其他学科分割的局面。实际上，当代科学技术发展的大多数创新成果都出现在交叉领域，地球科学也不例外。调查显示，当代科学技术的重大突破，有 70%～80% 是来自学科交叉领域的。

过去，地球科学发展单科独进现象比较明显，在已取得重大创新的基础上取得新的突破比较困难。地球是一个复杂系统，地球科学的发展已经越来越要求将大气圈、岩石圈、生物圈、水圈与地球深部和空间作为一个整体研究；不仅需要地球科学内各学科的交叉渗透，还

需要地球科学和数理科学、技术科学、计算机科学，以及经济学、社会学及其他社会科学的结合，这将促进中国地球科学产生新的重大突破。

过去几十年，科学技术的发展为地球科学交叉和融合创造了条件。地理信息技术、全球定位技术、高精尖测试分析技术等为地球科学各学科的数据融合、采集和分析奠定了技术基础；现代物理学、化学和工程技术科学的发展为了解地球结构、理化性质提供了理论和技术支撑，并将使地球作为一个整体进行剖析成为可能；地质学、生物学、基因科学的发展，使人类对整个地球生命过程、生命史有了全面和深入的研究。总之，科学技术的发展为中国地球科学实现多学科的交叉、渗透和融合提供了广阔的平台，为地球科学向广度和深度两个方向发展提供了强有力的支撑。

当前，应当充分发挥现有地球科学研究基地的优势，对现有学科进行必要的调整，鼓励形成多学科交叉的研究基地；同时，科技管理部门应当通过体制上和机制上的必要调整，来鼓励多学科的交叉融合，推动中国地球科学新的飞跃。

3. 地球科学研究中的数量化方法

地球科学研究经历了从定性研究到定性和定量研究结合的发展过程。我们看到，数量化方法在地球科学的大气、海洋等领域已经得到广泛的应用，但是，在其他不少领域仍较为薄弱。当前，我们应当更多地支持定量化研究，鼓励青年科学家掌握定量化研究的理论和方法，具备定量化研究的能力。

现代计算数学、计算机技术及物理学的发展，使人类有可能通过各种物理、数学模型模拟地球的过程；超级计算机的发展和应用为这些巨大模型模拟和海量数据处理、分析提供了强有力的支撑。因此，可以预期，各种数学模型和数量化方法将在地球科学中发挥越来越大的作用。

数量化方法是现代科技发展的产物，当代科学技术发展经验表明，数量化方法在新学科的形成过程中发挥了催化剂的作用。就地球科学而言，面对的是大自然既宏观又复杂的问题，野外调查是其基础，但是单纯的野外考察方法也有局限性，在时、空两个尺度上不易拓展，这时，数学模拟就显得尤为重要。对地球的定量模拟研究，可以在一定意义上将大尺度空间的研究转移到实验室，实现定性描述和定量分析的有机结合；而且，数量化方法不仅定量地描述过去和现在，还可能预测未来。

IPCC气候变化评估报告中关于未来气候变化的结论主要是基于数学模拟的结果。但是，由于有关工作大多由国外科学家完成，我国的话语权十分薄弱，这直接影响到国家的重大利益。可见，数量化方法应用是地球科学发展的紧迫需要。

当然，我们要看到，数量化方法还处在发展阶段，存在不确定性因素。这在科学发展过程中是必然的，但不要因为暂时存在的问题，就把数量化方法看成是"雕虫小技"。我们应当鼓励青年科学家用数学、物理学武装自己，加强数量化方法的研究，这是未来发展的希望。

4.加强数据共享和基础设施建设

数据共享机制为广大科技工作者提供了充分的、公平的学术环境。科学创造的过程是一个由量变到质变的过程，因此数据、资料的积累极其重要。可以这么说，科学发现的过程是攀登高峰的过程，只有后人能够站在前人的肩膀上，才能最终达到科学的顶峰。

当前，数据资料积累体制和机制尚不完善，不少数据和资料成为部门甚至个人的私有财产。这样，每一个新的项目都要从头开始，长此下去，中国地球科学不可能得到发展。因此，建设数据共享平台极为重要，政府应当为地球科学发展提供共享平台，强化数据共享的政策，减少重复建设的费用，为所有地球科学工作者提供公平竞争环境。

《国家中长期科学和技术发展规划纲要（2006—2020 年）》确定了中国未来十五年科学技术发展的重点领域，其中有两个领域和地球科学密切相关，包括把发展能源、水资源和环境保护技术放在优先位置；加快发展空间技术和海洋技术。同时，强调加强基础科学和前沿技术研究，特别是交叉学科的研究。国家的高度重视为中国地球科学创造了广阔的发展空间。

我们相信，有国家的大力支持，有地球科学界同仁的共同努力，中国地球科学家一定会为世界地球科学和中国社会经济发展做出新的贡献。

地球系统科学学科建设的几个问题[①]

（2010 年 11 月）

大学的宗旨是培养有知识创造和传播能力的人及未来各行各业的领导者，其第一要务是教育。在知识爆炸的今天，教育不可能面面俱到，所以要有所侧重地按照不同学科专业进行知识传授。学科的发展也随研究对象的发展变化而兴衰。因此，不断调整学科，推动新兴学科的建设具有重要意义。

20 世纪末，随着科学技术的进步和全球变化问题日益突出，国际上诞生了地球系统科学这一新兴学科。近年来，随着我国全球变化研究的深入，从事地球系统科学研究的队伍也不断发展壮大。因此，有必要对地球系统科学的学科建设进行规划和设计。

本文从课程设置、教学组织、教材编写、招生与教学等方面提出一些考虑，供学科建设时参考。

[①] 2010 年 11 月，徐冠华在北京师范大学地球系统科学学科建设研讨会上的讲话。收入本书前，宫鹏、程晓、黄季夏和徐冠华本人作了补充和修改。

311

一、课程设置

学科建设中课程设置问题涉及诸多因素，其中四个方面的问题突出，需要引起注意。

1. 要以需求为导向，兼顾学术研究和面向应用两类人才培养

人才培养如果不从需求考虑，就很难有吸引力。国家可持续发展的战略需求和学生未来的就业问题是地球系统科学学科建设的首要问题。

对于本科生教育，建议开设一门全球变化和地球系统科学概述性的课，作为公共课程。从长远的发展来看，它有可能变成一门很重要的面向全校的公共课。由于可持续发展问题已经成为国家乃至全球共同关注的问题，将来必然成为大学教育的重要内容。因此，有必要开展全球变化和地球系统科学的本科生通识课程教育。

对于研究生教育，一部分学生将来要从事科学研究工作，另外一部分学生要走向环保、健康、能源、金融、保险等各行各业，他们要运用自己在全球变化与地球系统科学领域的专业知识服务于社会。所以，研究生的培养，要兼顾这两方面的需求。

将来从事科研工作的研究生，应当学习各交叉学科的基础课程，但不可能都要精读。要重点培养他们向与地球系统科学相关学科提出问题的能力，这是一个很高的要求，但也是最基本的要求。

对于将来服务于各行各业的研究生，应当培养他们行业延伸的能力。学生在学校不可能把所有的行业知识都学到、都学好，但是他学

到的知识应该要能支持他延伸到相应的行业应用。例如，在经济学领域，如果同时具备全球变化与地球系统科学方面专业知识，比单纯只有经济学专业知识要更有优势。在社会科学和自然科学交叉领域，如金融、保险、灾害甚至外交领域，都需要全球变化领域的人才。这些需求都应在课程设置方面有所体现。总之，课程设置应当以需求为导向，从研究和应用两个角度考虑。

2. 课程设置除了考虑培养目标外，还要考虑学校的优势和特色

我们选定了四个研究方向：全球变化研究中的地球观测数据同化与应用、地球系统模式、人类活动和全球变化的相互影响机制、全球变化经济学。一所大学很难把这四个方面都做全。需要认真总结学校的优势，明确主攻方向，这是课程设置的基础。

3. 课程设置还要善于体现多学科交叉的特点和特色

在基础课程的设置方面，可以从地学各个有关学科，以及物理学、化学、数学、计算机科学等学科中提炼出必要的基础性且体现学科交叉的内容，例如大气科学中是哪几个方面对全球变化研究起到支撑作用。同样，从地理、海洋、生态甚至社会科学也能提炼出相关的内容放在基础课程中。要在保持系统性、可衔接的前提下突出上述重点。要避免在"大跃进"时期教材编写中只叙述定义、定理，让学生"知其然，而不知其所以然"的失败教训。专业课的设置，可以从四个方向（对地观测、机制、模拟、经济学）分别考虑必要的课程。这些专业课应当立足于不同方向的选修课，而不一定都设为必修课，即

应强调打牢基础，专业课不一定上那么多。总的来讲，就是让学生尽量开拓知识面，培养学生有举一反三的能力，通过基础训练真正能够独立解决问题。

4. 本科生课程设置注重阶段性，理论基础与实践应用课程相融通

对于本科生的培养，在不同阶段其课程的设置侧重点不同。在低年级阶段（大学一年级），重点学习通识性教育课程，培养学生的科学与人文素养，并设置一些地球系统学科相关的研讨课，使学生对本领域有初步的了解。进入中间阶段后（大学二年级、大学三年级），重点加强专业基础与实践应用课程学习，尤其是计算机方面的知识需要重点加强，并通过课程设置强化实践。学生不论是以后从事科学研究工作，还是直接就业，编程能力都起着重要的作用。

在高年级阶段（大学三年级下学期到大学四年级），课程的设置可以研讨课为主。在此阶段，学生对未来的发展大概明确了。因此可以设置两方面的课程：一类开设学科前沿课程，帮助高年级本科生进入学术前沿领域，自主提出问题、分析问题和解决问题，培养敢于质疑、善于质疑的创新性人才；另一类则开设与其他学科相交叉的应用性的研讨性课程。加强地球系统科学与各校相关优势学科领域的交叉，使毕业生可以在更广泛的领域里就业。

二、教学组织

教学组织应考虑以下三个方面的问题。

1. 教学与科研之间的关系需要正确处理

本质上，教学与科研是可以相融的。一方面，优秀的科研成果可用于补充和修改教学内容；另一方面，在教学过程中，教师可以发现新的科研问题。地球系统科学有很多值得研究的问题。承担教学任务的教师大多承担着一定的科研任务，这是正常的。但是，高等院校普遍存在重科研、轻教学的现象。评价机制的导向导致他们将更多精力放在科研方面，因此无法保证教学质量，这是必须认真解决的问题。

设置教研室是一个很好的途径，可为各门课建立一个交流和提高的平台，是回归以教学为中心的体现。这样，科研项目组织方式和教研室的组织方式互相促进，有利于加强学科内教师的交流，同时也有利于提高教学质量，改善教学效果。当然，现在就全面设置教研室，可能为时尚早。但是就一个研究方向而言，成熟一个就可以设置一个。

2. 教学应当坚持开放的原则

有些课程应该迈出学校大门。比如，计算机科学方面的课程，北京师范大学的学生可以到清华大学去上；反过来，清华大学的学生也可以到北京师范大学上地学课程；经济学的课则可到北京大学或者中国人民大学去上。

3. 要特别注重科学精神的培养

全球变化研究中仍有诸多不确定性问题，地球系统科学是蓬勃发展的学科，要鼓励大家发表各种观点，包括不同意见，鼓励宽松和包容。教材编制和授课过程中，要鼓励各个学科的教师共同讨论，鼓励学生参与，不断提高基础理论和技术课程的水平。

三、教材建设

一所大学要对中国地球系统科学领域有所贡献，就一定要编出几本最好的教材。在课程规划的基础上，尽管不能面面俱到，但教材的建设必须要逐步做起来。

1. 构建一支高素质的教材编写队伍

地球系统科学领域的教材应该调动多所大学一起做，要联合相关院校、研究单位共同编出一套教材来。编写教材是学科建设的基础，也是一个长期的建设过程，所以需要建立一支高水平的专业队伍，形成合力。编著教材不求快，但是必须不断地推进。

2. 教材的编写需要总体规划设计

地球系统科学领域涵盖的面很广，在规划教材编写时需要考虑到这些情况，不能面面俱到。一方面，需要考虑到地球系统科学领域通用基础性的教材；另一方面，需要结合各校优势研究方向，编写一些有特色并且高水平的专门教材。

除了组织人员编写教材以外，还应引入一些国外经典的书籍作为学生教材。教材不在于多，有些经典教材宜做精读材料。

3. 教材形式要多样化

可以考虑由文字教材发展到集文字、音像以及多媒体为一体的多样化教材。可以借鉴当前一些比较好的在线课程平台，如 MOOC（慕课），将一些好的教材放到互联网上，使更多的人更方便地了解地球系统科学学科。

4. 建立激励机制

高水平教材是教学研究的重要成果之一，可以作为教师评聘、晋职的重要依据。对一些获得奖励的教材的主编和副主编，学校应制定办法给予奖励。

5. 教材建设保障方面

为有效地推进教材建设，可设立教材专项基金以支持教师编写优秀教材。也可以通过减轻教师工作量和列入重要成果贡献等方式支持教师完成教材编写工作。通过多种形式更好地提高教师队伍编写教材的积极性。

四、招生与培养

关于学生招生与培养的问题，应通过设计有吸引力的专业和加强宣传，想方设法将最优秀的人招收到地球系统科学学科学习。首先，要让学生感到未来有为国家服务和个人发展的空间。如果体育界只培养世界冠军，就很少有家长愿意让孩子从事竞技体育。现在多是独生子女，谁都不愿意去做金字塔的塔基，如果没有高校特长生的优惠政策，不少家长不愿意把孩子送到体校去学体操或学乒乓球了。同样的，我们也面临类似问题，必须有出口，要给想进入这一行的学生可期待的远景，而不是让学生们觉得除了科研将来无事可做。事实上，地球系统科学学科有很广阔的发展空间，可以培养出面向社会很多重要领域的人才。所以，招生的问题一定要抓住，核心就是把需求前景研究透，我们不能哄骗家长和学生，要多调研把这个问题搞清楚。

此外，要建立好的机制。争取一批有志于在全球变化领域研究的优秀本科生，尤其是数学、物理、化学和生命科学系的本科生，在大学本科四年级的时候就到地球系统科学学科学习。在教学机制创新方面，解放思想，吸引多学科的本科生。深圳华大基因公司，作为一家企业，他们既搞基础研究又搞高技术产业的发展，已经在《自然》（*Nature*）和《科学》（*Science*）等国际知名刊物发表了多篇论文，而这些论文的作者就有在校大学生，甚至是高中生。

建设地球系统科学学科也是一样，要不惜代价把有理想和专业优异的人招进来。现在各校都重金招聘院士，我看真正重要的是要不拘一格，采取各种政策措施吸引优秀的青年人才。有最优秀的人，才能做最出色的事，才能建设成一流学科，这是地球系统科学学科建设的根本。

在研究生培养方面，要发挥导师对研究生的学科前沿和科研方法的指导。同时，也应当考虑如何完善导师激励机制，把研究生获得优秀学位论文、获得研究生国家奖学金、发表高水平学术论文等能够体现研究生培养质量的指标，作为评价导师的重要标准。

在研究生培养过程中，应加强与国外地球系统科学领域知名大学的联合培养。例如地球观测方面，美国马里兰大学较为领先，地球系统模式发展方面普林斯顿大学有优势，全球变化与人类活动机制方面哥伦比亚大学和加利福尼亚大学有优势，极地方面北欧国家的大学较先进，我们应该加强与这些学校之间的合作。

五、 总结与展望

学科建设不可能一蹴而就，在不同的阶段重点做哪几件事，要有一个分阶段的实施方案和一个相应的组织保障，这样才可以稳步推进。前一段工作，我们重点抓了科研，目前取得良好进展。虽然短期内未必能出大成果，但我们的科学研究已经步入正轨，形成了一个良性循环的机制，相信在三年、五年、十年以后，一定会做出很好的成果。基于此，现在抓学科建设，已是当务之急。这也是当前国家开展一流学科和一流大学建设的时代要求。我们前一段不是没有抓，我们研究生的 37 门课程都已开课。但当前，我们要花出精力来做一个全面的规划，把学科建设搞起来，形成共识，一步一步地往前推进。

每所学校的历史都是由各位同仁创造出来的，我相信中国的地球系统科学也可以在各校创造历史。中国全球变化与地球系统科学研究院还不多，我们不能仅仅满足做国内一流，而是要努力成为国际一流。我们应当有这样的信心，我也有这样的信心，通过共同的努力做成这件事。

对地球系统模式软件研究的期望^①

（2010 年 11 月 15 日）

地球系统模式软件研究项目历经长时间的准备，终于启动了，这是一个里程碑式的事件。通过高性能计算机与地球系统模式软件把地球科学和计算机科学、物理学、数学以至于经济学等各个学科联系在一起。我们对项目的成功充满期待，利用这个机会，谈几点希望。

第一，我希望参加这个项目的专家下定决心、树立信心、紧密合作，在较短的时间内，把地球系统模式高性能计算支撑软件系统研究赶上国际先进水平。为什么强调这一点？大家都清楚，这个决心不下是不行的。全球气候变化已经成为当今世界各个国家，特别是大国之间科技、经济、政治博弈的重要舞台，也是对人类未来发展的重大挑战和新的机遇。过去 30 年，我国经济社会有了很大的发展，国力有了很大的增强，在全球气候变化的国际讨论中，这是我们的优势。但

① 2010 年 11 月 15 日在 863 计划"面向地球系统模式研究的高性能计算支撑软件系统"项目启动会上的讲话。

是，我们要清醒地认识到，在应对全球气候变化方面，我国的科学话语权仍旧缺失，在一些谈判当中，我们处于较被动的地位。主要原因是我们在科学研究中有缺失，包括对地球系统模式的研究薄弱。所以大家承担着重大的使命，为了国家未来的发展，我们必须下定决心把这件事做好。

我们也要树立信心。我们落后，有差距，这是事实，不承认事实不行。但是，也不要因为这个事实而悲观、失望。我们也要看到我国的优势。自从中华人民共和国建立以来，中国的科学有了很大的发展，特别是形成了完整的科学体系，这是世界上少数国家才有的。正因为如此，我国能够在综合、交叉的科学领域，依靠国家力量形成集成优势。实际上，据我了解，在地球系统模式方面，学科缺乏交叉、互相分隔的问题在西方发达国家也依然存在。清华大学和江南计算技术研究所的科学家告诉我，在模式研究中，计算机科学家和地学的科学家紧密合作，就会出现立竿见影的效果。例如，清华大学环境系的专家改进了哈佛大学的大气化学模式后，经过计算机系优化，计算效率很快提高了6倍。这说明我们还有很大的发展空间，只要下决心做此事，就一定能够做好。

第二，我希望通过项目的实施培养出一支既精通地学，也精通计算机科学的人才队伍。长期以来，主要是地球科学领域的同志做地球系统模式方面的研究，即使在地球科学中，大气、海洋、地理、生物、生态各个方面合作也很不平衡，更重要的是缺乏精通数理科学、计算机科学的同志参与其中。这里我向计算机领域的同志们呼吁，真诚期望你们不要把自己当成地球系统模式研究的技术服务者，而是成为地球系统模式的研究者。你们不仅要懂得计算机科学，而且要真正参与进去，了解地球系统模式中各个分量的物理过程、化学过程、生物过程。这样，一定会大幅度提升我国地球系统模拟水平，也将为每位参与者开辟新的发展前景。中国的计算机科学、物理科学、数学科学，多是人才济济，个别的是人满为患，大家何必都把自己局限在狭小的领域里？科技创新真正的机会在交叉领域，在边缘领域，这是很多成功者的切身体会。我向大家呼吁，不要拘于自己的小领域，不要局限于一个项目，获一个奖，要放开眼界，参加到多学科交叉的研究中来，将来一定会有光明的前景。要发现人才，培养人才，还要稳定人才。我记得曾经参加一个鉴定会，一个高水平研究项目的鉴定会，将要诞生的是一项国际先进水平的成果，但同时我又被告知参加这个项目的 90% 以上的博士都已经出国。我很感慨，鉴定只意味着总结过去，但是科研骨干都已离去，还有什么未来？我不反对出国，但是要下大决心，付出代价留住一批精英，建立一支核心研究队伍。这应该是每个科研课题最重要的任务。有了这样一个核心，中国全球变化的研究就不再发愁，就一定可以不断前进。

第三，我希望项目的领导人，一定要努力把这个科研项目办成一个开放和合作的典范。中国长期受小农经济的影响，封闭、落后。当国外科学家都以外人引用自己的成果为荣的时候，我们有的科学家却把自己的成果、自己的数据锁在保险箱里，奇货可居，这是一种悲哀。我们一定要想通。为了国家，为了科学，也是为了个人的未来，都要想通！在项目整体设计方面，一定要明确。这个项目不是仅仅为清华大学研制的，也不是为其他几个大学和研究所研制的，应该服务于我国所有从事地球系统模式研究的单位和每一位科学家。在运行机制方面，一定要强调优势集成，不管是哪个单位、个人研究的好模型，包括大气、海洋、陆面等过程的模型都可以在择优的基础上在平台上运行。要编好用户手册，不能只能自己用，别人看不懂，用不了。"开放"还意味着充分利用国内外现有的研究成果，不能够事事重新开始。我国是有一批称得起"脊梁"的人，能为了国家，为了科学，不遗余力。我相信，你们就是脊梁，也一定会用更坚定的意志和更广阔的胸怀来联合所有的部门共同努力。

关于建设地球系统模拟装置的几点意见①

（2012 年 4 月 6 日）

　　最近几年，我们这个领域非常活跃，各种举措、重大计划、项目应运而生，特别是"地球系统模拟装置"这样重大的科学工程已经列入国家发展和改革委员会重大科技基础设施"十二五"规划中，令人鼓舞。今天讨论"地球系统模拟科学和技术"这一问题，对于支撑"十二五"规划中相关的建设将会起到重要的推动作用。

　　21 世纪以来，气候变化问题越来越引起世界各国的注意，而且已经不仅仅是科学问题，也逐渐演变成为政治问题。全球变化和可持续发展的研究都促进了科学的发展，特别是促进了地球系统科学的发展。气候变化研究和地球系统科学研究，都离不开两大基础实验手段：一是观测实验手段，另一个是数值模拟实验手段。随着各类观测实验不断丰富，对地球系统的认识不断深入提高，数值模拟手段在地

---

① 2012 年 4 月 6 日在中国科学院大气物理研究所召开的"地球系统模拟科学和技术"发展战略研讨会上的讲话。

球系统科学研究中的地位越来越重要。一方面，它提高了人类对地球系统的演变规律的认识；另一方面，它使对地球系统未来演变的科学预测逐渐成为可能。过去这些年，它的研究成果已经为大气、海洋、环境科学的很多事实所验证，也将会对生态科学、固体地球、空间科学发展产生深远的影响。我认为地球系统模拟科学技术是一项战略科学技术，它不仅对研究地学、研究地球系统科学十分重要，也是一个国家地球科学研究综合水平的重要标志，是应对全球变化、减灾防灾、环境治理必不可少的科学技术支撑。现在应对全球变化的问题，特别是全球变暖的问题，已经成为世界各国关心的重大问题。发达国家和地区包括美国、日本、欧洲都早已经提出并且实施了各自的地球系统模拟发展计划，有稳定的经费支持，因而这些国家在全球气候变化科学领域具有话语权，也掌握了减缓和适应全球变暖等各方面措施的主导权。如果这种状况长期不能改变，将会使我国在应对全球变化方面处于不利的地位。

我国在对地球系统模拟方面的研究工作开始得并不晚，也有一定的基础，但是这些年来，我国和西方的差距不但没有缩小，有的同志还认为扩大了。为什么会出现这种情况？一方面，我们对于全球气候变化问题的战略性和全局性认识不够，对于它的不确定性考虑不周，人力和经费的投入不足；另一方面，我们把地球系统模拟当作纯粹的基础研究，忽略了它的技术性和工程性，也是重要的原因。这些年，我国地球系统模拟的投入主要是以基础研究项目的形式出现的，硬件设施及其更新和国外的差距相当大，软件开发也是零零碎碎，没有提升到系统工程的高度，至今也还没有一个国家地球系统科学模拟研究中心，这种状况应当尽快改变。

在地球系统模拟装置研究和建设中有几个问题需要关注。

一是先进性问题。地球系统模拟装置建设必须立足未来，具有前瞻性。这就要求系统必须具备地球表面圈层模拟能力，具备高分辨率和长期气候系统变化的模拟能力，以及具备对各类物理、化学、生物过程的精细描述能力。所有这些要集中体现在系统预测未来的能力。如何保证先进性？我认为创新性是先进性的基础。当前，我国在地球系统模式发展及系统的模拟方面做了一些工作，中国科学院大气物理研究所、国家气候中心、国家海洋局、北京师范大学、清华大学等都提供了结果，总体上有一些亮点，但是基本上还是发达国家地球系统模式的思路，缺乏重大理论突破，结果也是大同小异。这样的工作再做下去，也不会在解决不确定性等问题方面有新的进展。所以，我们必须加强基础研究，力争在地球系统物理过程、化学过程和生物过程方面有所突破，大幅度提高预测未来的能力，这样我们在减排谈判中，才能做到心中有数，才能做到对国家负责。

二是开放性问题。这个系统一定要明确是一个开放的系统，无论是数据还是模型，既要对全国开放，也要对世界开放，应当成为从事这方面工作的中国和各国科学家的公共平台。平台应当具有对模型择优的能力和相应的机制，足以保证模拟的结果中国最优，以至国际最优。这个成果不应当是某一个单位的成果，而是全国以至各国科学家共同努力的结果，这是研制单位必须具有的指导思想。

三是强调举国体制。我不是说中国所有的科学研究项目都需要举国体制，这是不可能的，也是不需要的。而且我也认为不能仅仅以任务带动学科。任务可以带动学科，但不是所有的学科都仅仅靠任务带动。但是地球系统模拟装置建设，一定需要建立举国体制，是一项通过任务带动学科发展的重大科学工程；一定要强调统一指挥、各有关部门通力合作，集成各方面的优势资源完成建设任务；一定要调动我国各方面的积极性，通过任务实施带动学科的发展，这是明确无误的。中国确实有这样的优势，一旦达成共识，国家下决心，各部门齐心合力，任何困难都可以克服，我们一定会比任何国家做得更好。中国的全球变化研究、地球系统科学的研究一定会有一个光明的前景。

人类有着共同的家园，必须做出共同的努力①

（2012 年 4 月 13 日）

　　面前的这本书《继续生存 10 万年，人类能否做到？》，让我回忆起 3 年前在中国科学院遥感应用研究所召开的一次别开生面的讨论会。记得议题是"小行星撞击地球和外星人入侵的监测和应对"，当时很多人参会，发言者充满激情，侃侃而谈，至今历历在目，震撼我心。我不禁想到，当时会议讨论的只是一个孤立的自然事件，都能引起人们如此浓厚的兴趣，而眼前的这本书，作为一部科学专著，同时也是一部充满趣味性的科普读物，对宇宙中的天体威胁、地球灾害、气候变化、未来能源、水资源和生物资源、逃离地球等各方面都做了描述和分析，用科学的论据和丰富的想象力，对人类文明的历史进行了全面反思，并以科学家的高度责任感，对人类未来生存发展方式和途径进行了规划和探讨，一定会让一批中国读者着迷，填补一段知识空

① 2012 年 4 月 13 日刊登于《人民日报（海外版）》的"评《继续生存 10 万年，人类能否做到？》"。

白，满足人们长期的期待。

我十分赞赏作者的能力和见识，他们以宽泛的视野、渊博的知识，以及对自然历史、人类历史和未来的深刻理解，将未来 10 万年人类的前景，用优美、流畅的文字呈现在读者面前。这是一个充满希望的前景，一个让子孙万代安心的情景。但我也有担忧，因为历史常是未来的一面镜子，如果让时光倒流，历史有可能对这一前景说"不"。人类文明已经延续 5000 ~ 6000 年，两河流域、印度、中国、希腊、美洲等地都创造过独特的文明。在人类文明发展过程中有些曾经经历过空前的繁荣，但是以后逐渐地消亡了，留下的只是一些残石断壁的历史遗迹。为什么古代文明消失了？历史学家做了分析：环境的变迁、气候的变化、战争、疾病等，外部环境变化通过内部矛盾起作用，使这些古老文明最终走向毁灭。这令人不禁想到，当前人类的文明会走向何方？历史上消失的文明虽然都是区域文明，但是如果仍旧沿用已有的应对方式，全球文明可能最终也会消失。

人类发展问题跨越了国界，需要全世界、全人类共同承担和解决。在能源短缺、气候变暖、灾害加剧等当前这些全球问题的解决过程中，科学技术，包括空间观测技术的发展发挥着至关重要的作用。中国作为发展中的大国，一直积极参与研究和解决人类社会未来发展面临的问题，也高度重视空间科学技术的发展。从 20 世纪 50 年代开始人造卫星的研究工作，到目前已经初步建立了长期稳定运行的卫星对地观测体系和覆盖全国的地面卫星遥感数据接收系统，开展了空间科学的研究。经过多年的努力，中国空间科学技术的发展取得了巨大的进步。同时，中国也培养了一大批空间科学技术领域的专业人才，这些人才越来越广泛地活跃于国际舞台。我们欣喜地看到，作者也是空间科学家，书中也有中国科学家的研究成果。

历史经验常表明，当一个民族面对共同的敌人时，总会团结起来，强敌造就了一个民族的强大凝聚力。当前，全人类面临着诸多严峻的共同威胁，有可能造成人类的毁灭，人类应当团结起来，争取一个 10 万年的光明前途。回忆历史，展望未来，本书传达的信息十分明确，"人类有共同的家园——地球村；人类的未来是共同的未来；人类要生存下去，必须做出共同的努力"，"人类既要重视当前的发展，也要考虑未来的生存"。当前的问题是，人类对自身面临的诸多问题的紧迫性认识不足，也缺乏解决问题的战略考虑和安排，这也应当是出版本书的一个重要意义。

《继续生存 10 万年，人类能否做到？》由科学出版社 2012 年 4 月出版。

对"全球变化与可持续发展协同创新中心"的期望①

（2012 年 8 月 12 日）

各位部领导、校领导和院士专家：

今天，我们齐聚一堂，见证"全球变化与可持续发展协同创新中心"成立，我代表可持续发展协同创新中心科学指导委员会，对各位的到来表示热烈的欢迎，对由史校长②牵头的团队为创新中心筹备工作付出的努力表示衷心的感谢！

我从科技部部长位置退下来以后，把很多的精力放在参与和推动全球变化科学研究工作上，目睹了在国家各有关部门领导和支持下，我国全球变化科学研究取得的快速进展。国家发展和改革委员会、教育部、科技部、中国科学院、国家自然科学基金委员会等各个部门都大幅度增加了全球变化研究的支持和投入。2010 年，科技部启动了"全球变化研究国家重大科学研究计划"，清华大学全球变化研究中

---

① 2012 年 8 月 12 日在"全球变化与可持续发展协同创新中心"培育启动仪式上的讲话。
② 史培军，时任北京师范大学常务副校长。

心、北京师范大学全球变化与地球系统科学研究院等实体单位相继成立。所有这些举措，使得全球变化研究作为基础研究的重要组成部分，得到了长期、稳定的支持。今天，"全球变化与可持续发展协同创新中心"的成立将是全球变化科学研究工作的又一新的推动力。借此机会，我对新成立的协同创新中心谈几点希望，不妥之处请各位指正。

第一，关于中心的使命。我希望"全球变化与可持续发展协同创新中心"能够面对国家的重大需求，通力合作，不辱使命。全球变化与可持续发展问题是当今人类社会，特别是我国面临的重大挑战。这个问题解决不好，会严重影响中国和人类的长远发展。我国在气候变化国际谈判中长期处于较被动的局面，一个重要的原因就是相关科学研究滞后，有关全球气候变化的成因、温室气体减排的责任、气候变化的阈值、温室气体浓度稳定等重大问题的科学成果不足，因而缺乏足够的科学话语权。我衷心希望以"全球变化与可持续发展协同创新中心"成立为契机，搁置单位、团体、个人之间的意见分歧和利益冲突，以国家需求为先，做好顶层设计，形成既能立足于当前国家的需求，又能着眼未来发展的部署；通过协同创新的理念，探索新的创新模式，发挥多部门和多学科的优势，发挥集中力量办大事的优势，聚焦重大问题，提出新的理论和相应科学依据，服务于国家重大需求和人类的可持续发展。

第二，关于中心的定位。我希望"全球变化与可持续发展协同创新中心"能够进一步强调有限目标，凝聚力量，突出重点。全球变化与可持续发展是一个可以无限外延、非常广泛、无所不包的命题。如果各个协同单位不能围绕有限的目标，只是在这样一个新的平台下，仍然开展各自的研究，中心也就失去了它自身存在的意义。

我认为中心的工作应该定位在全球变化研究和全球变化与可持续发展关系的研究上，这也是近几年国际社会关注的重大问题。特别是以下几个方面问题应当重点关注。

（1）关于减少对全球变化科学认识的不确定性问题，包括现代暖期在气候变化中的历史地位、人类活动和自然强迫对全球气候变化的相对贡献、全球平均地表温度对大气二氧化碳浓度的敏感性、未来气候变化趋势的判断、地球系统模式的建立与发展、全球气候变化的自然和社会影响阈值等问题。这些重大问题涉及人类应对全球变化挑战和可持续发展的一系列重大战略决策，因此相关科学认识上的不确定性及由此可能带来的行动风险亟须解决。

（2）关于妥善处理应对全球变化的挑战和可持续发展之间关系问题。当前，国际社会应对全球变暖的挑战是为了解决人类发展所带来的人与自然不和谐问题。但是解决全球变化问题，绝不能以牺牲经济和社会发展，特别是不能以国际社会不均衡发展为代价，也就是气候变化问题必须在可持续发展的框架下予以解决。人类社会可持续发展不仅要求人与自然和谐，还需要人类社会自身的和谐。我们必须按照这一原则，认真、妥善处理两者之间的关系，研究制定合理的全球变化应对方案，这是我国必须关注和面对的重大问题。

（3）关于在应对全球变化挑战当中减排与增汇、减缓与适应的关系问题。温室气体减排是当前国际社会减缓行动的主要关注点和着力点。实际上，增加陆地和海洋碳汇也将在减缓全球增暖过程中发挥不可忽视的作用。同时，地球工程作为一种减缓全球变暖的措施已经得到了国际科学界的广泛关注，所有这些都是对以减排为主的思路提出的新的挑战，对中国和其他发展中国家尤其具有重大的战略意义。同时，适应与减缓一样，是人类应对全球变化的重要措施，两者相辅相成。以提高防御和恢复能力为目标的适应行动可以减少、减缓温室气体排放的压力，为人类社会发展的低碳转型赢得时间与空间。在全球变化影响日益突出、减缓行动难以很快奏效的情况下，采取具有针对性的适应战略是世界各国紧迫而重要的选择，对发展中国家尤其如此。

（4）在以上研究工作的基础上，构建全球变化与可持续发展研究全球共享的一体化基础平台。我相信，只要我们能够明确方向，抓住重点，中心一定能够为应对全球变化、促进可持续发展、实现中华民族的伟大复兴做出应有的贡献。

第三，关于中心的体制和机制。我希望"全球变化与可持续发展协同创新中心"大力推动改革，成为教育和科技体制改革的实验区。我国科技界目前较普遍存在的科研浮躁等问题，与我们的教育和科研体制、机制不健全不无关系。近几年，国家已在一些大学和科研院所开展了科研体制和运行机制改革的探索，取得了一些成效，积累了一些经验。在这些经验中，我认为有几点值得借鉴。

（1）建立国际一流的科学指导委员会，聘请相关领域国内外一流科学家，充分发扬学术民主，运行开放和透明，在科学问题上真正尊重科学家的意见，发挥委员会在研究机构发展战略、研究方向设置、首席科学家聘任，以及中心和首席科学家绩效评价等方面的主导作用。

（2）实行首席科学家负责制。首席科学家在全球招聘，科学指导委员会评议,协同创新中心聘任。首席科学家对其科研团队的岗位设置、成员招聘、经费支配等管理具有自主权,接受严格的评估,承担相应的责任,并实行竞争淘汰。实践证明,首席科学家负责制对于激励公平竞争,促进形成稳定的科研团队,优化科研资源和人才的合理配置,以及减少不必要的行政干预都具有重大的意义。

(3)强化"管理就是服务"的意识。科学创新是需要最大限度地发挥科学家个人和群体主观能动性的事业。科研管理只有坚持以人为本、真诚服务才能更好地保障科学家的创造热情和创造型人才的培养。我多年从事科技管理工作的体会是:改革难,开头最难,坚持更难。所以,我真诚地希望中心在认真吸取现有改革经验的基础上,立志改革、真心改革,勇于创新、悉心总结,推动中国教育和科技的发展。

第四,我希望"全球变化与可持续发展协同创新中心"能够探索和制定出一套行之有效的协同创新方案。过去,我们通过合作申请承担研究项目、建立联合研究机构等方式开展过很多合作研究,但真正成功的不多。我认为各个单位协同的成功与否是"全球变化与可持续发展协同创新中心"能否取得成功的关键,这个问题解决不好,中心就会回到老路上去,只能成为一个新的争取课题、争取经费的中心。具体有以下几点建议。

(1)中心的各个协同单位要下决心围绕国家的重大需求和前沿科学问题,做好中心整体的组建工作,绝不能陷入谋求本单位、本部门的利益和个人的利益的泥沼。

(2)要充分发挥中心各个部门、各个单位的优势,包括人才优势、资源优势和学科优势等，努力做到优势互补，而不只是借助中心的成立填补自己的空白。

（3）要建立一套互惠互利的共享机制，真正实现资源共享、成果共享。

（4）我认为最关键的、最重要的是要明确中心各成员单位、科学指导委员会和首席科学家之间的关系，关键是发挥首席科学家的作用。对此，首席科学家一定要通过全球公开招聘，不能通过分指标的方式进行分配，不能成为本单位和本部门的代表。首席科学家团队主要在协同单位内部公开招聘，并由首席科学家全权领导并承担相应的责任。

（5）要加强中心内部各成员单位之间，中心与国内外相关机构、相关领域、相关学科之间的开放和交流，不能把中心办成一个孤立的机构，而应该是一个不断有学术思想碰撞、科研氛围活跃的中心。我认为定期的午餐会制度、学术沙龙、学术年会、国际研讨会与人员互访、研究生合作培养等制度都是很好的交流与合作方式，这些不是可有可无，更不是装潢，必须制度化、经常化坚持下去。

作为一个地球科学科研工作者和一个曾经的科技管理工作者，看到"全球变化与可持续发展协同创新中心"成立，我由衷地感到高兴。我也愿意与各位专家一起，为中心的发展壮大贡献自己的一分力量。最后想表达一点意见，我已年过 70 岁，科学指导委员会主任越来越不能胜任，诚请理事会同时物色新的人选，一旦有新的人选，及时将责任交给中年一代科学家。中国人才济济，我相信中心一定会越办越好。

全球变化和人类可持续发展：挑战与对策[①]

（2012 年 12 月 16 日）

一、人类应对全球变化的挑战：进展和问题

全球变化是指由自然和人文因素引起的地球系统功能的全球尺度的变化，包括大气与海洋循环、水循环、生物地球化学循环、资源、土地利用、城市化、经济发展等的变化。

全球变暖是全球变化的突出标志。联合国政府间气候变化专门委员会（IPCC）于 2007 年发布的第四次评估报告指出，1906 ~ 2005 年地球表面增温 0.74℃，其中 20 世纪中期以来全球变暖有 90% 的可能性是由人类活动导致的大气中由二氧化碳等温室气体增加造成的。中国《第二次气候变化国家评估报告》也指出，在百年尺度，中国的升温趋势与全球基本一致；1951 ~ 2009 年，中国陆地表面平均温度上升 1.38℃。

---

① 本文于 2013 年 7 月发表于《科学通报》第 58 卷第 21 期。作者为徐冠华、葛全胜、宫鹏、方修琦、程邦波、何斌、罗勇、徐冰。

全球变化在改变人类赖以生存的自然环境的同时，也对经济社会发展产生了深刻的影响。如何应对全球变化、实现可持续发展，是当前人类社会发展面临的重大挑战。

基于对人类活动导致全球变暖及未来气候变化可能对人类造成严重影响的科学认识和政治共识，以《联合国气候变化框架公约》和《京都议定书》的签订和实施为标志，在过去的 30 年中，国际社会为进一步认识全球变化的机制、减缓和适应气候变化、减轻其不利影响，进行了政治、经济、科技等多方面的努力，取得了明显的进展，概括起来有三个方面。

1. 增进了全球变化对人类可持续发展影响的认识

国际社会的共识之一是：以全球变暖为主要特征的气候变化对自然生态系统和人类社会存在着巨大的影响，如果应对不力，将会危及人类可持续发展。如果大气中温室气体含量得不到有效控制，21 世纪末全球预估将可能增温 1.1 ～ 6.4℃；如果全球气温升高 1.5 ～ 2.5℃，地球上 20% ～ 30% 的现有生物物种将会面临灭绝危险；如果全球平均气温上升 2 ～ 3℃，格陵兰冰盖将大量消失，造成海平面快速上升和全球 30% 的海岸带被淹没；其他一些自然过程也将出现明显变化。全球变暖的影响还表现在：热浪、干旱和强降水等极端气候事件发生的强度和频率可能增加；人类社会系统也受到重大影响，如环境风险加剧、水资源短缺、粮食减产、健康和疾病的危险等。

2. 认识到人类活动是全球变化的重要驱动力

国际社会共识之二是：人类活动是引发 20 世纪后半叶以来全球

变暖过程的主要原因。人类活动引发全球变暖的依据是什么？这要从温室效应和温室气体谈起。大气中有云、水汽、二氧化碳等物质对长波辐射有吸收和再发射的能力，这些重新发射的辐射有一部分返回大气层和地表，使地球表面平均温度上升。这就是"温室效应"，而水汽、二氧化碳等就称为温室气体，它们就像温室一样，对地表和大气起着保暖作用。20世纪中叶以来地球变暖主要原因是大气中二氧化碳等温室气体的增加。

IPCC第四次评估报告指出，全球变暖主要是人为排放的二氧化碳等造成的。这些温室气体源于化石能源的使用、土地利用的变化及森林的破坏，即它们是人类社会经济发展过程中的产物。

自然历史资料证明了这一点。南极冰芯资料显示了在过去1000年中大气中二氧化碳的浓度从1000年到1800年基本上是维持在280ppm。但是从1750年工业革命以来，二氧化碳浓度明显增加，超过了工业革命前几千年的上升量，20世纪末急剧增加到380ppm。

人们还发现地表系统的多个关键参数受人类活动的直接影响，或人类活动导致的气候变暖的间接影响而发生较大变化，据此分析了人类活动影响全球变化的基本机制和全球变化产生的社会经济原因，探讨了气候变化的可能"阈值"。

3. 国际社会对应对全球变化取得初步的共识

各国政府对全球变化问题高度关心。1992年世界各国首脑会议签署《联合国气候变化框架公约》，公约确定了一个重要原则，即"共同但有区别的责任"的原则，"共同"责任就是各国都要根据各自的能力保护全球气候；"区别"责任即要求发达国家率先采取减排行动，并向发展中国家提供技术和资金支持。目前有 194 个国家和区域一体化组织签署了公约书。

1997 年，缔约方通过了《京都议定书》，确定了 2008 ～ 2012 年主要工业发达国家减少二氧化碳等温室气体排放的义务。2012 年签署《京都议定书》的缔约方共 192 个。

2009 年 12 月，《联合国气候变化框架公约》缔约方大会（COP15），原则通过了《哥本哈根协议》，维护了《联合国气候变化框架公约》及《京都议定书》确立的"共同但有区别的责任"原则，并就全球长期目标、资金和技术支持、透明度等焦点问题达成广泛共识。

2010 年通过的《坎昆协议》就未来气候变化谈判的原则达成共识：国际社会制定以温室气体减排为主的应对方案，应该把到 21 世纪末全球地表温度不超过工业化前 2℃作为目标，这就是著名的"2℃阈值"原则。

中国对气候变化问题高度重视。2007 年发布实施了《应对气候变化国家方案》，成为第一个制定应对气候变化国家方案的发展中国家。在实际行动中，中国政府在调整经济结构、发展循环经济、节约能源、提高能效、淘汰落后产能、发展可再生能源、优化能源结构和绿化国家等方面采取了一系列政策措施，取得了显著效果。

尽管各国为共同应对全球气候变化问题做出了巨大努力，但是这些协议和宣言与实际行动之间的鸿沟依然存在，宣言中各项行动的具体落实遇到政治和外交博弈、经济和技术成本、能源和资源配置等问题。2012 年是《京都议定书》确定第一承诺期的最后一年，但国际社会减排成效不彰，发达国家中仅少数国家开始了实质性的减排行动。人类应对全球变化面临严峻的挑战。

二、 人类应对全球变化挑战的时代背景和遵循的准则

一个世纪以来，以全球变暖为标志的全球变化越来越引起了世界各国的广泛重视和关注。为什么近代人类活动引发了全球变暖？分析它出现的时代背景能够明确人类应对全球变化应当遵循的准则。其时代背景主要包括科学技术进步、全球化进程、可持续发展的理论与实践三个方面。这三个方面是引发全球变化的时代背景，也是 21 世纪人类社会三个新的基本特征。从这三个特征出发，人类应对全球变化的挑战必须遵循的原则：一是解决全球变化问题，必须立足于发展，关键在于科学技术的进步；二是应对全球变化问题的方案必须充分考虑全球化的国际环境，在可持续发展的框架下制定。

三、 人类应对全球变化的挑战与可持续发展

在过去的三十年，在各国科学家和决策者的共同努力下，全球变化科学研究取得了长足的进展，应对全球变化的国际、国内行动逐步推进。尽管如此，人类应对全球变化的能力仍然有限，主要原因在于对全球变化问题的科学认识，还不足以支撑人类对地球系统的管理。因此，在未来应对全球变化的挑战中，我们应当根据地球系统自身的规律和地球系统变化与人类活动的关系，面对科技飞速进步、全球化进程加速和可持续发展理念深入人心的时代背景，加强世界各国的协调，尽快就人类如何应对全球变化的挑战达成共识。我们认为，这些

共识应当包括以下几个方面。

1. 妥善处理应对全球变化挑战与可持续发展之间的关系

可持续发展与应对全球变化挑战的关系应该互相依存、互为条件，在处理两个方面的问题时必须统筹考虑，任何一方面都不可或缺。可持续发展的理念是人类经过历史上成功的实践和失败的教训得出的重要结论，可持续发展不仅要求人与自然和谐，还需要人类社会自身的和谐。历史经验表明，发展不均衡是人类社会不和谐的一个根源，国家内部区域发展不平衡可能导致内乱；固化或加大国家间发展的不平衡可能使世界难以实现和平与稳定，甚至导致战争，因此也不可能实现可持续发展。

当前，全球变化是人类面临的共同挑战，国际社会共同应对全球变暖是为了解决人为导致的人与自然不和谐的问题。但是解决全球变化问题，绝不能以牺牲社会发展，特别是不能以维持或扩大以国际社会不均衡发展为代价。否则，不仅不能解决人与自然和谐发展的问题，还会破坏人类社会自身的和谐。

目前的问题是缺乏综合考虑不同国家、集团历史责任和未来发展空间相对公平的减排方案，并且在衡量国别间温室气体排放时也未考虑国际碳转移等因素，忽视了发展中国家的发展权益。

鉴于当前全球变暖主要是人为排放二氧化碳等温室气体造成的，因而减少碳排放成为国际社会防止全球继续增暖的基本措施。如何合理分配排放指标，保证发达国家和发展中国家都能得到发展，成为最富有挑战性的问题。

一是如何实现在公平框架下发达国家和发展中国家共同发展。目前有的国际减排方案提出，按照"2℃阈值"的目标，以2005年全球人口总量计，从2012年开始到2050年，全球人均每年排放0.82吨碳，相当于2.99吨二氧化碳。但是问题在于方案实施中，如何保证发展中国家的发展。联合国曾经给出一个人类发展指数，划分世界各国的发展水平，其中上面提到每年人均0.82吨碳排放仅处在温饱发展水平。这就是说，如确立每年人均排放0.82吨碳的减排目标，在清洁能源没有完全或者大部分替代化石能源之前，世界上所有欠发达国家将只能徘徊在温饱线上。这显然是不公平的，也不可能维持人类社会基本和谐，人类社会可持续发展目标将不能实现。

二是如何将碳排放的历史责任和未来贡献合理平衡。中国科学家利用本国和美国研发的地球系统模式通过计算机模拟评估了发达国家和发展中国家对气候变化的历史责任和承诺的减排贡献。两个模式的量化评估结果非常接近，结论是：发达国家应该对碳排放造成的气候变暖承担2/3的历史责任，但发达国家承诺的减排仅对减缓未来气候变暖做出1/3的贡献；而发展中国家虽然只承担1/3的历史责任，却承诺了未来减排2/3的贡献，这当然是十分不公平的。

三是如何合理计算国家碳排放量。1990～2011年，发达国家的工业温室气体排放趋于稳定，发展中国家的排放量逐年增加。但是，在计算国家温室气体排放时却忽略了由国际贸易所造成的温室气体的转移排放。发达国家排放的这种稳定，一部分原因是它们越来越多地从发展中国家进口高能耗商品，如钢铁、太阳能板等，从而减少了本国的排放量。因此，在制定公平合理的国际减排政策时必须考虑生产排放和消费排放之间责任划分问题。

实现人类社会可持续发展，必须维持区域发展、国家间发展基本均衡。在当前应对全球变化挑战过程中，国际社会应遵循"共同但有区别的责任"的原则，统筹兼顾人与自然的和谐和人类社会自身的和谐，给出科学的、切实可行的（特别是对发展中国家切实可行的）减排和适应方案。

2. 坚持减少碳排放与增加碳汇并举，减缓全球变暖与适应全球变暖并重的原则

当前减排温室气体是国际社会减缓全球增暖行动的主要关注点和着力点，这是必要的，但是增加陆地和海洋的碳汇在应对气候变化中的作用同样重要，却未能给予充分重视。增加陆地和海洋碳汇对减缓全球增暖十分重要。1990 ~ 2007 年，世界森林碳汇每年为 2.4 ± 0.4 皮克碳，占陆地生态系统总碳汇的 45%，能够抵消工业温室气体和土地利用排放的 33%。植被生产力的年际变化直接决定了大气二氧化碳浓度的年际变化。由此可见，人类植树造林、有效保护森林生态系统，发掘地球自身拥有的碳汇功能将在减缓全球增暖过程中发挥不可忽视的作用。这对发展中国家尤为重要。近年来，中国实施的植树造林工程和森林保护措施每年固碳 300 万吨，为减缓全球增暖做出了贡献。不仅如此，植树造林对改善生态环境、净化空气、调节气候、防风固沙等都有积极的效果。

地球工程作为一种有效的减缓全球变暖的措施已经得到了国际科学界的广泛关注。简单地讲，地球工程是通过人工方法改变地球表面

辐射能量平衡或直接减少大气中温室气体浓度，以减缓或抵消气候变暖效应。目前已经开展的地球工程方案有碳捕获和碳封存等。

地球工程方案在各种温室气体排放情景下，采用向大气平流层喷洒硝酸盐、气溶胶和设置反光镜的方法，都会遏制因为全球变暖所导致的海平面上升的趋势，并在一定程度上使其恢复到原先的水平。当前，急需全面评估地球工程的各方面影响，以便提出切实可行的实施方案。

适应与减缓一样，是人类应对全球变化的重要措施。以提高防御和恢复能力为目标的适应行动可以将气候变化的影响降到最低，减小温室气体减排的压力，为人类社会发展的低碳转型赢得时间与空间。在全球变化影响日益突出、减缓行动难以很快奏效的情况下，采取具有针对性的适应战略是世界各国紧迫而重要的选择，对发展中国家尤其如此。

当前，制定全球变化适应方案需要加强两个方面的研究：一是研究如何解决人类对食物、能源、水资源和其他生态系统服务功能的需求；二是研究如何转变生活方式、探索全球气候变化背景下人类的发展道路。

3. 加强科学研究，减少全球变化认识的不确定性

国际学术界公认对全球变化的科学认识还存在不确定性。尽管从科学的角度看，存在不确定性是十分正常的现象，但作为制定气候政策和处理气候变化国际事务的出发点，这种科学认识上的不确定性及由此可能带来的风险是不容被轻视的。全球变化认识的不确定性涉及以下几个方面。

一是过去 2000 年气候变化的事实，它影响到关于自然变化和人类活动对 20 世纪变暖贡献和未来气候变化趋势的判断。例如，历史气候领域迄今仍未取得具有重大意义的一个共识是：过去 2000 年来是否存在比 20 世纪更温暖的"中世纪暖期"或其他暖期。

二是关于温室效应机理，它关系到将全球变暖归因于人类活动的理论基础，即"气温对二氧化碳浓度的敏感性"。例如，从观测数据角度分析，有时大气温室气体浓度与气温变化趋势并不完全一致。20 世纪 40 年代到 70 年代中期全球温室气体排放量约增加 2 倍，而同期全球平均温度下降 0.1℃。

三是气候模式的模拟能力，作为气候变化研究的主要工具，它直接影响到未来预估情景的可靠性，虽然经过改进，模拟结果和实际结果之间的差异显著减少，但有些差异仍然过大。以气温随高度变化的模拟为例，IPCC 综合集成了气温随高度变化的模拟结果，研究人员将其和观测结果进行了比较。模式模拟结果显示大气升温最快的高度为 10 千米处，且为地表增温变化的 2 倍，观测结果则显示大气增温最快的高度位于地表，且对流层整体增暖幅度小于地表，两者结论相反。

四是"2℃阈值"的自然和社会影响程度的科学认识。"2℃阈值"是《坎昆协议》达成的共识，即 21 世纪末，地表温度比工业化前的升幅控制在 2℃以内，以此作为制定各国以温室气体减排方案的基础。它之所以重要，是因为与之对应的是温室气体浓度的上限及人类碳排放空间的上限。研究表明，阈值高或低，即使 0.1℃，都将对人类采取的应对措施产生重大影响，涉及所有国家的经济增长和生产、生活方式的改变。但是实际上不同模式模拟结果温度变化区间为 2 ～ 4.5℃ 的范围内，其不确定性仍然过大。

未来国际社会应更好地开展多因子、多学科、全球性联合研究，最大限度减少对全球变化科学认识的不确定性，同时应进一步将可持续发展作为全球变化研究的导向，在社会发展中加强全球变化研究，以全球变化研究成果促进可持续发展。

四、应对全球变化：人类新的发展机遇

应对全球变化对人类不仅仅是严峻的挑战，也是重大的机遇。根据应当遵循的原则确定的各种应对措施，实质上是对地球系统的创新管理，将对人类的生产方式、生活方式及国际关系带来历史性的、不可估量的影响。可以期待，通过应对全球变化的实践，人类生存和发展新模式将逐渐形成。

1. 促进人类能源结构的战略性转变

人类能够驾驭自然在于人类具有思维和创造能力，关键在于人类利用自然界能源，放大了自身的力量，扩大了人类活动能力和活动范围。随着人类经济、科学技术发展，人类应用的能源结构，经历了一个变化过程，概括起来就是"脱碳"的过程。

人类最早从柴草中获取把生肉烤熟的能量，继而从煤炭到石油，再到燃气，这种从固态到液态再到气态的过程是能源使用形态的发展趋势。有研究表明，人类不断开发、利用新的碳氢能源的历史实际上是一个脱碳的历史。每一次能源革命的结果都是使碳氢能源中的碳的含量降低，氢的含量上升。木柴中碳氢原子个数比例约为 10∶1，煤约为 2∶1，石油为 1∶2，天然气为 1∶4。而每一次能源的加氢脱碳都会推动人类社会的进步和文明程度的提高。由此看来，氢能源的广泛应用将是能源发展的重要趋势。

这里可以看到，从最初钻木取火，到煤、石油、天然气，历史上人类能源结构自然调整的过程和当前人类应对全球变化、自觉减少碳排放的过程，不约而同，殊途同归。从当前能源结构多元化的前景来看，生物质能、太阳能和风能，以至于燃料电池，使用氢作为介质又是重要的选择方案。当前减少碳排放的措施，将大大促进并最终完成人类能源结构的调整进程，对于人类的生存和发展具有重大历史意义。

2. 促进地球生态环境的历史性转变

当前人类面临的状况是，发达国家青山绿水；相当多的发展中国家由于战乱和贫困，植被严重缺乏，生态环境恶化。我们认为，减少大气中的二氧化碳，一方面要通过减排实现；另一方面要充分关注恢复植被对于增加碳汇的作用。植树、种草，在为减缓全球变化做出贡献的同时，也有利于解决发展中国家生态环境恶化问题，特别是植被覆盖缺乏的问题。新中国成立以后，中国的森林覆被率从 20 世纪 40 年代末的 8.6%，增加到当前的 20%，在一些贫困地区，郁郁葱葱的植被已经取代了穷山恶水，沟壑纵横。绿化有利于减缓全球变暖，还将为发展中国家的植树造林运动提供巨大的动力。我们相信发展中国家通过自己的努力和国际的援助，一定能够绿化自己的国家，同时也为减缓全球变化做出贡献，通过数十年、百年的持续不断的努力，全球生态环境一定会出现一个新的局面。

3. 促进人类生产和生活方式的根本性转变

长期以来，人类习惯于从自然中索取，缺乏保护自然的观念和能力，人类对能源和其他自然资源的过度消耗，引发了巨大的自然灾难，人类的生存受到了威胁。应对全球变化从根本上要求人类改变现有生产方式和生活方式，努力减少资源的消耗和能源的浪费。世界一些国家都对此发出了呼吁，中国提出要建立资源节约型和环境友好型社会，并且作为国家的战略目标加以推动。我们相信，这将促进人类生产、生活方式发生根本性转变。

4. 促进人类社会向和谐世界的转变

从历史的视角来看人类社会，从奴隶社会、封建社会争夺土地、奴隶，到资本主义社会争夺资本和市场，人类社会的历史一定程度上也是国家之间的斗争史。我们也可以看到，当一个国家受到外来势力的重大威胁时，往往会促进国家和民族团结起来，形成巨大的合力。当前，在全球化的环境下，人类首次发现全人类面临着共同的威胁、存在着共同的问题；处理不好，有可能导致人类毁灭。这种威胁是无形的号召力，推动人类抛弃或搁置分歧，抛弃或搁置利益冲突，共同应对全球变化的挑战。

总体上，我们对人类的前途持有乐观的态度。六万年前，现代人类的祖先走出非洲，经过长途跋涉，历经千辛万苦，走遍五大洲，走到地球的各个角落。在历史长河当中，人类经受了气候变迁、疾病流行和其他各种灾变，但都得以生存，当今人类掌握了如此发达的科学技术和雄厚的经济基础，只要共同努力，一定能够解决全球变化的问题，人类一定会有美好的未来。

参考文献

[1]《第二次气候变化国家评估报告》编写委员会.第二次气候变化国家评估报告.北京：科学出版社，2011.

[2] 葛全胜，方修琦.中国碳排放的历史与现状.北京：气象出版社，2011.

[3] 葛全胜，郑景云，满志敏，等.过去2000年中国温度变化研究的几个问题.自然科学进展，2004，14：449-455.

[4] 贾治邦.中国森林资源报告—第七次全国森林资源清查（2004—2008年）.北京：中国林业出版社，2009.

[5] 联合国.联合国气候变化框架公约，1992.

[6] 联合国.联合国气候变化框架公约京都议定书，1998.

[7] 徐冠华，宫鹏，邵立勤，等.中国全球变化研究急需加强的几个问题，全球变化研究评论（第1辑）.北京：高等教育出版社，2010.

[8] 徐冠华，鞠洪波，何斌，等.21世纪中国地球科学发展：立足中国，走向世界.科技日报，2010-08-01.

[9] 中国国家发展和改革委员会，中国应对气候变化国家方案，2007.

[10] 中华人民共和国环境保护部.中国履行《生物多样性公约》第四次国家报告.北京：中国环境科学出版社，2009.

[11] Bonan G B. Forests and climate change: Forcings, feedbacks, and the climate benefits of forests. Science, 2008, 320: 1444-1449.

［12］Canadell J G, Raupach M R. Managing forests for climate change mitigation. Science, 2008, 320: 1456-1457.

［13］Douglass D H, Christy J R, Pearson B D, et al. A comparison of tropical temperature trends with model predictions. Int J Climatol, 2008, 28（13）: 1693-1701.

［14］Grubb M.Cap and trade finds new energy. Nature, 2012, 491: 666-667.

［15］Grübler A, Nakićenović N, Victor D G.Dynamics of energy technologies and global change.Energy Policy, 1999, 27: 247-280.

［16］Helm D. Climate policy: The Kyoto approach has failed. Nature, 2012, 491: 663-665.

［17］IPCC. Climate Change 2007: The Physical Science Basis. Contribution of Working Group I to the Fourth Assessment Report of the Intergovernmental Panel on Climate Change. Cambridge: Cambridge University Press, 2007.

［18］Keith D W. Geoengineering the climate: History and prospect. Annual Review of Energy and the Environ ment, 2000, 25: 245-284.

［19］Lenton T M, Held H, Kriegler E, et al. Tipping elements in the Earth's climate system. Proc Natl Acad Sci USA, 2008, 105: 1786-1793.

［20］Lenton T M. Early warning of climate tipping points. Nat Clim Change, 2011, 1: 201-209.

［21］Moore J C, Jevrejeva S, Grinsted A. Efficacy of geoengineering to limit 21st century sealevel rise. Proc Natl Acad Sci USA, 2010, 107: 15699-15703.

［22］Nakićenović N.Freeing energy from carbon. Daedalus, 1996, 125: 95-112.

［23］Pachauri R K. Climate Change 2007: Synthesis Report. Contribution of Working Groups I, II and III to the Fourth Assessment Report, 2008.

［24］Pan Y D, Birdsey R A, Fang J Y, et al. A large and persistent carbon sink in the world's forests. Science, 2011, 333: 988-993.

［25］Schiermeier Q.Hot air.Nature, 2012, 491: 656-658.

［26］Schreurs M A.Rio+20: Assessing progress to date and future challenges.The Journal

Environment Development, 2012, 21: 19-23.

[27] Solomon S, Qin D H, Manning M, et al. Technical summary// Solomon S, Qin D H, Manning M, et al. Climate Change 2007: The Physical Science Basis. Contribution of Working Group Ⅰ to the Fourth Assessment Report of the Intergovernmental Panel on Climate Change. New York and Cambridge: Cambridge University Press, 2007.

[28] Ulanovskii M L.Relation between coal properties and the change in hydrogen content on coalification.Coke Chem, 2011, 54: 33-39.

[29] United Nations Development Programme. Human Development Report 1990. New York and Oxford: Oxford University Press, 1990.

[30] United Nations Framework Convention on Climate Change. Outcome of the work of the Ad Hoc Working Group on longterm Cooperative Action under the Convention, Draft decision/CP.16. The United Nations Climate Change Conference in Cancun, 2010.

[31] United Nations Framework Convention on Climate Change. Outcome of the work of the Ad Hoc Working Group on Further Commitments for Annex I Parties under the Kyoto Protocol at its fifteenth session, Draft decision/CP.16. The United Nations Climate Change Conference in Cancun, 2010.

[32] United Nations Framework Convention on Climate Change.Copenhagen Accord, Decision 2/CP.15. Copenhagen, 2009.

[33] Wei T, Yang S L, Moore J C, et al. Developed and developing world responsibilities for historical climate change and CO2 mitigation. Proc Natl Acad Sci USA, 2012, 109: 12911-12915.

[34] WMO. WMO Greenhouse Gas Bulletin No.8.2012.

[35] World Commission on Environment and Development. Our Common Future, Report of the World Commission on Environment and Development, 1987.

培养一批德才兼备的全球变化研究青年科学家[①]

（2013 年 3 月 17 日）

我很高兴有机会结识全球变化研究领域的青年科学家，谈谈我的感受。

第一，全球变化研究是一项光荣的事业，也是一项艰巨的事业。我们老一代地学工作者对全球变化研究领域的科学家有很高的期望。我们都是从青年时代走过来的，作为一个人的基本需求，我们要谋生，要养家糊口，一切都合情合理，无可非议。但是，作为科学工作者，除了需要工作养家糊口外，更应当有志气把它作为一项事业。这就要求科学家，特别是从事全球变化领域的科学家具备献身科学、服务国家的精神。这些似乎与科研无关，但如果没有这些精神，在面对困难时，将难于应付，更难坚守；特别是取得成绩时容易自满，忘记还有很多事情需要做，还有很多问题需要解决。因此，对于科研工作

---

① 2013 年 3 月 17 日在 973 计划 "碳循环关键过程及其与气候系统耦合的研究" 项目启动会上的讲话。

者来讲，应当大力提倡献身科学、服务国家的精神。没有这种精神，中国科技就没有未来。我多次对朋友、同事提到：对名利的追求没有止境，也不会有结果。在历史长河中，帝王将相、才子佳人不计其数，显赫一时。但是几千年过去了，随着时间的流逝，真正留在后人记忆中的又有多少？真是少之又少，我个人能够记住的大概不会超过百人。这百人中可能还有一半是坏人，一半的一半是有争议的人，被后人记住而且被肯定的人更是少之又少。即便是众望所归，为历史肯定的人物，思想虽然不朽，但个人的所有痕迹也已灰飞烟灭。我讲这段话的意思是：个人对名利的追求和浩瀚的历史长河相比、和无垠的宇宙相比，是非常渺小的，不要太计较。我们珍惜人生，就应该把时间、精力用在探索科学、实现人类理想上，用在服务于国家强盛、服务于人民幸福上。这对于科学家，特别是对青年科学家是极为重要的。

第二，要以更加广阔的精神、更加开放的视野从事全球变化研究。全球变化研究是一个学科高度交叉、渗透融合，面向全球，亟须各学科和国际合作的领域。没有面向全世界的开放，就无从知晓中国的科学地位、科学水平，在这样的情况下谈赶上或者超越，谈站在别人的肩膀上继续攀登高峰，都是空话。全球变化研究更需要对国内各科学领域开放。全球变化重大研究计划项目是由相互联系、相互促进，又相互制约的课题群组成的，如果计划项目下面的各个课题之间没有交流，那么就会互相制约。2012年，科技部组织计划项目专家组交流，每个人从中都收获很多，汇聚了许多新的想法，也看到了自身的缺陷。项目内各个课题之间的交流，也是973计划项目的短板。有些项目在组织过程中，首席科学家为了在竞争中稳坐钓鱼台，往往把有影响力的团队都请进来，而不考虑实际需求和真实实力。项目获批立项后，各课题组就各自独立工作，很少交流。特别是科技项目的拨款机制是直接面对课题，首席科学家无从管理。进而有些项目的部分课题，只拿经费，实际做的工作少之又少，甚至结不了题。所以，对于这个项目，我特别希望在首席科学家领导下，建立起项目的各个课题间的协调机制、约束机制和交流机制，实现项目的集成。

第三，希望项目一定要在培养青年科学家方面下大功夫，探索青年科学家不断涌现的体制、机制和文化氛围。科学研究无非是出人才、出成果，人才和成果紧密联系，没有人才就什么都没有，既没有当前，更没有未来。众所周知，全球变化领域的科学家十分缺乏，要努力把来自各个领域的科学家培养成全球变化领域的全才科学家。这些科学家应当具有全球的视野、多学科的知识素养，和管理多学科融合的综合性科学项目能力。我曾经建议，考核项目、考核首席科学家和课题组组长，应当把培养青年科学家方面的成绩作为最重要的内容。

大家来自各个学科，来自五湖四海。全球变化研究与传统学科相比，还处于婴儿阶段，这是极有潜力的事业。全球变化研究也为中国这样的后发国家提供了重要的机会。我国具有多学科的优势，但是，建成一个多学科交叉的团队依旧很难，尤其在专业研究所更难，如何对多个学科进行整合是一个亟待解决的问题。我希望各个相关领域的科学家，不仅是地学领域，还有从事计算机、数学、物理等领域研究的科学家参与到全球变化研究中来，我相信一定会有光明的前途和远大的前景。

在北京全球变化国际研讨会上的致辞^①

（2013 年 9 月 23 日）

    国际上对以全球变暖为突出标志的全球变化的研究已经走过 30 多年的历程。经过世界各国科学家的不懈努力，我们已经对全球变暖的事实、温室效应的作用、大气温室气体浓度变化等形成了较为确定的认识，在气候模式发展方面取得了长足的进步，对应对全球变暖的途径取得了原则性一致。同时，我们对全球变暖的某些问题的认识还存在不确定性，在人文、社会领域和管理、技术层面也存在大量全球变化相关问题需要研究和解决。为减少全球变化认识的不确定性，达成实现可持续发展的科学、可行的方案，国际全球变化研究已过渡到由"未来地球"（Future Earth）计划主导的新阶段。在这一新阶段开始之初，在这个美丽的金色秋季，我们举办全球变化北京论坛，必将在国际全球变化研究的发展中留下精彩的篇章。

    中国是世界上较早开展全球变化研究的国家之一。中国政府高度

---

① 2013 年 9 月 23 日在北京全球变化国际研讨会上的致辞。

重视全球变化研究。据不完全统计，近年来，中国政府每年对全球变化研究的投入超过了 30 亿元[①]。2010 年，中国科技部启动了全球变化研究国家重大科学研究计划。该研究计划自启动以来，已部署实施了53 个研究项目，资助经费总额达到 14 亿元。在政府的支持和科学家的努力下，中国的全球变化研究在全球变化的事实、过程和机理，人类活动对全球变化的影响，气候变化的影响及适应，综合观测和数据集成，以及地球系统模式等各方面都取得了明显的进步，部分成果产生了重要的国际影响。

中国的全球变化研究在立足中国国情的同时，始终与国际同步和呼应、与全球科学家紧密联系和合作。此次全球变化北京论坛的举办，为中外科学家分享成果、交流思想、形成新知提供了舞台。我愿借此机会，就未来进一步做好全球变化研究谈一谈个人的认识。

"未来地球"计划已将支撑未来 10 年全球可持续发展作为其战略目标，对此，我们应妥善处理应对全球变化挑战与实现可持续发展之间的关系，绝不能以牺牲社会发展，特别是不能以维持或扩大国际社会不均衡发展为代价来解决全球变化问题。当前，减少碳排放已成为国际社会防止全球继续增暖的基本措施，国际社会应遵循"共同但有区别的责任"的原则，给出科学的、切实可行的减排方案，同时坚持减少碳排放与增加碳汇并举、减缓全球变暖与适应全球变暖并重的原则。

[①] 综合科技部、中国科学院、国家自然科学基金委员会、国家发展和改革委员会、教育部等项目部署情况不完全统计。

当前，国际学术界对全球变化某些问题的认识还存在不确定性。作为制定气候政策和处理气候变化国际事务的重要依据，这种不确定性及由此可能带来的风险是不容被轻视的。应大力加强全球变化研究基础能力建设，构建全球性的公共支撑与资料共享系统。

让我们携起手来，深入研究全球变化，共同保护人类家园，共创一个可持续发展的未来地球。

为和平利用极地做贡献①

（2015 年 5 月 5 日）

今天很高兴参加北京师范大学极地研究中心成立大会。极地研究中心的成立，得到了国家海洋局、科技部及各个有关单位的大力支持，又得到了中国科学院地学部院士巢纪平等老科学家的悉心指导。巢院士已经 80 多岁，依然到北京师范大学指导工作，令我非常感动。刚才巢院士的讲话很有前瞻性和战略性，应该认真学习。我多年来从事科学研究和科技管理工作，在极地的研究方面接触过一些人、一些事，也有一些感触。下面谈一谈体会。

一、 极地研究对国家、对全人类的发展具有重要和长远的意义

长期以来，我们对极地研究，对国家乃至全人类发展的重要性认识不足。近年来有了变化，特别是党的十八大明确提出实施海洋强国

① 2015 年 5 月 5 日在北京师范大学极地研究中心成立大会上的讲话。

战略，激发了从事海洋、极地研究的同志们极大的热情。

极地研究之所以重要，细说有多方面的原因，其中之一是全球面临着越来越尖锐的资源短缺问题。邓小平同志二十多年前为极地研究题词"为人类和平利用南极做贡献"，这是我国极地研究的总目标。南极和北极有着丰富的资源，如何才能和平利用，人类共享？南极的铜、铁、铅、锌、金、银、锡等各种矿产储量非常丰富，还有大储量的油气田数百处，石油储量千亿吨，天然气5万亿立方米，有地质学家声称南极蕴藏着世界最大的铁矿，初步储量可供全世界开发利用两百年；南极还有世界最大的煤田，估测储量5000亿吨，具有重大的化工价值；特别是南极的冰盖之下还有大量的可燃冰，它是能够代替石油和煤的优质清洁能源。这些资源的开发与共享需要全世界科学家的共同努力。

北极地区还蕴含着潜在的航路资源，近几十年来，北极地区的增温幅度要远高于其他地区。数据表明，北极地区空气温度上升的幅度是全球平均升温的二至三倍。研究预测未来几十年内北极的冰可能融化，一旦成真，北极航道的开发将成为各国关注的重大问题。人类在2009年和2012年曾两次在北极海区航行，从欧洲到亚洲，航运时间从30天减到14天，减少航程5000公里，显示了北极航线极大的潜力。这将破解我国战略物资运输航线和贸易航线单一化的问题，对我国有特别重要的意义。

环境问题。环境问题的解决早已超越国界，需要各国通力合作。众所周知，极地是地球系统重要的组成部分，大气、海洋、陆地、雪冰、生物圈间的相互作用过程在极地得到了集中反映，而且是在没有人类直接干扰下的反映，因而也是地球上的气候敏感地区和生态脆弱地带。极地环境研究，对于阐明全球气候变化、碳循环、生物多样性各个方面，都有重要的科学意义。当前，全球气候变化研究中，气候变化的预测仍有较大的不确定性。很重要的一个原因，就是对极地缺乏深入的了解，这也是制约全球变化研究的一个重要障碍。

极地研究还有重要的科学意义。以南极为例，它有着极高的空气洁净度和宁静度，是最佳的天文台选址；极地没有人类活动的干扰，所以也是研究在没有外界干扰情况下的人类行为：包括心理行为、社会行为的理想场所；同样也是模拟人类在外太空的生存、管理和研究等方面的理想基地；极地最低可达零下 93℃的低温，为人类创造了具备极端条件的试验场，这也为航天，为升空的材料、设备的研制，创造了必要的条件，可用于材料、制造技术的检验，从各个方面看，极地都是极为重要的天然实验室。

我国奉行和平外交政策，我们对南极、北极的研究都出于和平目的。但是，我们也要看到南极、北极潜在的军事价值。北冰洋是核潜艇最佳的潜射基地，水面上盖着厚厚的冰盖，挡住了卫星信号，使水面的反潜舰艇也无能为力。如果核潜艇在北极区域突破冰帽发射导弹，十几分钟就可以打到几个大洲，所以北极是一个特殊的战略威慑要地。对这一点必须有足够的了解，才知道如何应对和防止战争。

我国极地研究，国家支持力度不够，这一局面拖延了很久。现在，按照中央的重大决策，一定要把极地研究开展起来。

二、对极地研究的几点期望

1. 发挥集中力量办大事的优势，建设一流极地研究中心

从历史上来看，我国有"两弹一星"的成功经验，有实施高铁、核电发展的成功经验，国家或部门一旦在重大问题上达成共识，实施的力度就会非常之大，在包括投入、建设、组织、管理等各个方面形成集成优势，迅速实施。极地研究具有战略性、起点低、包袱小、矛盾相对简单等特点，一旦下决心就能迅速启动。因此，极地建设应当集中力量，争取实现跨越式发展。

2. 广开人才之门，尽快形成多学科交叉和综合的优势

学科交叉领域是当代科技创新的最重要的增长点，70%以上的创新性成果来自学科交叉和综合领域。极地研究，本身就是多学科交叉综合的领域，又没有过多复杂关系的牵制，应当尽快把各方面的人才组织起来。新成立的极地研究中心，一定不是一个单纯的遥感中心，也不是一个单纯的海冰中心、大气中心或天文中心，而是把多学科的优势发挥出来。程晓[①]团队发布的研究成果就是一例，如果只做遥感，那么人们看到的只是南极冰架崩解的情况，仅此而已；但是团队里有冰川科学家、大气科学家、海洋科学家共同协作，使得他们在交叉综合的基础上迈进一大步，推算出冰架的底部消融，发现了海洋在冰架崩解中的作用机制，形成一项多学科交叉的成果。也正因为如此，才能在《美国国家科学院院刊》（*PNAS*）上发表。中心今后的研究部

---

① 时任北京师范大学全球变化与地球系统科学研究院副院长、教授。

署，仍要发挥综合交叉的优势。比如，用遥感监测企鹅种群的变化和居住环境的变化；借助天文和遥感领域中的相通点，将交叉技术用于大气质量等诸多问题。

3. 做好各政府部门的合作与协调

我多年的科技管理生涯，感觉最难的就是部门间的协调。刚才我讲各部门一旦达成共识，优势很大，但是难点就在于"共识"。为此，应当在以下几个方向努力。

一是发挥国家海洋局极地中心的主导作用和协调作用，以广阔的胸怀和气度，建立有效的机制，调动各方面的积极性，把各个方面力量汇聚起来，形成集成优势。

二是发挥军队的作用。根据南极条约的规定，各国应该在冻结主权的原则下，和平利用南极，这是我们坚定不移的原则，在南极要禁止任何类型的军事活动。但是在条约的第一条第二款，也规定允许为了科学研究和其他和平目的，在南极使用军事人员和军事设备。美国、阿根廷、新西兰，后勤保障主要都是由各国海军负责。中国的海军是很重要的一支力量，海军也需要扩展自己的视野，不能局限于近海、深海，极地是海军发展中必然涉足的领域。海军参与到极地和平利用研究中后，既能增强自己的能力，又能促进极地研究的发展。

4. 加强观测技术研究，提升极地观测能力

极地地域广阔，环境恶劣，常规的观测仪器和手段难以施展，而没有长时间序列的观测数据又很难进行研究。因此，要加快南极天文

台、极地观测小卫星、无人飞机等基础设施建设。水下机器人、水下滑翔机、深冰芯钻、极端环境自动监测系统等也都是极地研究不可或缺的装备手段，需要国家加大投入，积极推进。我希望北京师范大学极地研究中心也积极参与合作，提出科学需求，共同研发创新的极地科研装备。同时一定要下大力气实现设备和数据共享，在研究中充分发挥作用。

5. 人才问题

我的基本判断：人才优势是中国的战略优势，中国的人才资源是任何其他国家无法比拟的最重要的战略资源。中国的优势体现在：中国人口世界第一、入校学生数量世界第一、大学生数量世界第一、研究生数量世界第一、科技人员总量还是世界第一，这是中国的实力和潜力所在。北京师范大学一定要把中国的人才优势发挥出来。极地研究中心第一位的任务就是发现人才、培养人才、提拔人才、使用人才，核心是青年人才。巢先生刚才谈到，要发挥青年人才的优势，我举双手赞成，历史已经证明重大的创新往往来自青年科学家，他们敢想敢做，一定要大胆地启用，这样我们国家才有希望。当然我们也要注意向全世界的人才开放，要从世界各国引进人才，约翰·摩尔[①]就是我们从国外招聘的人才，对中国的极地研究，冰川冻土的研究，做了出色的工作。

---

① 约翰·摩尔（John Moore），英国籍，教授，博士生导师，"千人计划"入选者，时任北京师范大学全球变化与地球系统科学研究院首席科学家，极地气候与环境实验室主任。

在清华大学地球系统科学系成立大会上的讲话^①

（2016 年 12 月 30 日）

各位院士、老师们、同学们：

今天站在这里，我由衷地感到高兴，不禁回忆起 7 年多前，顾秉林校长郑重宣布建立清华大学地学中心并筹建地学系的情景，那时候大家憧憬未来、兴奋异常、充满希望的表情仍旧历历在目。现在，愿望实现了，清华大学地球系统科学系宣布成立，清华复建地学迈出了关键的一步，也是坚实的一步。我作为地学领域的科技工作者，也代表参加会议的各位地学同行，对清华大学校领导、校学术委员会成员对此事的果断决策、大力支持和热情关怀表示衷心的感谢；也对于大力支持地学系建设的中国科学院各所、北京师范大学、北京大学等院校、环境保护部、国家气象局、江南计算技术研究所等部门、机构表示衷心的感谢。

2016 年 12 月中旬，我国京津冀地区以及山东、河南等地出现了

---

① 2016 年 12 月 30 日在清华大学地球系统科学系成立大会上的讲话。

一次大范围空气污染，北京市空气质量出现 5 级以上重度污染。大范围雾霾的发生和发展，是气象、环境、生态等多方面因素综合作用的结果，也是人类活动对地球系统产生巨大影响的现实体现。

因此，以气候变化、环境变化为代表的全球变化研究，引起了国际科技界、经济界、政界乃至整个国际社会的广泛关注。全球变化问题的复杂性和对社会发展全局的影响，催生了为解决全球环境问题的多学科交叉研究和教学，传统的地学学科出现了以综合集成为特点的发展趋势，其中一个重要的新生领域就是地球系统科学。地球系统科学以地球大气圈、水圈、生物圈和岩石圈之间的联系与交互作用为主要研究内容，突破了以往地学单圈层、孤立研究和多以定性研究为主的传统。加利福尼亚大学欧文分校、斯坦福大学等一批具有远见的大学均于 20 世纪末设立了地球系统科学系。

清华大学地球系统科学系，是国内第一个地球系统科学系，办好这个系是我们老一辈地学工作者的共同期望。我知道地学系面临着诸多难题，这就要求大家一定要继承清华的优秀传统，秉承"自强不息，厚德载物"的校训，敢于面对困难、克服困难，在奋斗中不断开拓前进的道路。

清华大学具有科学与技术、自然科学和社会科学大跨度交叉的优势，地球系统科学是地学各个学科之间，地学和数理科学、计算机科学、经济和社会科学交叉的产物。这就要求大家不仅在形式上，更要在实质上把这种优势发挥出来。我希望今后几年，地学系内各学科领域，地学系和清华有关各系，实现共同培养人才，共同进行科学研究，形成一支真正从事多学科交叉的研究和教学队伍，培养一批有多学科交叉能力的人才。

清华大学地球系统科学系的老师和研究人员来自世界各地，来自不同的科学领域，建立团队文化、发挥团队精神极为重要，他们可以说是地学系在未来能否取得成功的关键。地球系统科学领域正在快速发展，知识正在不断更新，在这个领域各个方面的人才各有专长，没有绝对的主次、轻重之分，一方面要发挥自己的专长，紧跟地学各个学科的进展，紧跟计算科学、经济社会科学的进展，不断吸取新的营养；另一方面必须针对地球系统科学中诸多具有综合性和不确定性的问题，集各专业之长，不断提出新的理论、新的方法，为这门新兴科学增添新的活力和动力。大家不仅要关注地学系各个学科领域的发展，更要集团队之力，关注地球系统学科中诸如能量平衡、水循环、碳循环等综合性问题，关注地球系统模式的发展和通用平台的建设，关注全球环境和中国可持续发展的某些关键问题的研究，努力推动地球系统科学的基础理论有所进步，并用新的理论来指导全球变化等有关重大科学问题研究。

今天，清华大学地球系统科学系的成立，标志着清华地学学科建设再上新台阶，面向未来，鉴于地球系统科学涉及多个学科、众多领域，跨度大、综合性强，明确方向、突出重点极为重要，我们相信清华大学地学系一定能够充分利用本校的潜力和优势，做好与国内外地球系统科学相关研究和教学部门的合作，在加强全球观测、数据整合与集成，以及发挥高性能计算潜力的基础上，以地球系统过程、地球系统模式及全球变化经济学研究为重点，为中国和世界地球系统科学的发展，为解决全球环境问题、国家可持续发展问题做出贡献。

　　清华大学是科学的创新者，也是改革的开拓者。我衷心希望清华大学地球系统科学系也将为从事基础和前沿高技术研究机构深化教育和科技体制改革做出新的探索。我相信有清华大学领导层的高度重视和广大师生发展地球系统科学研究的决心。清华大学一定能够建成有国际影响的地球系统科学研究系，一定能够为世界和中国全球变化和地球系统科学研究、为造福社会做出更大的贡献！

　　最后，祝大会取得圆满成功，谢谢大家！

永远的怀念

永远的怀念[1]

——纪念中国遥感与地理信息系统奠基人陈述彭先生

（2008 年 11 月 26 日）

作为一代宗师，陈述彭先生一生开拓进取，献身科学，为人谦逊，淡泊名利。他的逝世是中国遥感科学领域的重大损失，我们失去了一位好老师、好尊长。在悲痛之余，我们深切缅怀陈述彭先生，感谢他为中国遥感事业做出的卓越贡献。

陈述彭先生是中国杰出的科学家。陈先生倾其一生的精力，努力不懈，亲力亲为，推动中国地球科学的信息化与现代化建设，在现代地图学、遥感科学、地理信息系统等领域做出了开拓性和创新性的贡献，取得了丰硕的成果，成为享誉海内外的知名学者。在新中国成立初期，陈先生亲自整理和汇集了旧中国遗留下来的水利图、地形图及航海图 13 万多份，创建了中国第三个大型地图库和第一个地图研究室。他所设计编制的《中国地形鸟瞰图集》、编制和出版的《中华人

---

[1] 本文原发表于《遥感学报》2009 年第 1 期，所属栏目：深切的哀悼 永远的怀念——缅怀陈述彭先生专栏。收入本书时对内容进行了增补。

民共和国自然地图集》等大型图集，对促进中国地图学研究和现代地图学的发展起到了不可替代的作用，也让世界地图学界为之而仰望。20世纪70年代起，他倡导和创建了中国遥感与地理信息系统科学，开展了系统性和创造性的研究工作，成为中国遥感和地理信息系统领域的一面旗帜。陈先生也极其关心这些先进的科学技术如何服务于国家的经济建设和社会发展。在汶川特大地震发生以后，陈先生带病工作，手绘了汶川地震的机理图，指导相关人员编制汶川地震图集，关切着中国重大自然灾害的监测与预警系统的建设。他曾指出："首先，一定要重视科技储备，让科技储备为社会服务。其次，地学界有很多相关研究成果，面对自然灾害，科技界应该将更多的科研成果共享，避免低水平重复。再者，应该加紧预警系统建设，将其与整个社会发展相联系。最后，开展跨学科系统研究，因为灾害本身是不分学科的，而且地理学的复杂性、不确定性因素很多，相关学科领域需要更多努力，把地学真正作为一个系统科学发展起来，并在技术上给予充分保证。"直到临终前他还在深思地球信息科学领域的发展，考虑研究群体的布局，提出未来发展的建议。

陈先生不仅是一位杰出的地学科学家，更是一位优秀的战略科学家。凭借着渊博的学识、敏锐的思维，以及对地球信息科学执着的探索信念、分析综合能力，尤其是对科学生长点的敏锐洞察力，他总是站在科学发展的前沿，高瞻远瞩引导遥感科学发展的方向。在改革春风沐浴祖国大地之际，陈先生率先组织全国力量开展遥感应用研究，为中国遥感科学发展奠定了人才、技术和社会发展的基础，腾冲航空遥感试验更是被学界美誉为"中国遥感的黄埔军校"。1980年，他主持建立了中国第一个地理环境信息研究室，率先组建了"资源与环境信息系统国家重点实验室"，奠定了中国地理信息系统发展的基础，掀起了中国地理信息科学与技术系统研究、教学与产业化的高潮。今天，地理信息系统的发展势不可挡，已成为快速发展的战略性高新技术产业。他还率先提出了"地学信息图谱""格网地图和网格计算""全球变化的区域响应"等创新理念，组织全世界的科学家系统思考地球系统科学研究，编辑出版了著作《地球系统科学》。陈先生对中国科学发展的超前把握，都源于他渊博的学识和深邃的思考，时时把学科发展和国家需要挂在心头，一生孜孜不倦和超前创新的学术思想，这些也正是战略科学家所具备的优秀品质。

陈先生不仅是杰出的科学家、优秀的战略家，更是一位杰出的教育家。他在长期的教育生涯中，辛勤教学，大力举贤，为中国培养出了一大批优秀人才。陈先生经常用"我 60 岁又开始了新一轮事业"来鼓励他的弟子。陈先生大教无形、公心昭昭、奖掖后学的拳拳之心完全出自自然。关注"小字辈"，关注素不相识的年轻后生，他常说："今天非常高兴，看到我们年轻的专家已经成长起来了……"陈先生以其八十多岁的高龄，策划和主持了中国科学院研究生院"地球信息科学"研究生系列讲座，并亲自连续三年授课，该课程至今已经持续五年，成为最受欢迎的课程之一。"每次聆听先生的讲话都是一种享受。先生清晰的思路、激发人斗志的殷殷期盼，洞察全局的风采，给我们以思维甚至观念上的震动；每次聆听都让我们这些小字辈心怀崇敬，心中升腾起追随的冲动。正是从先生的教诲和勉励中，深切感受到先生对遥感事业的期望和对青年人的厚爱与关注"，这些就是受教学生们最深切的感受。陈先生影响了一个时代，桃李满天下。

　　我和先生原本并不相熟，既不是亲授弟子，也不是工作同事。先生是名贯天下的学术泰斗，我当时只是遥感的初学者，对未来充满期待，跃跃欲试，但尚未入门。只是 40 岁后，我从国外回来，才逐渐和先生熟悉起来。有时在论证会、学术会上相遇，先生总是不吝指导。他的睿智、敏锐让我十分敬仰。1984 年，我这名本不属于中国科学院的员工，却被中国科学院资源环境科学与技术局聘为仅有的两项资源环境重大项目之一的主持人。我相信除了主管资源环境领域的孙鸿烈[①]院长、杨生[②]局长的决策外，没有先生的首肯是不可能的，我对中国科学院老一辈领导人与专家的开放与包容至今不能忘怀。之后，我和先生接触日益增多，我自认为是先生虔诚的学生，常向先生请教。他广博的知识大大开阔了我的眼界，他的战略思维方法让我以后作为管理者终身受益。我的性格总体随和，但遇到一些不同的观点时又过于固执，偶尔也对先生有所冒犯，但先生从不计前嫌，沉闷几日后又一切如常，心胸之开阔令我深为感动。1991 年，我被林业部提名为中国科学院学部委员候选人，我对当选并无奢望，心想只要能过初选一关，对林业部有个交代就心满意足了。那时没有什么关系之说，除陈先生和王之卓先生外，我几乎不认识地学部其他院士，未曾想竟然当选。我相信，如果没有先生的大力举荐，是不可能的。

　　陈先生远行了，只字片言无以传递我满腹哀思，唯有道一句"先生，您走好"。我等后辈将继承先生的遗志，迎接中国科技创新的新时代。

---

① 孙鸿烈，中国科学院院士，时任中国科学院副院长。
② 杨生，时任中国科学院资源环境科学与技术局局长。